A Library of Academics by PHD Supervisors
博士生导师学术文库

中国美学雅俗精神

李天道　著

图书在版编目（CIP）数据

中国美学雅俗精神 / 李天道著 . -- 北京：中国书籍出版社，2018.11

ISBN 978-7-5068-7167-9

Ⅰ.①中… Ⅱ.①李… Ⅲ.①美学—研究—中国 Ⅳ.① B83-092

中国版本图书馆 CIP 数据核字（2018）第 288836 号

中国美学雅俗精神

李天道 著

责任编辑 杨铠瑞
责任印制 孙马飞 马 芝
封面设计 中联华文
出版发行 中国书籍出版社
地　　址 北京市丰台区三路居路 97 号（邮编：100073）
电　　话（010）52257143（总编室）（010）52257140（发行部）
电子邮箱 eo@chinabp.com.cn
经　　销 全国新华书店
印　　刷 三河市华东印刷有限公司
开　　本 710 毫米 ×1000 毫米
字　　数 311 千字
印　　张 19
版　　次 2019 年 4 月第 1 版 2019 年 4 月第 1 次印刷
书　　号 ISBN 978-7-5068-7167-9
定　　价 95.00 元

目录

绪论　“尚雅”与“崇礼”精神

中国美学崇“雅”，以“雅”为人格修养和文艺创作的最高境界。这与中国美学注重精神陶冶、关注人的存在价值和生命意义、主张“求仁得仁”“尽善尽美”、追求“天人合一”“中和之美”是分不开的。“雅”之境是人与自身心、性的构成，是人与人、人与社会、人与自然在相互对待、相互造就中的构成。“雅”之境发生构成的开端，是“做人”。

一、“雅”与人格美

中国美学史上有关雅与俗范畴的表述，是与中国美学的基本特征分不开的。作为一种不同文化背景下孕育生成的思想体系，中国美学更多地指向人生。即如台湾学者徐复观所指出的，中国文化的特征是“在人的具体生命的心、性中，发掘出艺术的根源，把握到精神自由解放的关键”[①]（《自叙》）。中国传统美学总是以人为审美境界发生构成的原初出发点。这一基本特点体现着中国人对于人的生存意义、存在价值与人生境界的思考与追寻，其要旨在于说明人应当有什么样的精神境界。怎样才能达到这种精神境界，正是基于此，才有了雅与俗的探讨与争论。可以说，雅俗之争，雅俗之辨，首先考虑的就是人格的完善与人生境界的创构。

从人生美学来看，中国古代“尚雅”审美意识的确立，与中国文化中的“崇礼”精神分不开。雅俗之争，体现了中国人在究天人之际、于天与人之间关系的思考中，对如何确立人的地位，如何处理人与人之间的关系、人的理

① 徐复观:《中国艺术精神》，华东师范大学出版社，2001年版。

想、人格的确立、人性的美善、人的自我实现等一系列问题的探讨。因此，可以说，要把雅与俗这对美学范畴阐释清楚，就必须将其放在中国传统美学对人在天地间的地位、人的道德精神、人的心灵境界、人的情感体验与审美体验等方面的深入思考和探索的基础之上。

也正是由此，所以对“雅”与“俗”这对审美范畴的分析和考察，必须从人生美学和文艺美学这两个学科领域切入，特别是前者，我们知道，尽管作为两个相对的审美范畴，“雅”与“俗”经常都被运用来评价艺术作品品类的高低，但就中国美学看来，“诗品就是人品”“文如其人”，能够创作出优秀文艺作品的创作主体必然是“珪璋挺其惠心，英华秀其清气”[①]（《物色》）。其灵慧的心胸宛如洁白无瑕的美玉，清雅的气质有如纯洁的奇花。雅洁温润人品是构成创作主体审美价值观的主要心理因素，是构成审美个性的基本心理素质。即如刘勰所指出的："文以行立，行以文传"[②]（《宗经》），主体个性中的人品与文艺作品某种深层的审美价值构成相关，影响到文艺作品审美意旨的熔炼与审美境界的高下。创作主体审美个性中的人品决定着文艺作品的品格和审美价值；文艺作品的韵味与风味是创作主体审美个性中人品的外现，透过作品的语言文辞、风格体貌，可以体会出创作主体个人的品格。一个优秀的审美创作主体，必须德才兼备。文艺审美创作“辞为肤根（范文澜注：“根”当作“叶”。“肤”与“叶”都是指次要的东西），志实骨髓”[③]（《程器》），因此，文艺审美创作应注重创作主体内在人格的表现。

中国古代无论儒家、道家，其人生价值论都推崇人的主体性原则，高扬自强不息、刚健有力的精神，重气节、讲仁爱、尚礼仪，注重伦理价值观念，追求顺因自然、因性而行、顺性而动，保持人性完满无缺的生活原则，和求仁得仁、反身而诚、乐以忘忧、目击道存的生活方式，以及追求人生价值的自我实现，强调人的自觉与奋斗等，这些都影响着中国古代美学的雅俗观，影响着中国人的审美价值取向。认识这一现象对于我们研究中国古代美学的雅俗观及其理论建构，有着重要意义。

贵重人、尊重人性、捍卫人的尊严是中国传统美学雅俗观审美取向的内

---

① （南朝·梁）刘勰著，范文澜注:《文心雕龙注》，人民文学出版社，1962年版。
② （南朝·梁）刘勰著，范文澜注:《文心雕龙注》，人民文学出版社，1962年版。
③ （南朝·梁）刘勰著，范文澜注:《文心雕龙注》，人民文学出版社，1962年版。

容。以儒家的人生价值论来看，仁者爱人是人生价值的第一要义。“仁”是人的本质特性，因此，仁者爱人，既要爱自己，更要爱他人、社会、自然；要热爱人生、热爱生命，从而达到身心和平。人与人、人与自然和谐共处。贵重人，热爱生活，就要自觉而主动地承担做人的责任。孔子说：“为仁由己。”孟子则强调：“道惟在自得。”他们都非常重视作为个体的人的主体性及其作用与价值。在中国古代哲人看来，人与天的本性都是“诚”，人的本质也就是宇宙自然的本质，故而，反身而诚，正心以诚则能以人合天。人生价值的充分实现就是天人合一，是与天地合其德，上下与天地同流，浑然与万物一体，参天地之化育。达到这种境界，人就能超越狭隘的时空局限，沟通有限与无限；展现在人面前的也不再是狭隘的生活视野与短暂的生命流程，而是合内外，齐物我，一天人，齐上下，而获得无限永恒的生命之流。在中国古代哲人看来，也只有实现这种宇宙、群体和自我的相融相合、浑然一体，才能使人格“高雅”、超然，并使趋于无限与永恒。

因此，孟子指出，要实现人生的价值、构成理想的人生境界，作为主体个体的人则必须培养自己的“浩然之气”，必须清楚“小我”的有限与卑微，而树立一种“至大至刚”的情操精神，以超越有限，厚德载物，刚柔相济，自强不息。可以说，只有人才能超越自我，超越形体和生存时空的有限，以越过种种精神与物质的障碍，而将过去、现在与未来融汇在一起，以与宇宙共呼吸、与人类共命运。因为人是宇宙之精华、万物之灵长，与天地并立而称三才。这种贵人重人，强调人的主体性对中国美学“尚雅”审美意识确立的影响是非常深远的。如前所说，中国传统美学注重人品、重视主体人格修养就是这种观念的生动体现。

的确，“雅”论的规定性内容体现着中国美学“以仁为本”“泛爱生生”的特点，同时，“雅”论的这种规定性内容与中国美学“天人合一”的审美观念分不开。以“以仁为本”“泛爱生生”的基本精神为原初出发点，中国美学注重“心”与“物”合一、“情”与“景”合一，认为“天人合一”，人与自然都由“气”所化育、同源同构，强调个人与社会、人与自然、美与真善的和谐统一，并由此形成中国古代美学把人作为审美境界构成的出发点和归宿，肯定人的生命价值与存在意义，关注人的命运和前途，努力为人的精神生命创构出一个完美自由和雅的审美境界的基本特征。也正是在这一思想的作用下，中国古代美学主张人与人之间、个体自身与心灵之间的和谐，力求克服人与自然、人与社会的矛盾冲突，以构成“和雅”之境。这种既是人生化又是内省式的审美境界构成方式，在某种程度上的确把握住了人类要求和谐发展和人体需要健全自由的历史必然性，肯定人的生存价值，因此，我们必须在马克思主义理论指导下充分揭示与发挥中国古代美学的这一优点，以克服并战胜西方哲学与美学中那种使个体与社会、人与自然相互对立、相互分离的观念。

我们知道，在中国古代儒家哲人看来，社会生活是由个人、家庭、国家、天下四个梯阶组成的大的系统。这个系统中的四个层面，通过彼此之间的隶属关系紧密联系。其中，个体的行为被道德、礼法所严格规定，任何个体都必须无条件地服从家国。因此，所谓人与人、人与社会统一和谐的秩序只有在“求仁得仁”这种强烈的道德责任的自觉意识之下，才可能达到。所以，我们不难看出，这种统一的内容实质上是贫乏的。而经由这种“求仁”“向善”的审美价值论所生发出来的“温柔敦厚”的“诗教”，“尽善尽美”的审美标准，“言志”“缘情”“文为世用”的审美创作需要，“和雅”之境的追求，以及重经验真实而不重本质真实、重群体情感而不重个体情感、重现实干预而不重超越等诸种审美价值观念和审美心态，其本身也自然是依赖于伦理道德的框架所建立起来的。这一方面促使人们把审美活动的目光转向社会；但另一方面，由于这种传统审美价值观念在很大程度上受制于社会、道德、伦理、政治等因素，忽视了人之存在的主体性，则往往限制了个体的自由发展。正如马克思所指出：“这里，在一定范围内可能有很大的发展。个人可能表现为伟大的人物。但是，在这里，无论个人还是社会，都不能想象会有自由而充分的发展。因为这样的发展是同[个人和社会之间的]原始关系相矛盾的。”① 因而，在我们看来，要发扬中国古代美学的长处，则必须把古代社会所强调的个体与社会、人与自然的那种和谐统一摆放到现代化大生产的基础上来。但是，我们还需要指出的是，资本主义现代化大生产的结果是少数人得到了发展的垄断权，而大多数人失去了任何发展的可能性。这一事实正好无情地破坏了古代社会的那种和谐统一。所以，应该说，只有在社会主义与共产主义

① 马克思恩格斯：《马克思恩格斯全集》第46卷上册，第385页，人民出版社1979年出版。

社会里，每个人才能得到充分和自由的发展，也才能摆脱古代自然经济的局限性和狭隘性，获得个体与社会、人与自然的统一和谐，从而实现人生价值，达到人生的理想境界。并且，与古代社会相比，这种统一则是在更高基础上的实现。

同时，中国古代美学所追求的在“温润和谐”的“雅”境构成中，由体验而创化而超升，以豁然开启一个新世界，展示外在存在的全部生动性和内在存在的整体人格，使人洞察宇宙万物之生命本源“气”（道）以达到“高雅”“雅洁淡远”之境的发生构成方式，以及“和雅”“淡雅”“清雅”之境构成中所谓“妙悟自然，物我两忘，离形去智”这种心灵观照中的审美超越的体验，其兴会爆发的瞬间，的确可以使人超越现实生活的无意义之域，而升腾到意义充满的审美境界，超化于无限之中。但是，我们也应该看到，这种感性的瞬间解决毕竟只是虚幻的解决，它并不能代替生活本身的解决。正如马克思所指出的，人的感性彻底解放在于感性的实践本身，而其他任何超越方式如哲学、宗教、艺术等都是虚幻的，“人只有凭借现实的、感性的对象才能表现生命”①。因此，应该说，中国古代美学“雅”论所标举的“和雅”“清雅”“淡雅”的审美境界，由于其发生构成的丰富性、心灵的能动性、超越的无限性，的确可以产生瞬间的生存、瞬间的超越、瞬间的永恒等作用，对人也的确能产生一种慰藉、寄托、享受与满足。这是“雅”的追求与审美活动之所以为人类生活所必须，与审美创作得以生存、存在的意义所在。然而，这种超越毕竟是短暂而虚幻的。同时，中国古代美学在道家追求超凡脱俗，追求做神人、真人、至人的理想作用之下，不重求知而重内省，其审美活动完全寄托于所谓超功利、超现实、绝尘脱俗的精神活动之中，强调心灵自由。在我们看来，这种自由实质上是不完全的、片面的，它只是个体内心的自我感受。过多地强调这种虚幻的精神自由，往往会导致回避现实中存在着的尖锐矛盾冲突的倾向，使人的心灵缺乏一种蓬勃向上的牵引力，从而形成一种因循守旧、不思进取的历史惰性。

应该说，道家“雅俗”论与释家禅宗“雅俗”论在探讨人生价值观与审美价值观的问题上，的确对人的生命存在价值、人生价值、审美价值、人品

---

① 马克思：《1844年经济学——哲学手稿》，人民出版社1979年版，第121页。

价值、主体的人格建构都有许多发现，对中国古代“雅俗”论有很大的启发作用和创始作用，影响深远，并且补充了儒家“雅俗”论不足的方面。其他，诸如“雅”境构成中的直观感悟、直觉体味、非自觉性、冲破理性束缚，以及超功利、忘我忘欲、忘物忘世等问题，对“雅”境构成中的审美价值观念、艺术创造的特殊性的发现与认识，也都很有启发。但是，我们也应看到它的消极影响。综观中国古代“雅俗”论史，儒道释三家的思想实际上起了同济互补的作用，每当形式主义或者唯美主义等“浅俗”“媚俗”思潮泛滥之时，儒家所倡导的“雅正”“风雅”审美规范及其人生价值观就总是自觉地发挥其强有力的遏制和修复作用。

正是对人生的指向，故而，“雅”与“俗”这对审美范畴的形成，以及“尚雅”审美观念的确立，都与中国文化中的“崇礼”分不开，我们知道，中国传统文化是以儒家思想为主体的伦理型文化，在儒家的伦理审美观的主导下，“典雅”不仅是士大夫文人所追求的人格风范，而且也渗透到广大平民百姓的生活追求与行为规范中，最能体现古代中国人的审美心态。

可以说，正是受“崇礼”精神的影响，中国美学才具有浓厚的道德伦理色彩，尚“雅”隆“雅”强调乐而不淫、求仁得仁、文质彬彬、克己复礼，温柔敦厚；人生审美态度方面，推崇并倾慕于“和雅”之境的构成，追求温文尔雅，称道“雅洁冲淡”“清雅澄澈”的人品操守与超凡脱俗的审美意趣；审美创作则标举“雅正”“风雅”的审美趣向，崇尚温和雅致而鄙弃淫俗、浅俗和粗俗。

从“雅”的审美内涵来看，更多地还是落在人生风范和人格建构，以及作品的审美意旨和风格特色方面。

二、“雅”与礼乐文化

就人生美学而言，“雅”与“俗”这对审美范畴的形成与中国美学浓厚的礼乐教化观念的作用分不开。我们知道，首先，有关“雅”与“俗”审美意识产生与发展，就是在中国古代宗法血缘关系为纽带作用下，所构成的森严的等级制以及由此而生成的“贵”与“贱”思想的基础上逐步生成、衍化和成熟定型的。这中间突出地表现在“礼乐文化”的渗透和影响。所谓“礼不下庶人”，中国古代社会所施行的作为人生规范的“礼”的产生，和等级制分不开，其主要作用就是维护这种宗法制度。中国古代等级森严，从夏代所留传至今的神话传说中可以看出，其时社会等级的分野就已经非常明显，贵族、平民、奴隶三大等级并存。最初，平民与贵族属于同一部落，甚至同一宗室。由于私有制与世袭制的确立，部落内部产生了贫富两极分化，造成了平民、贵族的等级。商代的等级制更加森严，平民称“众”“众人”“民”或“小人”。为了维护等级制度和社会秩序，调整人与社会、人与人之间的关系，这就有了“礼”。用意识形态的力量将“礼”巩固下来，这便是儒家所遵奉的“仁”。“礼”与“仁”的结合，体现了宗法等级制度与宗法意识形态的高度融合，并由此而产生强大的调节效应和规范力量。可以说，作为道德行为规范，“礼”的基本精神就是要求人们自觉遵守等级秩序，温文尔雅，不偏不激，自觉尊重他人的等级地位，并为满足他人的等级权益而尽自己的义务，守本分，安现状，互不侵犯。

关于“礼”的起源，其说法主要有两种：一种认为“礼”最初就起源于原始社会的禁忌习俗和道德规范。即如荀子所指出的：“礼起于何也？曰：人生而有欲。欲而得则不能无求，求而无度量则不能不争。争则乱，乱则务。先王恶其乱也，故制礼义以分之，以养人之欲，给人之求。”（《荀子·礼论》）另一种则认为“礼”起源于原始社会的宗教仪式，与原始宗教意识有着天然的渊源。“礼”是礼义，即行为的准则，就像脚要穿鞋子走路，“人”要按照礼制行事。礼义之兴，源于敬神，敬神以“礼”，求神赐福。《尔雅·释言》云：“履，礼也。”《周易·序卦传》云：“履，足所依也。”[①]引申之，则凡所依皆曰履。如此则“礼”为人所依。《释名》云：“履，礼也，饰足以为礼也。”《祭义》载曾子论孝道时说：“礼者，履此者也。”《仲尼燕居》云：“言而履之，礼也。”都认为“履”就是“礼”。《周易·序卦》云：“履，礼也。”《说文解字》则明确具体地解释：“礼，履也，所以事神致福也。”[②]“礼”就是“事神致福”的祭祀礼仪。王国维在《观堂集林·释礼》中也认为，“礼”就是宗教祭祀活动，说繁体字的“禮”：“此诸字皆象二玉在器之形，古者行礼以玉……又推

① （魏）王弼、（晋）韩康伯注，（唐）孔颖达正义，（清）阮元校刻：《周易正义》，十三经注疏本，中华书局1980年版，第86页。

② 许慎撰，徐兹校定：《说文解字》卷一上，中华书局1963年版，第7页。

之而奉神人之事，通谓之礼”[①]。通过对殷墟卜辞中的“礼”字的研究，指出，“礼”字“从示从豊，豊亦声”，“禮”是一个形声字，意符是“示”，声符是“豊”。像是在豆形器中放置两块玉，以玉来祭神。通过“礼”，可以达成事神致福的功效。对此，郭沫若在《中国古代社会研究·孔墨的批判》中也指出：“大概礼之起，起于祀神，故其字后来从示，其后扩展而为对人，更其后扩展而为吉、凶、军、宾、嘉各种礼制。”[②]“礼”，作为形意字，其图形符号表示正在进行的祭祀礼仪活动，显然，其与原始宗教意识的关系是与生俱来的。由此，也可以看出，最初“礼”主要是符指一系列的原始宗教活动的礼仪、程序，《诗经·小雅·宾之初筵》云：“蒸衎烈祖，以洽百礼。”《大戴礼记·礼三本》也云：“礼有三本：天地者，生之本也；先祖者，类之本也；君师者，治之本也。无天地焉生？无先祖焉出？无君师焉治？三者偏亡，无安之人。故礼上事天，下事地，宗事先祖而宠君师。是礼之三本也。”[③]“礼”要“事天”“事地”“事先祖”，所谓“事”，即侍奉、祭祀。《论衡·祭意篇》云：“王者父事天，母事地，推人事父母之事，故亦有祭天地之祀。山川以下，报功之义也。缘生人有功得赏，鬼神有功亦祀之。山出云雨润万物，六宗居六合之间，助天地变化，王者尊而祭之，故曰六宗。社稷报生万物之功，社报万物，稷报五谷。五祀报门户井灶中霤之功，门户人所出入，井灶人所饮食，中霤人所托处。五者功钧，故俱祀之。”董仲舒《春秋繁露》云：“天子父母事天，而子孙畜万民，民未遍饱，无用祭天者，是犹子孙未得食，无用食父母也，言莫逆于是……天子不可不祭天也，无异人之不可以不食父……”(《郊祭》)又云：“为人子而不事父者，天下莫能以为可，今为天之子而不事天，何以异是。”(《郊祀》)这表明“礼”的起源和祭祀这种宗教活动有关。故而钱穆说：“礼本是指宗教上一种祭神的仪文”，“但中国古代的宗教很早便为政治意义所融化，成为政治性的宗教了。因此，宗教上的礼，亦渐变而为政治上的礼”。同时，“中国古代的政治，也很早便为伦理意义所融化，成为伦理性的政治。因此，政治上的礼，又渐变而为伦理上的，即普及于一般社会与人生而附带有道德性的礼了”。因此，钱穆指出，中国古代的礼，包括有“宗教的、政治

① 王国维：《观堂集林》第一册卷六，中华书局1959年版，第291页。

② 郭沫若：《十批判书》，东方出版社1996年版，第96页。

③ 王聘珍：《大戴礼记解诂》，中华书局1983年。

的、伦理的”三部门的意义，并且，“其愈后起的部门，则愈占重要”[1]。的确，礼具有“经国家，定社稷，序民人，利后嗣”（《左传》隐公十一年）的作用。中国古代有所谓“经礼三百，曲礼三千”，以规定士人君子的一言一行、一举一动，包括人生的方方面面。北宋李觏在《礼论》中指出：“饮食、衣服、宫室、器皿、夫妇、父子、长幼、君臣、上下、师友、宾客、死丧、祭祀，礼之本也。曰乐、曰政、曰刑，礼之支也。曰仁、曰义、曰智、曰信，礼之别名也。是七者盖皆礼也。”可以说，在中国古代，礼的作用及其影响无所不在。“道德仁义，非礼不成。教训正俗，非礼不备。分争辩讼，非礼不决。君臣上下、父子兄弟，非礼不定。宦学事师，非礼不亲。班朝治学、莅官行法，非礼威仪不行。祷祠祭祀、供给鬼神，非礼不诚不庄”（《礼记·曲礼上》）。人的言行举止，衣食住行，都必须守礼。所谓“非礼勿视，非礼勿听，非礼勿言，非礼勿动”（《论语·颜渊》）。“礼”是人生视听言行、衣饰举止、仪式节文，即人生一切行为的总规范。

“礼”的社会效应是非常明显的，其宗旨就在于维护等级制度，使人与人之间服从等级的束缚和局限，使君臣上下、富贵贫贱、长幼尊卑自守其本分，以保证社会安定，人心中正平和，温柔敦厚，乐天知命。即如荀子所说：“礼也者，贵者敬焉，老者孝焉，长者弟焉，幼者慈焉，贱者惠焉。”（《荀子·大略》）故而，在荀子看来，礼乃是“道德之极”（《劝学》），“人道之极”（《礼论》）。就“礼”的根本精神来看，一方面，“礼”的基本要旨是“分”“别”“序”，即规定、区别等级关系，为“贵”与“贱”、“尊”与“卑”、“贫”与“富”、“雅”与“俗”“正名”。所以，荀子认为“分莫大于礼”；程颐亦认为“礼训别”（《河南程氏遗书》卷二十四）；陈淳则认为“礼只是个序”（《北溪字义·礼乐》）。对此，荀子曾作过比较精到的解释，他说：“人之生，不能无群，群而无分则争，争则乱，乱则穷矣。故无分者，人之大害矣；有分者，天下之本利矣；而人君者，所以管分之枢要也。”（《荀子·富国》）作为人与社会，不能无分、无别、无等、无礼。对此，管子说得好，他指出：“上下无义则乱，贵贱无分则争，长幼无等则倍，贵富无度则失。”（《管子·五辅》）而“礼”则正是为了使人“有群”“明分”，使人安分守己，尊重

[1] 钱穆：《中国文化史导论》，商务印书馆1994年版，第72页。

他人，从而保持社会的安定和平。因此，子产认为："夫礼，天之经也，地之义也，民之行也。天地之经，而民实则之。则天之明，因地之性。生其六气，用其五行，气为五味，发为五色，章为五声。淫则昏乱，民失其性，是故为礼以奉之。为六畜、五牲、三牺，以奉五味；为九文、六采、五章，以奉五色；为九歌、八风、七音、六律，以奉五声；为君臣、上下，以则地义；为夫妇、外内，以经二物，为父子、兄弟、姑姊、甥舅、婚媾、姻娅，以象天明；为政事、庸力、行务，以从四时；为刑罚、威狱，使民畏忌，以类其震曜杀戮，为温慈惠和，以效天之生殖长育。"（《左传》昭公二十五年）在子产看来，"礼"是制约天地万物和人类社会的总规范，社会人生的衣、食、住、行，以及建立在此基础上的社会意识形态，包括伦理道德、文化艺术、政治制度、法律设施等所有社会上层建筑，都无不由"礼"所生成并为之所制约。所以说，"礼之可以为国也久矣，与天地并。君令臣恭，父慈子孝，兄爱弟敬，夫和妻柔，姑慈妇听，礼也。君令而不违，臣恭而不贰，父慈而教，子孝而箴，兄爱而友，弟敬而顺，夫和而义，妻柔而正，姑慈而从，妇听而婉，礼之善物也。"（《左传》昭公二十六年）这样，从隆"雅"、重"雅"、主"雅"的审美意识来看，则只有"守礼""行礼""重礼"才能生成与构成"雅"的人格风范和人生审美境界。故而，荀子说："凡用血气、志意、知虑，由礼则治通，不由礼则悖乱提僈；食饮、衣服、居处、动静，由礼则和节，不由礼则触陷生疾；容貌、态度、进退、趋行，由礼则雅，不由礼则夷固僻违，庸众而野。故人无礼则不生，事无礼则不成，国家无礼则不宁。"（《荀子·修身》）这里就提出"由礼则雅"的命题，来强调"雅"的人格风范与人生审美境界的构成离不开"礼"的作用。换言之，守礼，符合礼，则美、则雅，不守礼，不符合礼，则丑、则俗。可见，"雅"的审美境界是建构在重"礼"，即社会重秩序、安宁、和平的基础之上的。

的确，"雅"离不开重礼，只有通过重礼、重分、重别、重和以建立、协调好社会秩序，从而人才能够进行审美生存。社会的有序运转乃是社会得以存在、发展以及人得以审美生存的重要条件。重礼能使人克制对物质欲望的无限追求，以节制物欲，获得对世俗欲念的超越，而构成超世绝俗、清静虚明、不急不躁、清闲淡雅、和顺雅致的审美境界。

三、“雅人”与“雅语”

的确，作为美学范畴，雅与俗归根结底还是针对审美主体而言的。所谓“言，心声也；书，心画也”，“心生而言立，言立而文明”。文艺审美创作活动中，无论是“高雅”“典雅”“文雅”审美境界的生成还是“和雅”“淡雅”“清雅”“古雅”审美境界的创构，带有强烈的同构特性是创作主体“心”的活动结果，是其“润色取美”（刘勰语）的结晶，离不开主体的介入与主导作用。“雅”境的发生与构成是“心生”“情动”，是“情以物迁，辞以情发”。审美主体的“心”与“情性”在“雅”之审美境界创构中具有主导的作用，离开了创作主体的“心”与“情性”的主导作用，就不可能有“雅”境构成的发生，也不可能有“雅”之审美境界的创构。“雅”“雅”相通同构，因此，主体只有达到“雅”这种境界，才有可能创构出“雅”的审美境界；只有“雅人”，才可能有“雅语”。正是基于此，中国古代历来就有雅人、雅客、雅儒、端雅、儒雅、文雅、风雅之说，强调主体的品德、才学等审美心理素质的构成。在“雅”的审美境界构筑中，最重要的是主体品德、才学等方面的人格塑造。雅，既是一种人格境界，也是一种人生的审美境界。同时，“雅”又分为若干层次。

首先，雅即正。《汉书·艺文志》注引张晏语说：“雅，正也。”刘熙《释名》卷六《释典艺》也说：“雅，义也；义，正也。”既然雅就是正，那么雅人也就是儒家所谓的“正人”“君子”了。

根据人格与道德境界的高低，儒家把人们基本上划分为“君子”与“小人”。“君子”与“小人”，在人格境界上是正相反的。据《论语·雍也》载，孔子就曾谆谆告诫弟子，要“为君子儒，无为小人儒”。君子所孜孜以求的是充实的道德品质、伟大的人格精神和高尚的品格情操。在孔子看来，理想的人格境界就是“君子”。他说：“君子怀德，小人怀土。君子怀刑，小人怀惠。”（《论语·里仁》）又说：“君子喻于义，小人喻于利。”（同上）显然，区分“君子”与“小人”的标准，就在于其是否有德。“君子”“怀德”，而“小人”则无德。“君子”总是把道德品质修养看成人生的主要内容，“君子义以为上”（《论语·阳货》），在对人生意义的追求方面，“君子”以义为重，或舍身取义，或杀身成仁；“君子”具有崇高的道德理想、乐观向上的精神和坚韧不拔的意志，刚健中正、笃实辉光。而“小人”则只图感官的欲求，只在于“利”

与“怀土”，追求体肤的逸乐享受，把个体的私利看得很重。而在儒家哲人看来，一个人如果鲜廉寡耻，没有独立的人格，就是丧失了人性、人心，因此，孔子“罕言利”，而强调人生道德和生命价值。

人既来源于动物，同时又不同于动物。动物的生存只遵循两大法则，即本能与强力。为了求得生存与繁衍，必须依靠本能去寻找食物与求得配偶，并且依靠强力以解决冲突。因此，对动物而言，是无“礼义”可言的。换言之，就是说动物是不讲“礼义”的。人类既然是从动物演化而来，是对动物的扬弃，因此，人类为了生存也摆脱不了本能与强力这两大法则的制约。人类为了自身的生存与繁衍，离不开本能与强力的作用。《礼记·礼运》说得好：“故人者，天地之心也，五行之端也，食味，别声，被充而生者也。”人是一种精神的存在，自我意识是人存在的前提和标志，而“自我意识首先就是欲望”，“欲望的对象就是生命”，可以说，欲望就是人的一种存在形式。但与此同时，人之为人，除去“食色”的欲求以外，人还有其社会性的一面。因为人为了保证自身的生存，还必须接受“礼义”的制约。“故圣人修义之柄，礼之序，以治人情”(《荀子·礼论》)。“人情”，包括人的情感与欲求。如荀子就曾在《荀子·正名》中对“情”的范围作过一个界定：“好恶喜怒哀乐谓之情。”“欲”也是一种情。《礼记·礼运》云：“何为人情，喜、怒、哀、乐、惧、恶、爱、欲，诸弗学而能。”就认为欲是七情之一。“人情”有“欲”与“恶”之分。“饮食男女，人之大欲存焉；死亡贫苦，人之大恶存焉。故欲，恶者，心之大端也”。对“人情”必须采取“顺”与“治”。“顺人情”就是说应该顺应并使“人之大欲”得到满足，而“节人情”则要求对“人之大欲”应有所克制。故中国古代儒家哲人认为“欲”与“礼义”都是人类生存所必不可少的，因此主张“欲”与“礼义”两者应该兼顾。孔子说：“富与贵，是人之所欲也；不以其道得之，不处也；贫与贱，是人之所恶也；不以其道去之，不去也。”(《论语·里仁》)在孔子看来，对财富与地位的追求与崇尚肯定存在欲望满足与否的作用。但这不是问题所在，关键是“得之”是否符合道德伦理规范；贫困与卑贱是人们所不愿意的、憎恨的。但问题的关键还不是要不要厌恶“贫与贱”，而在于“去之”是否合乎“道”。换言之，雅与俗、君子与小人的区别并不在于求不求荣华富贵，而在于求之是否合于“道”。故而，孔子宣称自己在“欲”与“礼义”的问题上所持的态度是“富而可求，虽执鞭之士，吾亦为之。如不可求，从吾所好”（《论语·述而》）。这也就是说，孔子的人生态度是财富多一些没关系，但在获得财富的途径上应遵守“道”的规定。所谓“君子爱财，取之有道”。孔子之所以主张君子“谋道不谋食”“忧道不忧贫”，其中一个重要原因就是孔子坚信“谋道”不会贫，基于学而优则仕、仕则得俸禄的信念：“耕，馁在其中矣；学，禄在其中矣。”（《论语·卫灵公》）对于社会治理问题，孔子则主张对百姓应先让其富起来而后再进行教育。所谓“‘既庶矣，又何加焉？’‘富之’；‘既富矣，又何加焉？’‘教之’”（《子路》）。先让其富裕起来，然后再施以礼义教育之教化治世思想是中国人生美学的传统观点。

孟子认为，人之为人的依据在于人具备仁义礼智四项善端。欲和利在人生中的地位在他这里较之孔子有所下降，但他也不否认欲是人的一种存在形式，认为口色声味、名利富贵都是人人所欲求的。他说：“口之于味也，有同嗜焉；耳之于声也，有同听焉；目之于色也，有同美焉。”（《孟子·告子上》）又说：“天下之士悦之，人之所欲。”“好色，人之所欲。”“富，人之所欲。”“贵，人之所欲。”（《万章上》）“欲贵者，人之同心也。”（《告子上》）他还从政治哲学的角度，出于其行仁政、建王道的主张，肯定人欲的满足，主张富民。他说：“有恒产者有恒心，无恒产者无恒心。”（《滕文公上》）又说：“是故明君制民之产，必使仰足以事父母，俯足以畜妻子，乐岁终身饱，凶年免于死亡；然而驱而之善。”（《梁惠王上》）在孟子看来，只有解决了老百姓的温饱问题，免除其生存危机，使其能够养活妻儿老小，才能对他们进行教化，使他们趋善避恶。如果“民之产，仰不足以事父母，俯不足以畜妻子，乐岁终身苦，凶年不免于死亡”（同上），每个人竭尽全力去救自家性命都来不及，哪有什么闲工夫学习礼仪呢？

荀子说：“人生而有欲。”（《荀子·礼论》）他认为，人不仅追求生存欲望的满足，而且追求享受欲望的满足及追求至富、至贵、至名，“夫贵为天子，富有天下，名为圣王，兼制人，人莫得而制也，是人情之所同欲也。”（《荀子·王霸》）。所以荀子又认为，不厌足是人的本性。同时，在他看来，欲望直接关系到人的生死存亡。他说：“有欲无欲，异类也，生死也，非治乱也。欲之多寡，情之数也，非治乱也。”（《正名》）“人之所欲，生甚矣；人之所恶，死甚矣。”（同上）因而他既反对孟子的寡欲说，更反对无欲说，而主张足欲。

并且，他还强调指出，礼义与欲是人不可缺少的，主张礼与欲、义与利不应相克，而应相生。相生之道就是以礼异欲，以礼养情，就是统一于理或礼。他指出："人一之于礼义，则两得之矣；一之于情性，则两丧之于矣。故儒者将使人两得之者也。"（《荀子·礼论》）竭力使礼义与欲两得，的确是中国人生美学雅俗论的精神。

从人生的物质欲望看，富、贵、仕、达是相互联系的。与富贵相对的是贫贱，"达"无疑包含着富贵，所以儒家哲人又常常将"达"与"穷"对举，如孟子说："穷不失义，达不离道。"又说："穷则独善其身，达则兼善天下。"（《孟子·尽心上》）"穷不失义，达不离道"同孔子所说"贫而乐，富而好礼"（《论语·学而》）意义相近；"达则兼善天下"是将孔子"己欲达而达人"的思想推至天下，也就是施惠于民。达是一个先贵后富的过程，但在正统儒家那里，达主要是指获得了施展政治抱负的机会。因而要"达"，就必须"仕"，只有"仕"才能达。所以儒家并不反对做官，"贵"本身就是指做大官。孔子说："学而优则仕。"（《论语·子张》）孔子的学生子路说："不仕无义。……君子之仕也，行其义也。"（《论语·微子》）孔子本人就是"三月无君，则皇皇如也"（《礼记·檀弓》）。有人问孟子："古之君子仕乎？"他回答："仕。"认为士人做官就如农夫种地一样是尽自己的本分；士人失官就像诸侯失国一样可怕（《孟子·滕文公下》）。只是儒家哲人把仕途视为"治国平天下"的必由之路，而不是像那些挖穴钻洞的世俗之人把它看作是敛财聚富之道。在儒家哲人看来，人们要获得富贵仕达就必须通过"学"，"学而优则仕"，仕则富、贵、达。科举制度实行后，读书做官，富、贵、达就成了中国人的唯一选择。"万般皆下品，唯有读书高"，"书中自有黄金屋，书中自有千钟粟，书中自有颜如玉"，是妇孺皆知、家喻户晓的"至理名言"。要想富、贵、仕、达，就必须读书，这是所有中国古人的共同信念。

儒家哲人认为，名是人所具有的超越性欲望。"名"就是指名誉、声望，是指做出了被当时的人和后人所称誉的行为而获得的尊重和崇敬。孔子说："君子疾没世而名不称焉。"（《论语·卫灵公》）又说："四十、五十而无闻焉，斯亦不足畏也。"（《子罕》）默默无闻是君子所引以为憾的。孔子的学生子贡说："君子恶居下流，天下之恶皆归焉。"（《子张》）这就是说，君子若是居于下流，所有的坏名声都会集中在他的身上，因而君子憎恨处于下流的地位。

荀子说：“欲荣而恶辱，是禹、桀之所同也。”（《荀子·君道》）求名之心是人人都有的。那么，人应该追求什么样的名声呢？在儒家看来，一是好，二是大，三是久，也就是“成圣人之名”（《荀子·礼论》），追求“不朽之名”，用荀子的话说就是“名声若日月，功绩如天地，天下之人应之如景向”（《荀子·王霸》）。成名的途径就是“立德、立功、立言”。“大上有立德，其次有立功，其次有立言。虽久不废，此谓之三不朽。”（《左传·襄公二十四年》）以“立德”为魂，兼顾“立功”“立言”，就能达到“不朽”。在儒家哲人看来，立德是成名的根本，无德之人即使有功有言也不足成就“不朽”之名。孔子说：“君子去仁，恶乎成名？”（《论语·里仁》）又说：“有德者必须有言，有言者不必有德。”（《宪问》）正由于儒家哲人极为注重“立德”在成名中的地位，所以名声与功利就没有什么本质的联系。如荀子就认为，君子“穷则必有名，达则必有功”（《荀子·君道》），把“穷”与“名”联系起来。他还把“儒”分为俗儒（相当于孔子所说的“小人儒”）、雅儒（相当于孔子的“君子儒”）和大儒（实际上就是圣人），对大儒称颂备至：“彼大儒者，虽隐于穷阎漏屋，无置锥之地，而王公不能与之争名；……通则一天下，穷则独立贵名。天不能死，地不能埋，桀、跖之世不能污，非大儒莫不能立，仲尼、子张是也。”（《儒效》）显而易见，在他看来，成名的途径主要在于“立德”。以后，凡是尊德性、轻功利的儒家哲人都把“立德”视为“成圣人之名”的唯一途径。正是有鉴于此，晚清学者魏源才力主将“立德、立功、立言”统一起来，他将“立德、立功、方言、立节”，谓之四不朽。他说：“自夫杂霸为功，意气为节，文词为言，而三者始不皆出于道德。而崇道德者又或不尽兼功节言，大道遂为天下裂。君子之言，有德之言也；君子之功，有体之用也；君子之节，仁者之勇也。故无功节言之德，于世为不曜，无德之功节言，于身心为无原之雨，君子皆弗取焉。”（《默觚学篇》）将德、功、言三者相提并论，一样重要。儒家哲人把“成圣人之名”也视为人所共求的欲望，这就为人们的追求并争取达到“高雅”之境指出了一条路径。

四、对立统一的雅俗审美观

在中国美学思想史上，“雅”与“俗”审美观念是相互沟通、相互转化与相互构成的，所谓“雅俗相和”（李渔），“化俗为雅”（刘熙载），“借俗写雅”。

“雅”与“俗”是互为转化、相反相成的，雅俗相通、雅俗互映、雅不避俗、俗不伤雅、以俗为雅。这种审美观念和古代哲学思想的影响是分不开的。老子说：“万物负阴而抱阳，冲气以为和。”（《老子》四十二章）又说：“知和曰常。”（《老子》五十五章）“知和”就是明晓阴阳二气相冲相和、激荡氤氲而生成元气，并由此而构成宇宙万物的道理。这也就是“常”。显而易见，这里所谓的“和”与“常”不是指某一个现成实体，也不是概念原则的守恒，而是本原的发生式构成。对“常”，老子是这样解释的：“夫物芸芸，各复归其根。归根曰命，是谓复命，复命曰常，知常曰明。”（《老子》十六章）“复命”即回复到“明”的恍惚混沌原初发生态。可见，“常”就是生生不已、周转不息、圆融无碍、往复回环纯构成态。自然万物既对立又统一，处于互生、共生的构成发生之中，有无相生、动静相成。世界上存在着多种多样的“对立”关系，如有无、前后、大小、高下、难易、进退、生死、古今、智愚、巧拙、美丑、正反、长短、敝新、善恶、强弱、刚柔、兴废、与夺、胜败、利害、损益、阴阳、盈虚、荣辱、贵贱、吉凶、祸福、静躁、华实、张歙、明昧、曲全、枉直、雌雄等，其范围包括宇宙天地、自然万物和人类社会生活的方方面面。同时，事物之间的这些“对立”关系，并不是绝对对立的，在其对立中还包含着相互平等、相互对应、相互贯通、相互交融、相互构成的发生与维持。正是由此，从而才构成宇宙自然和万事万物。老子说：“天下皆知美之为美，斯恶矣，皆知善之为善，斯不善矣。故有无相生，难易相成。”（《老子》二章）这就是说，天下都知道美之所以为美，丑的观念也就产生了；人们都知道善之所以为善，恶的观念也就有了。有与无是相互生成的，没有“有”，也就没有“无”，难和易相因而成，长和短相互对立而存在，高与下相倾而立，音和声相和而歌成，前后相互随顺。这种“有无相生、难易相成，长短相形，高下相倾，音声相合，前后相随”的互对互应、相辅相成，既相互对立又相互依存、相互发展的现象是永远存在的，是事物的根本特性。因此，我们在看待“雅”与“俗”之间的“对立”关系时，决不能将之绝对化。事物间之所以既相互对立又相互依存，相互促进，这是因为双方之间存在着一种中介，有一由此达彼的桥梁，即对方的内核存在着一种同一性。这就是“常”。老子说：“曲折全，枉则直，洼则盈，敝则新，少则得，多则惑。”委曲反能保全，弯曲反能变得伸展，低洼反能充盈，敝旧反能变新，少取反能多得，贪多反而会受迷惑，事物的“合”“直”“盈”“新”“得”“惑”，包括“雅”等，都是以对立的“曲”“枉”“洼”“敝”“少”“多”“俗”为存在前提的。也就是说“雅”与“俗”表面上看是对立的，而实质上则是同一的，它们内在相通，都以“道”这种先于一切现成规定性的原处构成态为“原境域构形”（胡塞尔语）。老子说：“道生一，一生二，二生三，三生万物。”又说：“道可道，非常道；名可名，非常名。无，名天地之始；有，名万物之母。故常无，欲以观其妙；常有，欲以观其徼。此两者，同出而异名，同谓之玄，玄之又玄，众妙之门。”（《老子》四十二章）。

道体与道用的构成关系是“反者道之动，弱者道之用”（《老子》四十章）。换句话说，就是发生构成的状态存在于对立的相互依存和相互转化之中，大道的构成功能依赖于柔弱的阴性而发生作用。其特点在一个“反”字上。自然万物包括雅与俗之间都存在着这样一些纯粹的构成态：第一，相反相成。看起来完全对立的事物，实际上是相得相依的。如：“有无相生，难易相成，长短相形，高下相盈，音声相和，前后相随”（《老子》二章），这是一类共时存在的矛盾，失去一方则另一方即不存在。第二，正者即反。事物的本然与其现象是矛盾的，所以要用否定性的术语来表述它的肯定性的内涵。如：“俗人昭昭，我独昏昏；俗人察察，我独闷闷”，“众人皆有以，而我独顽且鄙”（《老子》二十章），“明道若昧，进道若退，夷道若飞，上德若谷，广德若不足，建德若偷，质真若谕，大白若辱，大方无隅，大器晚成，大音希声，大象无形，道隐无名”（《老子》四十一章），“大直若屈，大巧若拙，大辩若讷”（《老子》四十五章），“信言不美，美言不信；善者不辩，辩者不善；知者不博，博者不知”（《老子》八十一章），等等。这种正者即反的表述方式，比一般的正面表述，更能深刻地揭示雅与俗之间的生成性和其生成的内在性。第三，物极必反。任何事物对立的两极都是相通的。一物之中包含着否定性的因素，当该物发展到极点时，否定性成分变为主导，该物便转化为自身的反面。如：“金玉满堂，莫之能守。富贵而骄，自遗其咎”（《老子》九章），“五色令人目盲，五音令人耳聋，五味令人口爽，驰骋田猎令人心发狂，难得之货令人行妨”（《老子》十二章），“企者不立，跨者不行。自见者不明，自是者不彰。自伐者无功，自矜者不长”《老子》（二十四章），“甚爱必大费，多藏必厚亡”（《老子》四十四章），“天下多忌讳，而民弥贫；人多利器，邦家滋昏；人多伎巧，奇物滋起；法令滋彰，盗贼多有”（《老子》五十七章），“祸兮，福之所倚；福兮，祸之所伏”，“正复为奇，善复为妖”（《老子》五十八章），“民不畏威，则大威至”（《老子》七十二章），“兵强则灭，木强则折”（《老子》七十六章）等。否定性在事物构成和转化中起着决定性的作用，否定是内在的，当事物的发展失去控制时，否定便要逞其威风。

“雅”与“俗”审美观念的发展也是这样，在一定条件下，粗浅通俗可以转化为文雅深致。雅俗相对、雅俗相依、雅俗相和、雅俗相反、雅俗相成的美学思想体现了中国人审美观念的多样统一。《国语·郑语十六》说：“声一无听，物一无文。”在审美意趣的指向上不可单调，要多样化，应当包容雅、俗不同的审美趣向，既能多样又能和谐。据《论语·为政》记载，孔子说：“《诗三百》，一言以蔽之，曰，思无邪。”这种思想与《周礼》讲《诗》“以六德为本”的意思是一致的。这表明中国古代哲人非常重视文艺的伦理教化作用，在文化审美取向上强调抑邪扶正。同时，又提倡多样统一的雅俗观，主张化俗为雅，以俗为雅。如孔子就是这样，尽管他极为喜欢“雅乐”，不喜欢时髦的“俗乐”，“恶郑声之乱雅乐”。但他又不绝对排斥“俗乐”。据《论语·八佾》记载，孔子赞扬《国风·周南·关雎》“乐而不淫，哀而不伤”，对“郑卫之音”进行过严肃的批评，却并不删除郑、卫之诗。他自己返鲁从事于“正乐”，但仍然非常重视“乐”中的风诗，只是要把俗、雅诗歌的文词尽可能地纳入抑邪扶正的路子上去。《礼记·经解》说：“温柔敦厚，诗教也。”这是孔子所提倡的诗歌审美政治教化效用的一个方面，并不是孔子思想的原貌。后来儒家哲人对此加以片面夸大，并不符合事实情况。孔子主张“强哉矫”的精神，说过“不学《诗》，无以言”（《论语·季氏》），“诗可以兴，可以观，可以群，可以怨，迩之事父，远之事君，多识于鸟兽草木之名”（《论语·阳货》），这些既是孔子的诗学精神，又是“风”体与“小雅”体诗共同体现出来的美学精神。

孔子以后，孟子与荀子等儒家哲人都有自己的雅俗审美观。孟子将“乐”分为“世俗之乐”与“先王之乐”，主张“与民同乐”，把俗、雅审美观念的区别提高到政治教化的高度。荀子提倡雅俗相互转化。他一方面推崇“雅乐”，主张移风易俗要导之以礼乐，注重“雅乐”的审美教化作用，指出应该让人多听“雅颂之声”而贬斥“郑卫之音”，讲求“立乐之术”，推崇用“雅颂之声”驭下民。但同时他自己写赋则注重赋体的初期形态，创作《成相》篇时采用民间演唱形式，这既表明他对“俗”文艺的重视，也表明他赞同雅俗相互转化的观点和雅俗辩证统一的审美意识。

五、“中和”原则与“和雅”精神

从现象学的构成识度来看，特别是从海德格尔“缘在”和“缘构发生”理论来看，作为一种境界，“雅”应该是最根本的境域构成。它既不在此，也不在彼，而在此与彼之“中”。“中”即适中，不偏不依，也就是“和”。“和”是万事万物生成和发展的根本。《礼记·中庸》云：“喜怒哀乐之未发，谓之中；发而皆中节，谓之和。中也者，天下之大本也；和也者，天下之达道也。至中和，天地位焉，万物育焉。”在中国古代哲人看来，宇宙的自然万物风行雷动、运动万变、兴旺繁衍，阴阳的交替，动静的变化，万物的生灭，都必须“致中和”即遵循“中和”的构成性。在“致中和”的构成之中，万事万物才能相通相成，才能使“天地位”“万物育”构成宇宙自然和谐生长的秩序，沟通彼此，以促进万事万物的相互构成。“中和”就是“和谐”,“和”就是“正”，所谓“正者，和之谓也”(《唐太宗指意》),“正”即“雅”。可以说，“中和”原则就体现着中国美学所推崇的“和雅”精神。

这里所强调的以“和谐”为核心的“和雅”精神，注重和谐适度，平正调和，实质上就是以天人合一的和谐为基本内容的审美意趣和审美理想。构成中国美学思想体系主流的是儒、道、释三家，而儒、道、释三家所追求的审美理想最终都归于天人合一的和谐与“和雅”之境。同时，儒、道、释三家的人生理想又表现出同中有异。具体而言，儒家偏重于追求人与社会的和谐，道家偏重于追求人与自然的和谐，而佛教禅宗则偏重于追求人与自我的和谐。我们知道，中国人生美学以“礼义”节“情”的思想对中国古代美学中的“和雅”论具有极为重要的影响，并突出地表现在人生境界论上。中国传统美学是一种人生美学，是以人生论为其确立思想体系的要旨，是以传统哲学中的人学为其理论基础，儒、道、释概莫能外。可以说，儒、道、释都很重视心灵问题，都建立了各自的心灵哲学。它们都是从“存在”的意义上解释心的，认为心是一种精神存在，是自然生命与精神生命的结合体，境界就是心的存在方式或存在状态。并且，从重视人生出发，他们都热爱生活、热爱生命、热爱社会与自然，无论是“孔颜乐处”“曾点气象”，还是“见素抱朴”“乘物以游心”“清贫自乐”“随缘任远”，都表现出一种珍惜生命、体味生命的审美意趣，其最高人生境界（审美境界）则都是心灵的超越和升华。从儒、道、释所追求的人生与审美境界来看，他们都以天人合一的“和雅”之境为最高目的。

受人生美学的作用，在中国古代，无论是儒道人学，还是佛教禅宗，都把人生的自由与和谐作为最高的人生境界。如前所说，儒家孔子所标榜的“从心所欲不逾矩”，就是一种与天地万物合一的“和雅”之境，是完美和完善的宇宙在人生中的再现。孟子更是认为人性乃是人心的本来属性，人生的最高追求，就是要回复本心，使人性与天性合一，从而以达到“上下与天地合流”，而万物皆备于我的自由完美、温润和雅的人生境界。

应该说，儒家这种对温润和雅审美境界的追求突出地表现在孔子“乐以忘忧”的人生理想追求上。就总体倾向而言，以孔子为代表的儒家追求的理想人生境界是“修身，齐家，治国，平天下”，是“博施于民而能济众”。孔子曾经非常热切地表达自己的抱负说：“苟有用我者，期月而已可也，三年有成。”（《论语·子路》）然而，这种理想人生境界的获得与人的自我实现并不是轻而易举的事，除了人自身方面的原因外，还受到现实生活的诸多限制。并且，“逝者如斯”，人在时空中生活，还要受时空的限制。人在宇宙时空中的存在是不自由的，宇宙永恒、无限，人生短暂、有限。而人又总是不能够甘心与满足，总是不安于守旧与停顿，总是不安于平庸与单调，不安于失败，总是在不息地追求、寻觅并设法改变自己的环境与自己生活的世界。人希望自我实现，并执着地追求着自我实现，但与此同时又受社会环境、宇宙时空，以及人自身的“内部挫折”的局限，使自我实现的需求不能达到。如何来缓解这一理想与现实的矛盾，使人从这一矛盾中解脱出来，以减轻人的痛苦，化“痛”为“乐”，化“俗”为“雅”，以使人的心态获得平和雅致呢？孔子曾经给我们描绘说：“其为人也，发愤忘食，乐以忘忧，不知老之将至。”（《论语·述而》）这里，实际给我们设计了两种理想人生境界。一是“为仁由己”“人能弘道”“发愤忘食”“知其不可而为之”而“乐以忘忧”的积极进取的理想人生境界；二则是“乐天知命”“乐山乐水”安时处顺而“乐以忘忧”“平和雅致”的理想人生境界。《荀子·乐论》说：“君子乐得其道，小人乐得其欲。以道制欲，则乐而不乱；以欲忘道，则惑而不乐。故乐者，所以道乐也。”这里所提的“故乐者”的“乐”指的是音乐；“君子乐得其道”“所以道乐”的“乐”指的则是人的一种精神状态，也就是愉悦快乐、温雅平和，并且是一种审美愉悦。从荀子所说的这段话中，我们可以看出，儒家哲人所追求的“乐”绝不是肉体感受上的感官生理快感，而是指君子在获得“道”时的既建立在感官生理快感之上，又超越于感官生理快感的心灵感受，也即审美愉悦。因为荀子说的“道”仍是指社会人生的真谛，生命的真谛。《荀子·儒效》说：“道者，非天之道，非地之道，人之所以道也，君子之所道也。”孔子则说：“志于道，据于德，依于仁，遊于艺。”（《论语·述而》）孟子说：“仁也者，人也。合而言之，道也。”（《孟子·尽心下》）“道”就是“仁”，也就是“人”，是人的生命价值与存在意义的集中体现。我们知道，在“天人合一”传统宇宙意识的作用之下，中国美学追求个人与社会、人与自然、美与真善的和谐统一，也正是由此，从而形成中国美学把人生作为出发点与归宿，肯定人的生命价值与存在意义，关注人的命运和前途，认为美在“里仁”，即践履仁德，强调率性而动，直道而行，使自己自然而然地“处仁与义”，舍弃欲求，忘却欲求，鄙弃“不义而富且贵”，超越凡俗、迥迥然独立于尘世之上；“和雅”审美境界营构中则追求超越“小我”，不忧不虑，去除一切障碍，返归生命之本明，以诚心施及万物，泛爱生生，超越生命的有限，从有限进入无限，赋予生命以深刻的意义，努力为人的精神生命创构出一个完美“和雅”的审美境界。也正是在这一合内外，一天人，齐上下，极高明而又道中庸的精神的支配之下，中国美学才主张人与人之间、自身与心灵之间的和谐，力求克服人与自然和社会的矛盾冲突，以求得身心平衡、内外平衡、主客一体，而进入“和雅”之境。

儒家哲人推崇“孔颜乐处”“乐天知命”“安贫乐道”的人生态度就是这一传统“尚雅”精神的具体体现。南宋罗大经曾经就“孔颜乐处”、安贫乐道的人生态度发表过一段议论：“吾辈学道，须是打叠教心下快活。故曰无闷，曰不愠，曰乐则生矣，曰乐莫大焉。”“夫子有曲肱饮水之乐，颜子有陋巷箪瓢之乐，曾点有洛沂咏归之乐，曾参有履穿肘见、歌若金石之乐。周程有爱莲观草、弄月吟风、望自随柳之乐。学道而至于乐，方是真有所得。大概于世间一切声色嗜好洗得净，一切荣辱得失看得破，然后快活意思方自此生。”

(《鹤林玉露丙编》卷三)所谓“曲肱饮水之乐”与“陋巷箪瓢之乐”就是中国雅俗论所标举的“孔颜之乐”。据《论语·雍也》记载,孔子曾称赞自己的学生颜回说:“贤哉,回也!一箪食,一瓢饮,在陋巷,人不堪其忧,回也不改其乐。”又据《论语·述而》记载,孔子自己也曾表述过这样的人生态度与人生追求:“饭疏食饮水,曲肱而枕之,乐亦在其中矣。不义而富且贵,于我如浮云。”在孔子看来,人生最理想的境界是“博施于民而能济众”(《论语·雍也》)。他认为,只要符合道(义),那么,追求自身利益的实现就是正当的。反之,则“不义而富且贵,于我如浮云”。因此,只要符合正道,即使吃粗粮、喝冷水,弯着胳膊放在头下作枕头,也其乐融融。“孔颜乐处”、安贫乐道是区分君子与小人、“雅”与“俗”的一项标准,也是人生应该追求的一种“和雅”之境。它要求人们以超越的、审美的态度来对待人生、温文尔雅、乐天知命。

必须指出,温文尔雅、安贫乐道决非安于现状、得过且过、麻木不仁,而是积极向上的人生态度与人生追求。孔子认为,人应该努力追求理想人格的建构。他所推崇的“君子”就是指的那种具有高尚品德情操的人。即如胡适在《中国哲学大纲(上)》中所指出的,“君子”就是“人格高尚的人,有道德,至少能尽一部分人道的人”。故而,实际上,“孔颜乐处”的人生境界也就是一种“孔颜人格”。具有这种高尚人格的君子“乐”“道”,“道”就是“仁”。

所谓“君子忧道不忧贫”(《论语·卫灵公》),《论语·学而》篇云:“君子食无求饱,居无求安,敏于事而慎于言,就有道而正焉,可谓好学也已。”《论语·雍也》篇云:“子曰:知之者,不如好之者;好之者,不如乐之者。”“知之”“好之”“乐之”的“之”,也就是“道”。孔子说,如果一个人仅仅知道“道”的可贵,那么还只是较低的境界,必须“好之”“乐之”,“就有道而正焉”;只有达到以道为乐,才能使自己与道为一,也才能进入安和、充实、自得、“和雅”的最高人生境界。

“孔颜乐处”强调“安贫乐道”“乐天知命”。在孔子看来,达到“和雅”人生境界的“君子”必须“知命”。他说:“不知命,无以为君子也。”(《论语·尧曰》)据《论语·为政》记载,孔子曾说:“吾十有五而志乎学,三十而立,四十而不惑,五十而知天命,六十而耳顺,七十而随心所欲,不逾矩。”孔子还说过:“君子喻于义。”“君子立于礼。”“君子义为正。”“君子不违仁。”由此可见，知命的实质就是知礼，知仁义，也就是对人生与社会有比较自觉的认识。《韩诗外传》说得好：“天之所生，皆有仁义礼智顺善之心；不知天之所生，则无仁义礼智顺善之心；无仁义礼智顺善之心，谓之小人，故不知命，无以为君子也。”可见，“知命”与“知天命”，也就是理解并能自觉地进行“仁义礼智顺善之心”，以使自己达到一种高尚的“和雅”之境。也正是从这个意义出发，钱穆在《论语新解》中指出：“天命者，乃指人生一切当然之义与职责。”可以说，以孔子为代表的儒家学者就是通过对安贫乐道、乐天知命的强调，把仁义道德内化为人内心的自觉追求，使其具有仁义无私的自觉与精神意义上的觉解，“知行合一”。也就是说，作为“君子”，不但要从内心深处理解仁义道德的神圣自然，而且还应自觉地去实行。所谓“知之真切笃行处即是行，行之明觉精察处即是知”，“不行不足谓之知”。只有“行”与“知”统一，才是真知，也才是顺“天命”。达到此，就可以做到“仁者不忧，智者不惑，勇者不惧”(《论语·子罕》)，从根本上理解仁义礼智的价值观念乃“天之所生”，主观境界与客观境界统一，从而超越自我，以获得生命自由。达到这种人生境界就不会为物欲所羁绊，胸怀坦荡、宁静淡泊，把生活中的坎坷曲折、艰难困苦作为磨炼自己意志的对象，人格操守卓然独立，心灵炯炯超乎其上，道德情操丰沛充实、温润和雅，其精神力量惊天地、泣鬼神。具有这样人格的人，自然不会因贫贱屈辱的生活遭遇而产生失落感和忧怨感，也决不会患得患失，为一时的得失、成败烦恼，也自然不会因为社会的动乱、生活的困苦、个人的荣辱、生命的安危而忧虑、颓丧，中止自己的人生追求，而总是无所畏惧，坚持操守，奋力搏击，超越社会人生的种种障碍，超越时空，“知行合一”“天人合一”，而与宇宙共呼吸、与人类共命运，成为一个“富贵不能淫，贫贱不能移，威武不能屈”的顶天立地的人。

可见，“孔颜乐处”所推崇的不仅是一种人生境界，而且是一种极高的审美境界，是“乐天知命”“乐以忘忧”，是“一箪食”“一瓢饮”，“也不改其乐”，也是“发愤忘食”，“不知老之将至”。换句话说，就是“知行合一”“天人合一”后所达到的主观境界的自由。“乐”作为自我表现的自由，它克服或超越了客体对主体束缚，获得了“与人同”“与物同”“与无限同”这种广阔范围内的“和雅”。“孔颜乐处”的“乐”是精神与心灵达到和雅的愉悦与高蹈。在儒家哲人看来，宇宙万物、社会人生只有一个理，人的心中具备了这个理，就能够达到“仁者浑然与物同体”（程颢《识仁》）的境界，超越名利物欲的羁绊，人的心胸有如天空一样的辽阔，如海洋一样深广，权势地位、富贵荣华就会像过眼云烟，而“学而不厌，诲人不倦”，“发愤忘食，乐以忘忧，不知老之将至”！在对人生理想境界的追求中，获得心灵的自由与精神上的满足。达到这种精神升华境界的人“与天地同体”“上下与天地同流”；“天下有道则见，无道则隐”（《论语·泰伯》）；“用之则行，舍之则藏”（《论语·述而》）；“达则兼济天下，穷则独善其身”；无论“穷”“达”“出”“处”，都坚持自己人格操守。可以说，安贫乐道，实质上是一种所向披靡、无穷无尽的精神力量，它促使人们尽管身处贫困境地，仍百折不挠；虽只是有限的七尺之躯，但其精神气节却“顶天立地”，“仰不愧于天，俯不怍于人”（《孟子·尽心》），上下与天地同流、浑然与万物一体，“大行不加，穷居不损”，不淫、不移、不屈、不急、不躁、不忧、不虑，文质彬彬，温文尔雅，进而达到“乐以忘忧”的审美境界，并从这一境界中获得心灵极大的自由与高蹈。

在“雅”境的发生构成中，儒家不但强调人与社会的和谐，推崇“修己以安人”，同时与道家“齐万物”“齐物我”，主张人应回归自然，与自然之间建构完整和谐的审美关系与审美境界的美学观念相一致，儒家也注重与自然的自由和谐统一。孔子曾经强调指出：“仁者乐山，知（智）者乐水。”《论语·先进》中曾记载了一段孔子和他的弟子们谈论各人的人生理想的话，其中曾皙描绘自己理想的人生境界是：“暮春者，春服既成，冠者五六人，童子六七人，浴乎沂，风乎舞雩，咏而归。”孔子听后“喟然叹曰：‘吾与点矣！’”与子路、冉有、公西华的社会政治理想相对，曾皙所向往的，是一种与自然亲和的境界。在这种境界中，人与自然山水和谐统一，心灵与山水景物融为一体，人在自然怀抱中，自然在人胸中，“浴乎沂，风乎舞雩”，即如后来陶潜的“采菊东篱下，悠然见南山”、王维的“行到水穷处，坐看云起时”诗句所表达的自由自在、随心所欲“与造物者游”的那种冲淡、高远的审美心态，挣脱樊笼，超越世俗物欲的羁绊，悦志悦神，高洁雅致，其乐融融，自得自然；既悠然意远又怡然自足，最切近自然又最超越自然，心灵与自然相与合一，自然与心灵相交融汇。在这种审美境界创构活动中，自然山水与人之间的生命意识相互沟通，所谓“在万物中一例看，大小大快活”。究其实质而言，这也就是“和雅”论所推崇的天人合一的审美极境。

孔子所赞许的“曾点气象”，表现了中国人对宇宙万物的依赖感和亲近感。朱熹在评价孔子的“吾与点也”之乐时说：“曾点之学，盖有以见夫人欲尽处，天理流行，随处充满，无稍欠缺。故其动静之际，从容如此。而其言志，则又不过即其所居之位，乐其日用之常，初无舍己为人之意。而其胸次悠然，直与天地万物，上下同流，各得其所之妙，隐然自见于言外。视三子之规规于事之末者，其气象不侔矣。故夫子叹息深许之。”（《论语集注》卷六）在中国人传统的宇宙意识看来，盈天地间唯万物。宇宙万物是大化流行，其往无穷，一息不停的。生气灌注的宇宙自然是生命之根、生化之本，是人可以亲近、可以交游、可以于中俯仰自得的亲和对象。在这种“天人合一”思想熏陶之下，中国人可以于中俯仰自得，“胸次悠悠，上下与天地同流”，跃身自然万物，把整个自然景物作为自己的至爱亲朋。所谓“万物各得其所之妙”“齐物顺性”“物我同一”“我见青山多妩媚，料青山见我应如是”。可以说，孔子所推崇的“曾点气象”，以及曾皙所描绘的人生理想，都给我们极为生动地表述了中国人“物我同质同构”的审美意识，以及审美活动的心灵体验中作为审美主体的人在自然山水之中舒坦自在、优游闲适、俯仰如意、游目驰怀的审美心态。

所谓“曾点气象”，也就是物我两忘，天人一体，物我互渗，超然物外，主客体生命相互沟通共振，从而体悟到宇宙生命真谛的“和雅”审美境界。据宋代理学家程颐与程颢回忆说，当初他们向周敦颐学习时，周敦颐就经常要他们“寻颜子、仲尼乐处，所乐何事”。还说：“某自再见茂叔后，吟风弄月以归，有‘吾与点也’之意”。“周茂叔窗前草不除去，问之，云：‘与自家意思一般。’”（见《宋史·周敦颐传》）所谓“吟风弄月以归”，“窗前草不除去”，就是“顾念万有，拥抱自然”，就是乐山、乐水，也就是物我两忘，天人一体，“人之自然”与“天地宇宙之自然”一体。在这种审美境界中，主体把自身完全融合在宇宙自然中，既拥抱自然，又超然物外，“胜物而不伤”（《庄子·应帝王》），“物物而不物于物”（《庄子·山水》），达到超越世俗功利、心灵完全自由的审美境界。所谓“窗前草不除”，就是“万物各得其所之妙”，是无此无彼、非我非物的纯审美境界构成。草即我，我即草，自然万物充满生意，心中胸中都泛爱生生之情。程颢《秋日偶成》诗云：“闲来无事不从容，睡觉东窗日已红。万物静观皆自得，四时佳兴与人同。道通天地有形外，思入风云变态中。富贵不淫贫贱乐，男儿到此是豪雄。”所谓“万物静观皆自得”，实际上也就是超越时空、主客、物我、天人的“以天合天”“目击道存”的极高审美境界。

我们知道，中国美学是儒道互补、儒道相融，因此，儒道结合才是中国美学的全部内涵。儒家人生境界观中所追求的这种“曾点气象”，其中所表达的人与自然之间相亲相爱、融合和雅的自然之情以及人对自然的眷恋与顾念，人与自然和谐统一的“和雅”审美境界创构等审美观念和道家人生境界中向往与憧憬自然，追求与自然合一，自由自在，逍遥自适的尚雅观相一致，并共同作用于中国美学，从而形成中国美学雅俗论所独特的“天人合一”“以天合天”的“和雅”审美境界创构方式。可以说，也正是受此影响，中国人的宇宙意识和西方是不同的，并且，中国人与自然万物的关系，以及审美活动中通过何种审美体验方式来把握审美对象的内在意蕴，也存在着和西方艺术家不同的地方。中国古代哲人对宇宙世界、万有自然的看法是对应的，在天与人、理与气、心与物、体与用、知与行等方面的关系上，中国人总是习惯于整体上对它们加以融汇贯通地把握，而不是把它们相互割裂开来对待。受“曾点气象”自然观的影响，在中国艺术家的审美意识中，所谓“仁者浑然与物同体”，人与自然之间存在着一种亲和关系，人与宇宙造化都是浑然合一、不可分裂的。人与自然万有是一个有机的统一体，人可以“胸次悠悠，上下与天地同流”，可以“拥抱”“顾念”万有自然、天地万物的生命本原与人的生命意识可以直接沟通。即如程颢所说，天地万物与人“全体此心”，因为人的“自家心便是鸟兽草木之心”（《遗书》卷一），便是天地万物之心，原来就浑然一体。正是在这种“天人合一”的传统宇宙意识与审美意识作用之下，中国艺术家都将自己看成是自然万有的一部分，物和我、自然与人没有界限，都是有生命元气的，可以相亲相近相交相游。

自然既然是人的“直接群体”，是人亲密无间的朋友，人“自家心便是鸟兽草木之心”，便是天地万物之心，本来就浑然一体，那么，像曾皙一样，走向自然，以纯粹的自然作为审美对象，于文艺创作中以构筑“和雅”之境遂成为中国艺术家的一种创作原则。盘桓绸缪于自然山水之中，“顾念万有，拥抱自然”，把自然山水景色中取之不尽的生命元气作为自己抒情寄意的创作材料，感物起兴，借景抒怀，从而使躁动不安的心灵得到宁静和慰藉，使情感得到升华。

也正是如此，中国古代美学历来强调，在“雅境”，特别是“和雅”“淡雅”“清雅”审美境界创构过程中，主体应将自己的淋漓元气注入对象之中，使对象具有一种人格生命的意义，以实现人与自然万有的亲和，从而在心物相应、主客一体中去感受美与创造美。如程颐在《养鱼记》中，就以养鱼为例，指出只有从人与万物一体的审美观念出发，那么鱼才能“得其所”，他才能“感于中”。并且，中国传统美学受“曾点气象”影响，所形成的这种在“和雅”境界创构过程中“胸次悠悠”，“顾念万有，拥抱自然”，同自然景物发生情感交流与心灵感应的审美心态还同中国人重感受，在感物生情、触物起兴方面特别敏感分不开。所谓“物色之动，心亦摇焉”，无论长河落日、大漠孤烟，还是山川林木、清泉流水，都能触发创作主体的审美情怀，而顾念不已。诚如萧子显在《自序》中所指出的：“登高目极，临水送归，风动春朝，月明秋夜，早雁初莺，开花落叶，有来斯应，每不能已也。”的确，正如我们所说的，受“曾点气象”影响，在中国人看来，山水是具有人的性情的，人心与自然景物之间有着相通的生命结构，存在着一种同质同构的亲和关系，因此，在审美创作中，主体应努力释放自己积极的审美意绪，到对象中去发现自我的生命律动。明人唐志契指出：“要得山水性情”，“得其性情”，则“山性即我性，山情即我情”，“自然水性即我性，水情即我情”（《绘事微言·山水性情》）在中国艺术家看来，人可以代山抒发审美情意：“山不能言，人能言之。”（《南田画跋》）而山则能为人传达审美情绪：“净几横琴晓寒，梅花落在弦间。我欲清吟几句，转烦门外青山。”（杨慈湖诗，引自《鹤林玉露》丙编卷五）人和自然万物间是没有界限的，都具有生命性情，因而可以相游相亲、相娱相乐。即如朱熹所指出的：“于万物为一，无所窒碍，胸中泰然，岂有不乐。”（《朱子语类》卷三十一）的确，主体只要俯察仰视，全身心地去体验感应，茹今孕古，通天尽人，以相亲相爱的微妙之心去体悟大自然中活泼的生命韵律，“素处以默，妙机其微”，“顾念万有，拥抱自然”，投身大化，与自然万物生生不已的生命元气交融互渗为一体，就自然能够挥动万有，驱役众美，以领悟到宇宙生命的精微幽深的旨意，并进而从“天地与我并生，而万物与我为一”之中获得精神的超脱和生命的自由与高蹈。

的确，通过对“胸次悠悠，上下与天地同流”的“曾点气象”的追求，在“顾念万有，拥抱自然”的山水游乐和审美体验中主体能够获得一种心灵的自由和解脱，因此，左思认为：“非必丝与竹，山水有清音。”（《招隐》）谢灵运《酬从弟惠连》其五诗云：“嘤鸣已悦豫，幽居犹郁陶。梦寐伫归舟，释我名与劳。”王维《戏赠张五弟湮》诗云：“我家南山下，动息自遗身。入鸟不相乱，见兽皆自亲。云霞成伴侣，虚白待衣巾。”通晓人意的山水自然能给人身心愉悦的审美快感，使人从对自然生命的微旨的深切感悟中，超脱物欲的羁绊，以获得心灵的静谧、“和雅”。朱熹说：“凡天地万物之理，皆具足于吾身，则乐莫大焉。”（《朱子语类》卷三十二）杨万里诗云：“有酒唤山饮，有蔌分山馔。”“我乐自知鱼似我，何缘惠子会庄周。”“岸柳垂头向人看，一时唤作《诚斋集》。”山能与人一同饮酒作乐，水中的鱼、岸边的柳会解人意，与人嬉戏。自然万物与人相亲相恋，顾念相依，主客体相融相洽，辗转情深，思与境偕，物我两冥。可见，“曾点气象”中人与自然“主客合一”的实现是在无物无我的空明澄澈的审美心境中产生的物我互渗活动。它是心灵体验的关键环节，也是在感性经验基础上开拓新的意蕴、构筑新的审美意象的心理过程。这种物我互振共渗发生构成的基本特征是造化与心灵之间相互引发、交相契合。随着造化合心灵、心灵合造化的共振互动、相互渗透，最终以达到自然造化与意绪情思的统一整合，以完成“和雅”审美境界的创构。也正是在这一合内外、一天人、齐上下、极高明而道中庸的精神的支配之下，中国美学才主张人与人之间、自身与心灵之间的和谐，力求克服人与自然、人与社会的矛盾冲突，以求得身心平衡、内外平衡、主客一体，而进入圆融和熙的“雅”之审美域。

从“雅者正也”审美意识出发，中国美学一方面主张隆雅重雅，崇雅尊雅，以雅为美，褒雅贬俗，尚雅卑俗，把“雅正”之境作为最高审美追求；另一方面则主张以俗为雅，以俗归雅，以俗为美，化俗为雅，借俗写雅，沿俗归雅，雅俗并陈，雅俗相通，雅俗互映，雅不避俗，俗不伤雅，同时还提出了不少有关“雅”境的审美范畴，以展现“雅”境多样的审美内涵与审美特征，其中最为主要的有古雅、高雅、文雅、典雅、淡雅、和雅、清雅等。

第一章　古雅

“古雅”，属于中国古代文艺美学雅俗论的一个范畴。它涉及创作主体的学识修养、人格操守、个性气质，以及作品的内容与形式诸方面的问题。体现出中国美学所特有的所谓诗家之心，包括宇宙，总览古今的时空意识。从艺术审美追求来看，所谓“古雅”，不是要求复古，而是要求贯古通今、宙合天地、周流六虚、熔铸时空；在作品艺术风貌方面，则要求审美意旨超远、高妙、古朴，具有高风远韵；在创作主体审美心理结构方面，则要求学识渊博，涵养厚重，品格高尚，境界高远。

第一节　“古雅”说的生成

在中国美学雅俗论中，最早提出“古雅”的是唐代王昌龄。他在《诗格》中，将诗歌的审美趣向和风貌分为“高格”“古雅”“闲逸”“幽深”“神仙”五种，说：“一曰高格。曹子建诗：‘从君过函谷，驰马过西京。’二曰古雅。应休琏诗：‘远行蒙霜雪，毛羽自摧颓。’三曰闲逸。陶渊明诗：‘众鸟欣有托，吾亦爱吾庐。’四曰幽深。谢灵运诗：‘昏旦变气候，山水含清辉。’五曰神仙。郭景纯诗：‘放情凌霄外，嚼蕊挹飞泉。’”从其所举诗例来看，应休琏，即三国时期的诗人应璩，为建安七子之一的应玚之弟，休琏是他的字。刘勰《文心雕龙·明诗》篇云：“若乃应璩《百一》独立不惧，辞谲义贞，亦魏之遗直也。”说应璩《百一》诗，直言无畏，措辞婉转，意义正直，不失魏代质直的文风。所谓“辞谲”，意指文辞有讽谏雅正的含义。即要求诗歌创作应运用象征、借代等比兴手法，以表达对政局的忧虑和对国君的谏劝，达意曲折幽婉、委婉含蓄、温柔敦厚、怨而不怒。由此可见，王昌龄所主张的“古雅”，与“风雅”传统美学精神接近。

继王昌龄以后，中唐皎然与晚唐司空图都有近似于“古雅”方面的论述，主张“高古”。皎然在《诗式》中将诗歌创作的艺术境界与艺术风貌分为十九种，即“高、逸、贞、忠、节、志、气、情、思、德、诫、闲、达、悲、怨、意、力、静、远”。说：高，风韵朗畅曰高。逸，体格闲放曰逸。贞，放词正直曰贞。忠，临危不变曰忠。节，持操不改曰节。志，立性不改曰志。气，风情耿介曰气。情，缘境不尽曰情。思，气多含蓄曰思。德，词温而正曰德。诫，检束防闲曰诫。闲，情性疏野曰闲。达，心迹旷延曰达。悲，伤甚曰悲。怨，词调凄切曰怨。意，立言盘泊曰意。力，体裁劲健曰力。静，非如松风不动、林狖未鸣，乃谓意中之静。远，非如渺渺望水、杳杳看山，乃谓意中之远。皎然论诗，主张“高”“逸”，尚雅卑俗。他认为自己的写作动机是“将恐风雅寝泯，辄欲商较以正其源”，主张诗歌创作应达到情性统一，重视诗歌的政治伦理教化功能，强调“识理”，反对“虚诞”，推举“高古”，鄙弃凡“俗”，曾提出“诗有七德”，其首要二德就是“识理”与“高古”。同时，他所提出的“十九体”中的“贞、忠、节、志、德、诫、悲、怨、意”等都偏重于诗歌的审美意旨。由此可知，皎然所赞许的“高古”“识理”和“高”“逸”与“古雅”是相通相近的。司空图在其《诗品》中也推举“高古”。他在《二十四诗品·高古》中说:“畸人乘真，手把芙蓉。泛彼浩劫，窅然空踪。月出东斗，好风相从。太华夜碧，人闻清钟。虚伫神素，脱然畦封。黄唐在独，落落玄宗。”所谓“畸人乘真，手把芙蓉”所描写的人物形象，与昔者释迦牟尼在灵山会上说法，手拈一朵莲花，含着笑不说一句话，众人不知所以，只有面面相觑，唯有迦叶尊者从中悟出佛法真谛，从而发出会心微笑的“拈花微笑”故事情景相似。而“泛彼浩劫，窅然然空踪”与“虚伫神素，脱然畦封”中的“泛”指经过、变过。“浩”，指空间的广阔，“劫”则指时间的悠长。“窅然”，指渺然;“空踪”，空留踪迹;“脱”，超脱;畦封，疆界，指世俗。可见，这里表现了一种超凡脱俗的审美意趣。“黄唐在独，落落玄宗”中的“黄唐”，指黄帝和唐尧，“落落”，高超的样子。对此，杨振钢《诗品解》引《皋兰课业本原解》说得好："追溯轩黄唐尧气象，乃是真高古。"黄帝与唐尧时期，均为古代哲人所向往的纯朴的太古，寄心于此，则自然而生遗世独立和幽深玄妙之感。不难看出，司空图所推举的"高古"，包含有古淡、古朴、古雅、苍古、率古等审美意味，乃是一种宁静高远、高雅脱俗、超然尘世、古趣莹然的审美风貌和审美境界。

这以后，提及"古雅"或近似"古雅"风貌的，如高棅《唐诗品汇·总序》评论陈子昂与柳宗元，认为前者诗歌创作"古风雅正"；后者诗歌创作"超然复古"。谢榛在《四溟诗话》中则推重"初盛唐诸家之作"，"有雄浑如大海奔涛，秀拔如孤峰峭壁，壮丽如层楼叠阁，古雅如瑶瑟朱弦"（卷三）。胡应麟在《诗薮》中评论韩愈与柳宗元时，也指出"韩诗"的审美风貌为"雄奇"，"柳诗"的审美风貌则为"古雅"。说："韩之雄奇，柳之古雅，不能挽也。"南宋词论家沈义父特别提倡"古雅"。他在《乐府指迷》中强调指出，诗词创作，其审美风貌"当以古雅为之"，认为"吾辈只当以古雅为主"。可以说，对"古雅"审美风貌的推崇，是《乐府指迷》全书的美学精神。在沈义父看来，所谓"古雅"审美风貌，主要表现在艺术语言的表述方面，是创作主体通过遣辞择语、炼字造句、选择推敲、熔铸锤炼以创构而成的。故而，他专订"论词四标准"，强调指出："盖音律欲其协；不协则成长短之诗；下字欲其雅，不雅则近乎缠令之体；用字不可太露，露则直突而无深长之味；发意不可太高，高则狂怪而失婉柔之意。""缠令之体"之所以"不雅"，据蔡嵩云《乐府指迷笺释》的解释："缠令为当时通行的一种俚曲，其辞不雅驯，而体格亦卑，故学词者宜以为戒。"这就是说，从体裁上说，缠令比较粗俗，所运用的语言也比较俚俗、浅显，风貌与意趣庸俗、不健康、不雅，为文人雅士所瞧不起。由此，不难看出，沈义父主张"古雅"是与他的尚雅卑俗审美意识分不开的。也正是由于他尚雅卑俗，所以，他在品评词人词作时，都以"雅"为最高审美标准。如他赞扬周邦彦，说："凡作词，当以清真为主。"认为周邦彦在诗词审美创作中善于提炼字句，讲究字法，注重传神写意，"且无一点市井气，下字运意皆有法度，往往自唐宋诸贤诗句中来，而不用经史中生硬字面，此所冠绝也"。以周词为他所标举的"古雅"风范。所谓"用经史中生硬字面"，似指以辛弃疾为代表的一派词人的词作。沈义父认为辛派词人用典生硬，而周邦彦的词作则遣词造句、传神达意皆古雅而有法度，故而他强调词创作应以周词为最高审美境界。在他看来，吴文英的诗词创作，则是以周邦彦为典范，继承并发扬了周词雅化的审美传统，“深得清真之妙”，其词作符合“古雅”审美标准，无不雅之病。而康与之、柳永则既有雅化的优点，也有庸俗的不足之处：“句法亦多好处，然未免有鄙俗语。”施梅川的词风也与此相同，由于读唐诗熟，所以语言艺术具有雅淡的特色，但“亦渐染教坊之习”，故“间有俗气”。孙惟信的词作尽管“亦善运意”，但“雅正中忽有一两句市井句，可憎”。蔡嵩云在《乐府指迷笺释》中指出，沈义父所贬斥的具有“鄙俗语”“俗气”“市井语”的词风可以分为两类，第一种是“市井流行语，所谓浅近卑俗者”；第二种是教坊用语，所谓“批风抹月者”。蔡嵩云认为，“南宋人论词，以雅正为归”，故“浅近卑俗”的“市井流行语”与“批风抹月”内容的词作词风，“宜乎在屏弃之列”。的确，南宋的诗词理论家，许多都以“雅正”为最高审美标准，鄙弃卑俗、庸俗之作，推崇“古雅”审美风貌。如张炎就极力提倡“古雅”，尚雅鄙俗。他在《词源·序》中，一开始就鲜明地表述自己的审美标准与审美理想是“雅正”风范，说：“古之乐章、乐府、乐歌、乐曲，皆出于雅正。”而之所以要撰写《词源》，乃是“嗟古音之寥寥，虑雅词之落落”，即要倡导古风、弘扬“雅正”美学精神，追求“古雅”之境。他在《词源·清空》一节中说：“词要清空，不要质实；清空则古雅峭拔，质实则凝涩晦昧。姜白石词如野云孤飞，去留无迹。吴梦窗词如七宝楼台，眩人眼目，碎折下来，不成片断。此清空质实之说。”这里将“古雅”与“峭拔”并列，并以之来表述“清空”的审美特征，指出，“古雅”即为“清空”的重要审美特色。所谓“清空”，张炎举姜白石词为例，认为其“《疏影》《暗香》《扬州慢》《一萼红》《琵琶仙》《探春》《八归》《淡黄柳》等曲，不惟清空，又且骚雅，读之使人神观飞越”。“清空”又与“意趣”相连。在《词源·意趣》一节中，张炎又举苏轼《水调歌头·明月几时有》《洞仙歌·冰肌玉骨》，王安石《桂枝香·登临送目》，姜白石《暗香》《疏影》为例，认为“此数词清空中有意趣，无笔力者未易到”。由此可见，其所标举的“清空”，乃是一种清澄透灵、空明峭拔的“古雅”之境。表现在词作中，即为清新、高雅、峭拔、虚明、空灵，如“野云孤飞，去留无迹”，如光风霁月，朗照如如。正如司空图《二十四诗品·高古》所描绘的，是“虚贮神素，脱然畦封，黄唐在独，落落玄宗”。在这种虚灵古雅、古趣晶莹的境界中，人的心灵超越于人世羁绊，寄心于太古之时，徜徉于寥廓之间，意与象、情与景、心与物相交相融，生命于瞬间获得永恒。清代词论家沈祥龙说得好，他认为，所谓“清空”，是“清者不染尘埃之谓，空者不著色相之谓，清则丽，空则灵，‘如月之曙，如气之秋’，表圣品诗，可移之词”（《论词随笔》）。词论家周济则就“空”“实”发表议论说，“空则灵气往来”，“实则精力弥满”（《介存斋论词杂著》）。袁枚《随园诗话》卷四云：“先生有《莲塘诗话》，载初白老人教作诗法云：‘诗之厚在意不在辞，诗之雄在气不在句，诗之灵在空不在巧，诗之淡在妙不在浅。’”“清者不染尘埃”“空则灵”“空则灵气往来”“诗之灵在空不在巧”，都表明，“清空”或“古雅”之境是以无载有，以静追动，是虚廓心灵，澄彻情怀，空诸一切，心无挂碍，无物无我心境的物态化；是“空潭泻春，古镜照神”，是勃郁盎然的春意泻落于渊深澄澈的潭水里，风采照人的神情映照在古雅锃亮的明镜中，是无垠的自然世相与不息的生命勃动化入虚灵空廓的心灵之中的艺术升华。故而表现出远阔、空灵、清幽、超妙的“古雅”风貌。即如刘永济所指出的：“清空云者，词意浑脱超妙，看似平淡，而义蕴无尽，不可指实。其源盖出于楚人之骚，其法盖出于诗人之兴；作者以善觉、善感之才；遇可感可觉之境，于是触物类情而发于不自觉者也。唯其如此，故往往因小可以见大，即近可以明远。”（《诵帚论词》）又如刘庆云《试论张炎〈词源〉对后世词论的影响》所指出的：“清空乃是指摄象须善于取神遗貌，行文疏快，意境空灵超越，语言工致淡雅，自有一股不染尘俗之清气流于其间。”[①] 在他看来，“清空”之境，乃是由于清气充盈，富有高情远致，故能使接受者在欣赏过程中自致远大，自达无穷，精神境界获得升华。如前所说，张炎推崇“清空”，追求“古雅”之境，是与他主张尚雅隆雅的审美观分不开的。他标举“雅正”，主张继承“骚雅”，即“风雅”传统美学精神，反对柔媚、香艳、婉约的词风，认为那些专写男欢女爱情思的词作背离了“风雅”传统，庸俗、低级，不能登大雅之堂。据曾随他学习词法的元代词论家陆辅之在《词旨·序》中所说：“予从乐笑翁（张炎的号）游，深得奥旨制度之法，因从其言，命韶暂作《词旨》……”表明《词旨》一书是奉张

① 引自赵小兰：《宋词雅论研究》，巴蜀书社1999年版，第345 ~ 346页。

炎的要求撰写的。而《词旨》的核心美学精神即为“雅正”。如其自叙云：“夫词亦难言矣，正取近雅，而又不远俗。”又云：“周清真之典丽，姜白石之骚雅，史梅溪之句法，吴梦窗之字面。取四家之所长，去四家之所短，此乐笑翁之要诀。”由此，也可以看出张炎尚雅隆雅的审美意趣和审美理想。张炎在《词源》中说：“词欲雅而正，志之所之，一为情所役，则失雅正之音。耆卿、伯可不必论，虽美成亦有所不免，如……‘又恐伊寻消问息，瘦损容光’；如‘许多烦恼，只为当时，一饷留情’；所谓淳厚日变成浇风也。”这里为他所鄙弃的“情”，就是特指那种绮靡庸俗之情。在张炎看来，周邦彦（美成）亦不能免俗。至于柳永、康与之等词人更是专写艳情，词风香艳，属于不雅的“哓风”淫词，他曾批评周邦彦的词作，认为“于软媚中有气魄”，但“惜乎意趣都不高远，致乏出奇之语，以白石骚雅句法润色之，真天机云锦也”。这里所谓的“意趣”，即为继承“风雅”传统美学精神的“忧生”“忧世”的审美意趣和审美追求。从其崇尚“雅正”的审美意趣出发，张炎在《词源·赋情》一节，极力提倡词作应追求“骚雅”之境。他说：“簸写风月，陶写性情，词婉于诗，盖声出莺吭燕舌间，稍近乎情可也。若邻乎郑卫，与缠令何异也。如陆雪溪《瑞鹤仙》……皆景中带情，而有骚雅。故其燕酣之乐，别离之愁，回文、题叶之思，岘首、西州之泪，一寓于间。若能屏去浮艳，乐而不淫，是亦汉、魏乐府之遗意。”他认为，表现风花雪月、“陶写情性”，是词作审美特色的一个方面，也是词作的长处，但“陶写情性”必须要体现“骚雅”传统美学精神，应“屏去浮艳，乐而不淫”，怨而不怒，合度中节，中和适度，把握好分寸。同时，“意趣”必须高远。表现手法，也应追求含蓄细蕴，“景中带情”，情景交融，“淡语有味”，而不应直露、平铺。总之，既要符合“雅正”审美风范，要“意趣”高远，委婉含蓄，乍合乍离，烟水迷离，水月空灵，意度超玄，情景交烁，如“天机云锦”，以给读者“神观飞越”的审美享受。张炎以后，提倡“古雅”之境的文艺理论家很多，如王世贞在《艺苑卮言》中称“拟古乐府”“须极古雅”；费经虞在《雅论》中则认为诗歌创作中遣字炼句要“清润俊逸”“古雅微妙”等。一直到近代，王国维更是将“古雅”作为一个重要的美学范畴，对之作了非常具体的阐述，并“直接引导”了他的“人间词语”的写作。

第二节　“古雅”说的美学意旨

尽管历代文艺理论家对“古雅”的看法各有不同，但总的看来，“古雅”说包括有三个层次的内涵：

首先，“古雅”说主张意趣贵高。南宋张表臣在《珊瑚钩诗话》中说得好，“推明政治，庄语得失，谓之雅”，“高简古澹，谓之古”。这里就指出，所谓“雅”，应基于“雅者正也”的“风雅”传统美学精神，在文艺创作中立意于纲纪人伦、敦厚礼教的审美理想。艺术语言表达方面，则应庄重含蓄，以彰明得失，针砭时弊。而所谓“古”，则表现为高远、疏淡、空灵、超妙。要达到此，必须先立意正志。即如韩驹所说：“诗言志，当先正其心态。心态正，则道德仁义之语，高雅淳厚之义自具。”（《陵阳室中语》）只有立意远，诗文创作才可能达到简淡高远、兴寄超妙之境。提倡“雅正”“清空”“古雅”说的张炎就特别注重立意，强调“词以意为主”。他品评词作的最高审美标准即是“雅正”“清空”“意趣高远”，并特别赞扬姜夔的词作，认为其词作意蕴圆融，融凝着“骚雅”的情思意趣，是“清空”“古雅峭拔”的审美典范。作为张炎的好友，姜夔也主张诗歌创作“意格欲高”。他在《白石道人诗说》中说：“诗有四种高妙：一曰理高妙，二曰意高妙，三曰想高妙，四曰自然高妙。”这里所说“理”“想”，都可以包容到“意”中，可见他对于“意”的推重。只有立意高，诗歌创作才能达到“古雅”“峭拔”之境，因此“古雅”说非常强调创作主体的才识学力，认为创作主体的意趣情性必须纯正，品德高尚，识见高超，立志于世道人心，才能在诗歌创作中达到高远、超妙、空灵的“古雅”之境。对此，可以追溯到孔子的“有德者必有言”，孟子的“集义”“养气”，董仲舒的“志和而音雅”，刘勰的“必先雅制”“文以行立，行以文传”，裴行俭的“士之致远，先器识而后文艺”（《旧唐书·王勃传》），以及中国美学所谓的“诗以言志”“画以立意”“乐以象德”“文以载道”“书以如情”、言以明心、言以显德的主张，都强调创作主体必须“才、胆、识、力”兼备。在中国美学看来，文艺作品的审美意旨及其审美价值同创作主体的人品有着密切的关系，有什么样的人品就有什么样的诗品和文品。魏了翁说：“气之薄厚，志之大小，学之粹驳，则辞之险易正邪从之，如声音之通政，如蓍蔡之受命，积中而形外，断断乎不可掩也。”（《攻愧楼宣献公文集序》）文艺作品是创作主体心灵化的产物，是主体个性精神的传神写照，作品审美意境中所蕴藉的是“气”“志”“学”，“积中而形外”，由“气”“志”“学”则可以观照到“人”，亦即人的品格、审美理想、道德情操和精神面貌。刘勰认为，审美创作是“原道心以敷章”，是“心生言立”“吐纳英华”。审美创作是主体的心灵观照与物态化的过程，是审美主体根据自己对自然、人生的独特见解和审美取向，从个性的心灵模式出发，去选取那些与自己的心灵同条共贯、意断势联，从表层到深层多重共通的东西，以发现和把握最适应自我的艺术传达媒介的过程。即如司空图所说：“大用外腓，真体内充。”（《二十四诗品》）也如王夫之所说：“内极才情，外周物理。”（《姜斋诗话》卷二）是的，“严庄温雅之人，其诗自然从容而超乎事物之表”（宋濂《林伯恭诗集序》）客观景物审美特征的发现和重构“必以情志为神明”，离不开创作主体的“情之所赏”（李善）。“若与自家生意无相入处”（刘熙载），没有审美主体的介入，则不可能有含英咀华的审美创作，也不可能有“高格”“高调”和“意趣高远”的“古雅峭拔”审美风貌，和“使千载隽永常在颊舌”的审美效应。文艺审美创作是作为主体的人的本质力量的对象化，是作为主体的人的审美认识的结晶体，因而，如《文心雕龙·知音》篇所指出的：“世远莫见其面，觇文辄见其心。”作为这一过程的物态化成果的文艺作品必然带着属于主体自己的独特的心灵印记，必然要体现出创作主体的“文德”，也即其品性与气格。

同时，中国美学认为，“人道”为体，“文道”为用，体用合一，文道合一。因此，随着主体的人品价值向文艺作品审美价值的转化，透过文艺作品则能在一定程度上考察出创作主体人品与“文德”价值的高低。“人品高，则诗格高，心术正，则诗体正”。审美创作主体的人品对文艺作品审美价值的影响是非常显著的。和顺积于中，英华发于外，“有第一等襟袍，第一等学识，斯有第一等真诗”。胸襟高，立志高，见地高，则命意自高，审美理想及其审美情趣也高，其创作出的作品，自然光明而俊伟。屈原“志洁行廉”，“惊才风逸，壮志烟高”，故其诗作具有“蝉蜕浊秽之中，浮游尘埃之外，皭然泥而不滓”的审美特征，其审美价值和所达到的审美境界可“与日月争光”，“金相玉式，艳溢锱毫”，为后人树立了伟大的榜样。即如刘勰在《辨骚》中指出的，其审美创作“体慢于三体，而风雅于战国，乃雅颂之博徒，而词赋之英杰”。“观其骨髓所树，肌肤所附，虽取熔经意，亦自铸伟辞。”认为其作品“气往铄古，辞来切今，惊采绝艳，难与并能”。并“赞”曰“不见屈原，岂见《离骚》？惊才风逸，壮志烟高。山川无极，情理实劳。金相玉式，艳溢锱毫。”在刘氏看来，屈原之所以能取得杰出的艺术成就，与其伟大人品是分不开的。陶渊明具有“旷而且直”的胸怀，“贞志不休”的情操，故“其文章不群，辞彩精拔，跌宕昭彰，独超众美”。杜甫“笃于忠义，深于经术，故其诗雄而正”，所以说，“学之不至，不能研深雅奥”，则不可能在审美创作中达到“古雅”之境。可见，审美创作主体只有加强自己本身的修养，通过积学与研阅以砥砺人格，洗濯襟灵，加强道德情操的修养，使自己具有高尚的品德和气节，以增强对整个人类的幸福、前途、忧患、命运的审美洞察力和审美理解力，完善其人品与审美个性心理结构，从而始能创作出艺术的精品。刘勰说：“文以行立，行以文传。”（《文心雕龙·宗经》）揭曼硕说：“学诗必先调燮性灵，砥砺风戈，必优游敦厚，必风流酝藉，必人品清高，必精神简逸，则出辞吐气，自然与古人相似。”（《诗学指南》卷一）彭时说得好：“格有高下，词有清新、古雅、富丽、平淡之殊。皆系乎其人之所养与所学何如也。学博而养正，诗有不工者哉？”（《蒲山牧唱集序》）审美创作主体个性中的人品价值是创构“古雅”之境的根本，人品高尚自然是能创构出“古雅”之境的基本保证之一。

其次，“古雅”说主张意趣贵新。中国美学求新重变。《易·系辞上》云：“生生之谓易。”“生生”即生生相续，一个生命滋生出另一个生命，每个生命都是一个实体，生命本身可以滋生新的生命，在新的生命中又可滋生出“新新生命”，以至无穷。可以说，《易传》这种强调生生变易为恒久之道的思想正好体现了中国美学求新务变的特点。中国美学所说的“古”，其含义主要有两种，一是就时间的悠长久远而言，意指古代；一是就意蕴的深厚、高妙而言，意指古朴高远的艺术境界。“古雅”之“古”，应是两种含义兼而有之。如就艺术境界而言，即指古淡、古朴、古拙、苍古、高古、亘古。如就“古雅”之境的创构而言，则为第一种含义。为师古、通古。不是要求“复古”，而是通古贯今，以创构新颖独特、充满生命活力的艺术之境。即诗文创作构思必须融汇古今，不能不古而今，更不能袭古人语言之迹，冒以为古。所谓

“诗不可有我而无古，更不可有古而无我。典雅、精神，兼之斯善”（刘熙载《艺概·诗概”）。陆机《文赋》曾经指出，诗文创作应“收百世之阙文，采千载之遗韵。谢朝华于已披，启夕秀于未振”。刘勰《文心雕龙·通变》也指出，“文律运周，日新其业。变则其久，通则不乏”。在刘勰看来，“设文之体有常，变文之数无方，何以明其然邪？凡诗赋书记，名理相因，此有常之体也；文辞气力，通变则久，此无方之数也。名理有常，体必资于故实；通变无方，数必酌于新声；故能骋无穷之路，饮不竭之源”。在诗文创作中，有一种不变的美学精神，这就是“通”；还有一种生生不息的审美追求，这就是“变”，只有“通”中求“变”，常中有变，正中有奇，以古为今，以故为新，以俗为雅，尽得古今之势，日新其业，从而才能创构出“古雅”之境。萧子显说得好，诗文创作“若无新变，不能代雄”（《南齐书·文学传论》）。韩愈指出：“惟陈言之务去。”（《答李翊书》）李德裕也指出：“辞不出于风雅，思不越于《离骚》，模写古人，何足贵也？”（《文章论》）在他看来，诗文创作“譬诸日月，虽终古常见，而光景常新，此所以为灵物也”（同上）。诗文创作审美经验的获得，必须经过一个相循、相因、相荣、相通、相变而化古通今的过程，必须“斟酌乎质文之间，而括乎雅俗之际”，而绝不可“竞今疏古”，趋时附俗。

时世推移，光景常新，文风多变，然而诗文创作中表情达意，“名理相因”。历代文艺理论家、诗文作者对人的生存意义、人格价值和人生审美境界的探寻与追求，并由此而获得的美学精神必定会穿透并照亮文字与历史。所谓“设文之体有常”，而“通变”之数“无方”。故而，在诗文创作中必须“资故实，酌新声”“望今制奇，参古定法”“斟酌质文”“括雅俗”（均见《文心雕龙·通变》），以星悬日揭，照耀太虚，浑朴古雅，光景常新。诗文创作应追求“意新”“辞奇”，追求“古雅”“浑朴”，但同时，又必须做到“新而不乱”“奇而不黩”“古而不泥”，只有通古今之变，才能变而不失其道。欧阳修《六一诗话》说：“圣俞尝语余曰：‘诗家虽率意，而造语亦难。若意新语工，得前人所未到者，斯为善也。’”胡仔《苕溪渔隐丛话》说：“学诗亦然，规摹旧作，不能变化自出新意，亦何以名家？鲁直诗云：‘随人作计终后人。’又云：‘文章最忌随人后。’诚至论也。”又引徐俯语云：“作诗自立意，不可蹈袭前人。”周辉《清波杂志》说：“为文之体，意不贵异而贵新，事不贵僻而贵当，语不贵古而贵淳，事不贵怪而贵奇。”吕祖谦《古文关键》认为，诗文创作应求新，主张“意深而不晦，名新而不怪，语新而不狂，常中有变，正中有奇。题常则意新，意常则语新”。李东阳在《怀麓堂诗话》中指出，诗歌创作贵在“不经人道语”。他认为，“自有诗以来，经几千万人，出几千万语，而不能穷，是物之理无穷，而诗之为道亦无穷也”。李渔在《窥词管见》中也指出，诗文创作“莫不贵新，而词为尤甚。不新可以不作。意新为上，语新次之，字句之新又次之。所谓意新者，非于寻常闻见之外，别有所闻所见，而后谓之新也”。“意新语新而又字句皆新，是谓之诸美皆备”。诗文创作必须求新，具有独创性，“自有一定之风味”，能自驰骋，不落蹊径，“优美及宏壮必与古雅合”（王国维语），从而其文艺作品才具有独特的审美价值。然而，求新，必须“会通”，“通则可久”。知新变而不知“通变”，“近附而远疏”，“龌龊于偏解，矜激于一致”（《文心雕龙·通变》），这样去追新求变，必然会导致“虽获巧意，危败亦多”，“习华随侈，流遁忘返”，因此，“古雅”说中包含着“通变”精神。

从王国维的“古雅”说中，也可以发现其对“通变”精神的重视。在《古雅之在美学上之位置》文中，王国维认为，“一切之美皆形式之美”。同时，他还提出美的“第一形式”与“第二形式”，而“古雅”则属于美的“第二种之形式”。他指出“一切形之美”都必须经过这“第二种之形式”，从而才能使“美者愈增其美”。他说：“自然但经过第一形式，而艺术则必就自然中固有之某形式，或所自创造之新形式，而以第二形式表出之。”“虽第一形式之本不美者，得由其第二形式之美（雅）而得一种独立之价值。”“绘画中之布置属于第一形式，而使笔使墨则属于第二形式，凡以笔墨见赏于吾人者，实赏其第二形式也。……凡吾人所加于雕刻、书、画之品评，曰神、曰韵、曰气、曰味，皆就第二形式言之者多，而就第一形式言之者少。文学亦然。古雅之价值大抵存于第二形式。”不难看出，王国维“古雅”说所强调的美之“第二形式”，其精神实质与刘勰所说的“通变则久”的“文辞气力”相似。就属于“古雅”这种“第二形式”的“使笔使墨”而言，看似指中国书画艺术中用笔、用墨等形式方面的问题，实际上还是涉及书画艺术中的生命意识体现。中国书画艺术同源，都注重线条表现，线条的偃仰、开合、起伏、避就、跌宕等运动，有如音乐的旋律，展现着生命的节奏。中国书画艺术讲究用笔，“一画含万物于中。画受墨，墨受笔，笔受腕，腕受心”（《苦瓜和尚画语录》），线条贯通宇宙、界破虚空，凿破质实，即如石涛所说：“墨能栽培山川之形，笔能倾覆山川之势，未可以一丘一壑而限量之也。”（同上）笔走龙蛇、活泼飞动、寓含生机的线条，就是不息的生命之流，而决不是单纯的空间、无意味的形式。石涛说：“墨非蒙养不灵，笔非生活不神。”（同上）在他看来，中国画是“从于心者也”，“形天地万物者也”，是画家“借笔墨以写天地万物而陶泳乎我也”（同上）。绘画所体现的是宇宙万物中的生命律动，因此，“使笔使墨”必须活泼流动，风神凛凛，生机勃勃，要有一股盎然生意蕴藉于中。所谓心随笔转，笔因意活，笔法中只有饱笃活泼风致，才能使万物含生，气脉贯通，绵延不绝。正由于“古雅”说“求通”“求变”，重视高古、古朴，要求返朴归真，回复到亘古的生命之本，体验并汲取原初生命的灵气，饱览人间春色，以获取活跃的生命力，并化归于冲淡、“古雅”，因而“古雅”说特别强调创作主体的学识、人品。要在书画艺术创作中达到“古雅”之境，书画家必须要有极高的知识修养和审美实践经验，要有高情雅致，“人格诚高，学问诚博”，其“使笔使墨”，才具有“神韵气味”。故而，王国维认为，“古雅之力”，为“后天的、经验的也”。即如佛雏所指出的，属于“第二种形式”的“古雅”，其充满生气、灵气的“使笔使墨”中既表现着艺术家自身的意愿、情感，同时又“蕴含着传统伦理、时代精神以及个人品格诸方面的内容”[①]，既染于世情，又系乎时序，“名理相因”，古今融汇。正由于此，所以“古雅之致存于艺术而不存于自然”“同一形式也，其表之也各不同。同一曲也，而奏之者各异；同一雕刻绘画也，而真本与摹本大殊。诗歌亦然”。也正由于此，所以王国维的“古雅”说特别强调艺术家的修养。他说：“艺术中古雅之部分，不必尽俟天才，而亦得以人力致之。苟其人格诚高，学问诚博，则虽无艺术上之天才者，其制作亦不失为古雅。”这里就强调指出，“古雅”之境的构筑，离不开艺术家的品格、学识。

王国维极其重视艺术创作主体的人格、胸襟及其艺术修养。在他看来，“内美”与“修能”二者不能缺一。在《人间词话》中，他曾以苏轼和辛弃疾

① 佛雏：《王国维诗学研究》，北京大学出版社，1987年版，第103页。

为例，说:“东坡之词旷、稼轩之词豪，无二人之胸襟而学其词，犹东施之效捧心也。”又说:“读东坡、稼轩词，须观其雅量高致，有伯夷、柳下惠之风。白石虽似蝉蜕尘埃，然终不免局促辕下。”苏轼、辛弃疾都具有高尚的人品和胸襟气度、雅量高致，有伯夷、柳下惠的高风亮节、超凡脱俗，故而才有词风的旷达、豪放。而姜夔虽然看起来具有不俗之处，实际上却有格而无情，远远地逊于苏辛。之所以存在这样的区别，主要就在于胸襟气度的高下不同。故而“无高尚伟大之人格”，则不可能创作出“高尚伟大之文学”。

第二章　高雅

“高雅”是由“雅”所建构而成的审美范畴之一。其美学意义涉及人生与艺术两个方面。从前者来看，“高雅”意指人格、品德的高尚，心灵的高洁、精神境界的高远。其审美意识根源于雅与美都在人、人心、人的义理道德，故而特别重视人格价值和人生境界的追求。所谓“禀自然之正气，体高雅之弘量”（《三国志·魏志·崔林传》）。而就后者看，所谓“高雅”则除了对审美创作主体人品志向、情思、意趣的规定外，还涉及作品的审美风貌等。所谓“句读曲屈，韵调高雅”。（王勃《鞶鉴阁铭序》）；“学识高雅，志操修洁”（李东阳《明故封大安人舒氏墓志铭》）；“胸襟高，立志高，见地高，则命意自高”（《昭昧詹言》）。器大者声必闳，志高者意必远。从审美风貌与审美意趣方面来看，“高雅”之“高”则意味着高远、高洁、高妙、高迈、高逸、高古。可以说，就中国美学而言，“高雅”，实际上就是一种理想的人生审美境界与艺术境界，体现着中国美学所推崇的心灵超越与升华的最高审美追求。

第一节　雅人

高雅，首先体现为人雅，即人格的高尚和心志的高洁。如陆机在《遂志赋》中就指出，崔篆与蔡邕人品高雅，情性气质“冲虚温敏，雅人之属也”。这里就提出“雅人”说。

一、“雅人”说形成的美学根源

“雅人”，又称“雅士”“雅子”“博雅之人”[①]（《文心雕龙·杂文》）等。早在先秦时期，老子就提出“俗人”“众人”之说，其“俗”则意指庸俗、粗俗，有鄙薄、贬斥之意；庄子更是推崇“神人”“至人”“真人”，鄙弃“今人”“众人”“世人”“世俗之人”；而荀子则认为：“人有五仪，有庸人、有士、有君子、有贤人、有大圣。”[②]（《哀公》）他说：“故有俗人者，有俗儒者，有雅儒者，有大儒者。不学问，无正义，以富利为隆是俗人者也。逢衣浅带，解果其冠，略法先王而足乱世；术谬学杂，不知法后王而一制度，不知隆礼义而杀《诗》《书》；其衣冠行为已同于世俗矣，然而不知恶者；其言议谈说已无以异于墨子矣，然而明不能别；呼先王以欺愚者以求衣食焉，得委积足以掩其口，则扬扬如也；随其长子，事其便辟，举其上客，亿然若终身之虏而不敢有他志：是俗儒者也。法后王，一制度，隆礼义而杀《诗》《书》；其言行已有大法矣，然而明不能齐法教之所不及、闻见之所未至，则知不能类也；知之曰知之，不知曰不知，内不自以诬，外不自以欺，以是尊贤畏法而不敢怠傲：是雅儒者也。法后王，统礼义，一制度，以浅持博，以古持今，以一持万，苟仁义之类也，虽在鸟兽之中，若别白黑；倚物怪变，所未尝闻也，所未尝见也，卒然起一方，则举统类而应之，无所疑怍，张法而度之，则奄然若合符节：是大儒者也。故人主用俗人，则万乘之国亡；用俗儒，则万乘之国存；用雅儒，则千乘之国安；用大儒，则百里之地久，而后三年，天下为一，诸侯为臣；用万乘之国，则举措而定，一朝而伯。”（《儒效》）在这段论述中荀子提出了“雅儒”“俗儒”之说，并论述了“雅儒”与“俗儒”的差别。

首先，“俗儒”与“雅儒”的划分形成了“俗”与“雅”的对立。同时，由于“俗”有“俗人”“俗儒”的不同层面，而“雅儒”之上又还有人格层面更高的“大儒”，故“俗”与“雅”并不是处于极端的位置，其对立程度显得还不太尖锐。

---

① （梁）刘勰著，范文澜注：《文心雕龙注》，范文澜注，人民文学出版社1960年版。

② （先秦）荀子著，王先谦集释，沈啸寰、王星贤点校：《荀子集释》，诸子集成本，中华书局1988年版。

其次，儒者的人格层面可分为三种：即俗儒、雅儒、大儒。所谓俗儒之“俗”，是“略法先王而足乱世；术谬学杂，不知法后王而一制度，不知隆礼义而杀《诗》《书》。”衣冠行为同于世俗而不知恶，言议谈说与墨子同而不能辨；吹捧先王以欺愚者而求衣食；趋炎附势，奉承权贵及其亲信，若终身之虏而不敢有他志，讥笑身处逆境之大儒。在荀子看来，君王如任用这样的俗儒，则万乘之国勉强可以获得保存。

在《正论》篇中，荀子还对“世俗之为说者”进行了全面的批驳。其内含大致可分为以下几个方面：第一，俗者主张“主道利周”。即俗者认为君主在治理国家时要注意隐瞒实情，不让臣下知情。而在荀子看来，君主是臣民的表率，臣民“听唱而应，视仪而动”。如君主言行诡秘，则臣民不应不动，上下便不能相待而成，“不祥莫大焉”。荀子以为，“上者下之本也”，“上周密则下疑玄矣，上幽险则下渐诈矣，上偏曲则下比周矣”，他反对“主道利周”，主张“主道利明不利幽，利宣不利周”。认为，只有行为光明磊落，让政令公之于众，才是君主治国之道。第二，俗者称“桀、纣有天下，汤、武篡而夺之”，又称“尧舜擅让”。荀子驳斥了这种鄙陋浅薄之说，认为“天下者，至大也，非圣人莫之能有也”，桀纣“反禹、汤之德，乱礼义之分，禽兽之行，积其凶，全其恶，而天下去之也”。汤、武为民之父母，桀、纣为民之怨贼，故桀、纣无天下，汤、武不弑君。对于俗者所说的尧舜禅让的问题，荀子认为，天子之势位至尊，只要“礼义之分尽”，又何必采用禅让呢？在权力的交接上，最重要的是法令制度的变更，即“唯其徙朝改制为难”。

可见，“世俗之为说者”所表现出来的“俗”，与“俗儒”之“俗”的内涵大体接近。而荀子对俗儒的蔑视、贬抑，关键在于俗儒法先王而不知法后王，以至不知治道而乱世。在荀子看来，子思、孟轲便是这样的儒者，他们“略法先王而不知其统”，世俗之儒愚昧无知，不知其非却受而传之，此乃子思、孟轲之罪过。针对俗儒之陋，荀子提出“法二后王谓之不雅”（《儒效》）的命题，即法令制度如果背离了后王便是不正确的。雅，这里就是“正”的意思。

荀子还将人的品格分为四个层次：即“小人”“至人”“君子”“圣人”。所谓“小人”，即“言而无常，行无常贞，唯利所在，无所不倾，若是可谓小人矣”（《不苟》）。这就是说，“小人”说话不算话，不守信用，行为举止不守规矩，做事毫无主见，善于媚俗顺风，随波逐浪，见风使舵，追逐物欲，唯利是图。而所谓“君子”，则与“小人”相反。荀子说：“君子敬其在己者，而不慕其在天者，是以日进也；小人错其在己者，而慕其在天者，是以日退也。”（《天论》）在荀子看来，“小人”之所以为“小人”，其根本原因在于其不能“明于天人之分”，不知道人与动物的根本区别，在本质上与动物相似，缺乏社会属性，故而其品格最低。“至人”与“小人”不同。“至人”能“明于天人之分”，故而能自尊、自信、自强。“君子”在“至人”之上。因为“至人”“明于天人之分”，能正确处理好人与自然的关系。而“君子”则不但会处理人与自然的关系，而且还能处理好人与社会、人与人之间的关系，所以达到了更高的人生境界。在荀子看来，“君子”能“道礼义”，即遵循礼义规范，遵守等级秩序、尊尊、亲亲，能遵照尊卑贵贱的等级制度，来处理人与人之间的关系，以治理天地，役使万物。

“圣人”的品格则比“君子”更高。“君子”能正确认识人在宇宙间的地位，体悟人生真谛，然而“其言多当矣”，“其行多当矣”（《儒效》）。即“君子”还未能使自己完全进入随心所欲而不逾矩的自由境界，还有待进一步升华为“圣人”。达到“圣人”境界，即自在自如、随心所欲、左右逢源、水流花开、过雨浮萍。可以说，在荀子这里，“小人”就是“俗人”，而“至人”“君子”“圣人”则都属于“雅人”。

“雅儒”就是“君子”。故在《荀子》一书中，“雅儒”往往又称为君子。如前所说，君子的品格情操是荀子所极力推崇的。他说：“君子无爵而贵，无禄而富，不言而信，不怒而威，穷处而荣，独居而乐；岂不至尊、至富、至重、至严之情举积此哉！”又说：“君子务修其内而让之于外，务积德于身而处之以遵道。如是，则贵名起如日月，天下应之如雷霆。故曰君子隐而显，微而明，辞让而胜。”（《儒效》）与“雅儒”或君子相对的则称为鄙夫、小人。他说：“鄙夫反是；比周而誉俞少；鄙争而名俞辱，烦劳以求安利其身俞危。”（《儒效》）他划分“俗儒”与“雅儒”的主要标准是法先王或者法后王。法后王是荀子的政治主张。他认为，“天地合而万物生，阴阳接而变化起”（《礼论》），天地万物均处于不断变化的过程之中，社会生活也是如此。从这样的历史发展观出发，荀子曰：“天地始者，今日是也；百王之道，后王是也。”（《不苟》）他力主“百家之说，不及后王，则不听也”（《儒效》）。所谓道德之求不二后王，道过三代谓之荡，“法二后王谓之不雅”(《儒效》),就是这种政治主张的体现。除了因其法先王而贬斥俗儒外,荀子还继承了道家哲人尚雅贬俗的美学精神,进一步斥责世俗小人的不学无术、无正义感、唯利是图、刚愎自用、独断专行等种种卑劣品行。他说:“快快而亡者,怒也;察察而残者,忮也;博而穷者,訾也;清之而俞浊者,口也;豢之而俞瘠者,交也;辩而不说者,争也;直立而不见知者,胜也;廉而不见贵者,刿也;勇而不见惮者,贪也;信而不见敬者,好专行也。此小人之所务,而君子之所不为也。”(《荣辱》)荀子还对古今士大夫文人的不同品行作了非常精到的描述,说:“古之所谓仕士者,厚敦者也,合群者也,乐可贵者也,乐分施者也,远罪过者也,务事理者也,羞独富者也。今之所谓仕士者,污漫者也,贼乱者也,恣睢者也,贪利者也,触抵者也,无礼义而唯权势之嗜者也。”又说:“古之所谓处士者,德盛者也,能静者也,修正者也,知命者也,著是者也。今之所谓处士者,无能而云能者也,无知而云知者也,利心无足而佯无欲者也,行伪险秽而强高言谨悫者也,以不俗为俗,离纵而訾者也。”(《非十二子》)荀子还对雅俗不同,从而言行举止、仪容神态上也存在着巨大差异的儒者进行了深入的分析。指出:“今世俗之乱君,乡曲之儇子,莫不美丽、姚冶,奇衣、妇饰,血气、态度拟于女子;妇人莫不愿得以为夫,处女莫不愿得以为士,弃其亲家而欲奔之者,比肩而起。然而中君羞以为臣,中父羞以为子,中兄羞以为弟,中人羞以为友,俄则束乎有司而戮乎大市,莫不呼天啼哭,苦伤其今而后悔其始。是非容貌之患也,闻见之不众,议论之卑尔。”(《非相》)又指出:“士君子之容;其冠进,其衣逢,其容良;俨然,壮然,祺然,然,恢恢然,广广然,昭昭然,荡荡然,是父兄之容也其冠进,其衣逢,其容悫;俭然,恀然,辅然,端然,訾然,洞然,缀缀然,瞀瞀然,是子弟之容也。”(《非十二子》)在《非十二子》中,荀子还描述了一些穿戴怪异、神情傲慢、见识浅陋、寡廉鲜耻的学者之容,和他们同样鄙陋的还有孔子的弟子子张氏、子夏氏、子游氏一类贱儒。子张氏语言索然无味,子夏氏终日不言,子游氏懒惰贪食,尽管他们的个性各不相同,但在人格的浅陋卑俗上却是共同的,都属于被荀子所鄙弃的贱儒。

荀子以后,古代典籍中俗人、俗吏、俗儒等带鄙视意味的词汇就经常出现,《淮南子》中,“俗”,往往指与“道”相对的鄙陋、卑琐等,如“俗世庸民”“世俗之人多尊古而贱今”“君子绝世俗”等。王充在其《论衡》中，更是继承前代隆雅卑俗的美学精神，以其更加坚决的态度，毫不妥协地对俗、世俗、庸俗、俗人、俗士、俗夫、俗吏、俗材、俗儒、俗文、俗言、俗书、俗说、俗议等，进行了深刻地揭露和尖锐地斥责。的确，尚雅、隆雅就意味着绝俗、鄙俗。可以说，在隆雅尚雅的基础上，“俗”是王充贬抑的对象。“俗”就是鄙陋、庸俗。他一针见血地指出：“礼俗相背，何世不然”[①]（《自纪》），这就是说“俗”与“礼”是相互对立、水火不相容的。

王充还提出“雅子”与“俗人”“俗士”相对，以表示其尚雅卑俗的美学观。据《论衡·四讳》篇记载，齐相田婴贱妾有子名文，文以五月生。世俗讳五月子，以为将杀父与母，故婴告其母勿举，其母窃举生之。及长，文名闻诸侯。婴信忌，而文不辟讳。对此，王充认为，“田婴俗父，而田文雅子”，父子“雅俗异材，举措殊操”，就以雅俗对举，赞扬田文为“雅子”，鄙弃其父田婴，认为其“俗”。显然，这里“雅”是指人物品格之“雅”。王充在《自纪》中还说自己喜欢结交“杰友雅徒”，而不愿意与“俗材”交往。正是出于对“雅”的品德才能的崇尚，所以王充尊崇贤人、圣者。但当时的世人是既不能尊贤，更不能知圣崇“雅”的。对此，王充表示了他隆雅卑俗、愤世疾俗的审美主张，说：“世无别，故真贤集于俗士之间。俗士以辩惠之能，据官爵之尊，望显盛之宠，遂专人贤之名。”（《定贤》）对那些是非不明、黑白颠倒，俗士专贤名，离俗之礼则为世所讥，贤材不易为世所用的现象表示了极大的愤慨。王充崇尚“雅子”，因此，对“俗”的种种鄙陋、卑下的表现进行了毫不留情的贬斥。尤其是“俗人”。他指出，“俗人”知识浅陋，对社会人生的真谛知之甚少。他举例说：“孔子侍坐于鲁哀公，公赐桃与黍，孔子先食黍而啖桃，可谓得食序矣。然左右皆掩口而笑，贯俗之日久也。今吾实犹孔子之序食也；俗人违之，犹左右之掩口也。善雅歌，于郑为人悲；礼舞，于赵为不好。尧舜之典，伍伯不肯观，孔墨之籍，季孟不肯读。宁危之计黜于闾巷，拨世之言訾于品俗。有美味于斯，俗人不嗜，狄牙甘食。有宝玉于是，俗人投之，卞和佩服”。“俗人”不喜好有独到之处的精辟之论，却偏好惑众的妖言，鄙陋之极。“俗人”还不懂礼，“歌曲妙

① （汉）王充著，黄晖校释：《论衡校释》，中华书局1990年版。

者，和者则寡；言得实者，然者则鲜。和歌与听言，同一实也。曲妙人不能尽和，言是人不能皆信。鲁文公逆祀，去者三人；定公顺祀，畔者五人。贯于俗者，则谓礼为非。晓礼者寡，则知是者稀”(《定贤》)。“俗人”由于“贯俗之日久”“贯于俗者”，即长时期处在庸俗鄙陋的环境中，耳濡目染，无不是“俗”，而“晓礼者寡”，所以“知是者稀”，“离俗之礼为世所讥”，正是时代精神使然。“俗人寡恩”，“俗性贪进忽退，收成弃败。充升擢在位之时，众人蚁附；废退穷居，旧故叛去”(《自纪》)。就是说“俗人”往往鲜廉寡耻，趋炎附势，追名逐利，唯利是图，只顾追求自己的利益，不择手段、不顾信义。所谓“人者熙熙，皆为利来；人者往往，皆为利往”，“利之所在，公皆趋之”，哪里有什么道义可言。

所以，王充指出，“俗人”总是降意损崇，以称媚进取，随世俯仰，寡廉鲜耻。他说：“有俗材而无雅度者，学知吏事，乱于文吏，观将所知，适时所急，转志易务，昼夜学问，无所羞耻，期于成能名文而已。”(《程材》)又说：“世俗学问者，不肯竟经明学，深知古今，急欲成一家章句，义理略具，同趋学史书，读律讽令，治作请奏，习对向，滑跪拜，家成室就，召署辄能。徇今不顾古，趋仇不存志，竞进不按礼，废经不念学。”(同上)“俗人”竞进造成的恶果是：古经废，旧学暗，儒者寂，文吏哗，学风日下，世风败坏。“俗人”目光短浅，识见低下，不识人，不知贤，往往以“仕宦为高官，身富贵为贤”“以事君调合寡过为贤”“以朝廷选举皆归善为贤”“以人众所归附，宾客云合者为贤”“以居位治人，得民心歌咏之为贤”“以居职有成功见效为贤”等。世人不知贤，更不能知圣，“世人自谓能知贤，误也”，“夫顺阿之臣，佞幸之徒是也。准主而说，适时而行，无廷逆之隙，则无斥退之患。或骨体娴丽，面色称媚，上不憎而善生，恩泽洋溢过度”(《定贤》)。这样的佞幸之徒，在王充看来，的确“未可谓贤”。同时，王充还指出，“俗人”为了个人目的或一己之私利而收买人心，即使民悦而歌颂之，也不能称为“贤”。

“俗人”好信禁忌，轻愚信祸福，信祸祟。王充说：“世俗信祸祟，以为人之疾病死亡，及更患被罪、戮辱欢笑，皆有所犯。起功、移徙、祭祀、丧葬、行作、入官、嫁娶，不择吉日，不避岁月，触鬼逢神，忌时相害。故发病生祸，绖法入罪，至于死亡，殚家灭门，皆不重慎、犯触忌讳之所致也。

如实论之，乃妄言也。”（《辨祟》）人生在世必定要作事，而作事则必定有吉凶；人之生未必得吉逢喜，人之死亦非犯凶触忌。人禀自然之气而生，故也必有一死，“有血脉之类，无有不生，生无不死。以其生，故知其死也”（《道虚》）。世俗之人认为，龙藏在树木之中、屋室之间，雷电毁坏树木屋室，龙则出现在外面并升天，这就是所谓天取龙之说。但在王充看来，所谓灾异谴告是荒诞不经的，“天能谴告人君，则亦能故命圣君。择才若尧、舜，受以王命，委以王事，勿复与知。今则不然，生庸庸之君，失道废德，随谴告之，何天不惮劳也”（《自然》）。“夫天道，自然也，无为。如谴告人，是有为，非自然也。”（《谴告》）

王充的尚雅卑俗审美观还表现在他对俗儒、俗文、俗言、俗书、俗说等的厌恶。王充贬斥俗儒，认为只有鸿儒才是雅士。他说：“儒生过俗人，通人胜儒生，文人逾通人，鸿儒超文人。”在他看来，鸿儒与儒生相去悬殊，与俗人更有天渊之别，乃“世之金玉也”。而儒者又分为文儒与世儒。王充指出：“著作者为文儒，说经者为世儒。”（《书解》，下同）王充的观念与世俗之人的看法不同，他认为“世儒说圣情，文儒述圣意，共起并验，俱追圣人”，不能说“文儒之说无补于世”。“世儒业易为，故世人学之多；非事可析第，故官庭设其位”，而“文儒之业，卓绝不循，人寡其书，业虽不讲，门虽无人，书文奇伟，世人亦传”。所谓“世儒业易为”“文儒之业卓绝不循”，王充认为，世儒说经为“虚说”，文儒著作为“实篇”，实篇高于虚说，故文儒亦高于世儒。

从崇尚“雅士”的审美观出发，王充反对当时世俗之人“好信师而是古”、尚古卑今的不良风气。他强调指出：“俗儒好长古而短今……汉有实事，儒者不称；古有虚美，诚心然之。信久远之伪，忽近今之实，斯盖三增九虚所以成也。能圣实圣，所以兴也。儒者称圣过实，稽合于汉，汉不能及。非不能及，儒者之说使难及也。”（《须颂》）又指出：“俗好高古而称所闻，前人之业，菜果甘甜；后人新造，蜜酪辛苦。长生家在会稽，生在今世，文章虽奇，论者犹谓稚于前人。天禀元气，人受元精，岂为古今者差杀哉！优者为高，明者为上。实事之人，见然否之分者，睹非却前，退置于后，见是推今，进置于古，心明知昭，不惑于俗也。”（《超奇》）还指出：“夫俗好珍古不贵今，谓今之文不如古书。夫古今一也。才有高下，言有是非，不论善恶而徒贵古，是谓古人贤今人也……盖才有浅深，无有古今；文有伪真，无有故新。”（《案书》）针对“俗好褒远称古”，“汉有实事，儒者不称”的贵古贱今的世俗心态，王充据理力争，指出“天禀元气，人受元精，岂为古今者差杀哉”！并主张“优者为高，明志为上”，强调在“才”“文”“实”等方面“古今一也”。斥责世儒“世未有圣人”之说，认为能致太平者即圣人，同时还从文学发展的视角切入，充分肯定了汉文人如扬雄、班固等。世儒不但尚古卑今，“世俗之性，好奇怪之语，说虚妄之文”（《对作》），因“实事不能快意，而华虚惊耳动心”，一般才知之士“好谈论者增益实事，为美盛之语；用笔墨者造生文，为虚妄之传。听者以为真然，说而不舍；览者以为实事，传而不绝”（同上）。对此，王充指出：“世俗所患，患言事增其实；著文垂辞，辞出溢其真，称美过其善，进恶没其罪”（《艺增》）。身处这样的社会环境，疾虚妄、尚实诚、求真尚美、崇雅卑俗便成了王充的审美追求。他曾多次申明，自己写《论衡》的目的就是要尚雅卑俗，要“讥世俗”。这里的“世俗”，是对庸俗、粗野、鄙陋的“俗人”的猛烈谴责，体现了王充对“高雅”人格境界的追求。显然，王充的这种鲜明强烈的崇尚“雅子”的美学精神对“雅人”说的形成具有重要影响。

二、“雅人”说的文艺美学意义

所谓“高士之文雅”[①]（《自纪》）。《三国志·吴志·陆逊传》云：“雅人所以怨刺，仲尼所以叹息也。”这里就认为，从事诗歌创作，即“怨刺”，必须是“雅人”。所谓“雅人”，与“俗人”相对，指有文化教养、品格高尚、风流儒雅、高雅超俗之人。从文艺美学来看，文艺创作中，高雅之境的构筑需要主体的介入。只有“雅人”，才有“深致”，才能意兴高远，不同于流俗。据《晋书·列女传·王凝之妻谢氏》记载，谢安曾问：“《毛诗》何句最佳？”谢道韫回答说：“吉甫作颂，穆如清风。仲山甫永怀，以慰其心。”谢安则称其“有雅人深致”。《世说新语·文学》亦记载云：“谢公因子弟集聚，问《毛诗》何句最佳。遏（谢玄小字）称曰：‘昔我往矣，杨柳依依。今我来思，雨雪霏霏。’公曰：‘谟定命，远猷辰告。’谓此句偏有雅人深致。”“高

① （汉）王充著，黄晖校释：《论衡校释》，中华书局1990年版。

雅”之境的创构决定于主体内在的审美价值取向与审美心理结构，没有人的实践活动，没有人的生命存在价值的作用，则不可能有审美价值的存在，也不可能有“雅”的存在。同理，没有审美主体“按辔文雅之场，环络藻绘之府”（《文心雕龙·序志》），则不会有“高雅”之境的创构，创作主体“雅好文会”“雅好慷慨”“雅爱诗章”（《文心雕龙·时序》）的审美活动既是审美关系的建立与美的生成的重要条件，也是“高雅”之境创构的重要条件。所以，中国古代美学特别强调“高雅”之境的创构是既“随物以宛转”又“与心而徘徊”（《文心雕龙·物色》），离不开创作主体的“润色取美”（《文心雕龙·隐秀》）。“高雅”之境的创构，离不开“雅人”。王充说得好，只有“高士”才有“文雅”，才“言无不可晓，指无不可睹”（《论衡·自纪篇》）刘勰说：“孟坚雅懿，故裁密而思靡。”（《文心雕龙·体性》）所谓“心不雅则词亦不能掩”“不雅由于为人而不自得”（《潘德舆《养一斋诗话》）。“心志正，则道德仁义语，高雅淳厚之义自具”（韩驹《陵阳室中语》）。作为“高雅”之境创构不可或缺的主要条件，审美主体必须“心雅”“心志正”。“高雅”的人格建构在“高雅”审美境界创构中占有主导的地位。是的，中国古代诗歌审美创作史上，无论是李白的豪放，还是杜甫的沉郁；无论是王、孟的静远，还是苏轼的洒脱，司空图的高雅，全都植根于一个活跃的、至动而有韵律的心灵，全都“在人意舍取”，全都是独特的“这一个”，也即“人”的创构，既不能重复也不能替代。故而，张戒在《岁寒堂诗话》中指出：“诗文字画，大抵从胸臆中出，子美笃于忠义，深于经术，故其诗雄而正（雅），李太白的喜任侠，喜神仙，故其诗豪而逸。”而施补华在《岘佣说诗》中也指出：“陶公诗一往真气，自胸中流出，字字雅淡，字字沉痛。”陶渊明诗歌的“雅淡”，杜甫诗的“雄而正（雅）”，李白诗的“豪而逸”都与其人格个性相关，“高雅”之境的创构中不能没有“人”的世界。清代叶燮留下这么一些名言，他说：“凡物之美者，盈天地间皆是也，然必待人之神明才慧而见。”（《已畦文集》卷六《滋园记》）又说：“天地无心，而赋万事万物之形，朱君以有心赴之，而天地万事万物之情状皆随其手腕以出，无所不得者。”①（《已畦文集》卷八《赤霞楼诗集序》）天地万物是“无心”的，只有“因人”，

① （清）叶燮：《已畦文集》，丛书集成新编本第124册。台湾新文丰出版公司，1985年版。

通过“有心”人的“舍取”，与“人之神明才慧”的作用和介入，其盈溢于整个天地自然间的“美”与“万事万物之情状”才能显现出来，才能通过艺术审美创作活动“随其手腕以出”，而生成为艺术的审美意境。“盈天地间”的万事万物其本身是非常复杂的社会存在和自然存在，决不可能以其自身的原生形态径直闯入艺术殿堂。艺术的审美意境只能熔铸于最自由、最生动的心源之中。故而，张炎认为，“词欲雅而正，志之所之，一为情所役，则失雅正之音”(《词源》)。宋濂认为，“诗乃吟咏性情之具，而所谓风、雅、颂者，皆出乎吾之一心”(《答章秀才论诗书》)。徐祯卿也认为，诗歌创作的“词气”“良由人士品殊，艺随迁易。故宗工钜匠，词淳气平；豪贤硕侠，辞雄气武；迁臣孽子，辞厉气促；逸民遗老，辞玄气沉；贤良文学，辞雅气俊”(《谈艺录》)。

“高雅”的人格也就是真善美统一的理想人格境界。与西方哲学不同，中国哲学不太注重对外在世界的追求，而是注重对人的内在价值的探求。在中国古代哲人看来，天人之间的关系是统一的整体，“人道”本于“天道”，故而，人自身是能够体现“天道”的。同时，由于人是宇宙天地的核心，所以人的内在价值就是“天道”的价值。正是基于此，中国传统哲学的基本精神就是教人如何“做人”，如何培养自己的理想道德人格。“做人”与理想道德人格的培养对自身要有个规范，要追求真、善、美的理想人格境界。《大学》说:“大学之道在明明德，在亲民，在止于至善”，“古之欲明明德于天下者，先治其国。欲治其国者，先齐其家。欲齐其家者，先修其身。欲修其身者，先正其心。欲正其心者，先诚其意。欲诚其意者，先致其知。致知在格物。格物而后致知，知致而后意诚，意诚而后心正，心正而后身修，身修而后家齐，家齐而后国治，国治而后天下平。”所谓“知行合一”，“知”和“行”是应该一致的。从“格物致知”到“修身、齐家、治国、平天下”就是一个认识过程与实践过程的统一。人生活在天地之中，就应该有理想，应“自强不息”:“天行健，君子以自强不息”(《周易·乾·象传》)。要体验天地造化的伟大生命力，体现宇宙大化的流行，首先就应对自己有理想人格的要求。要做到“真”，即达到人与自然的和谐关系；做到“善”，即使自己的道德知识与道德实践统一，“知行合一”；做到“美”，即作为审美创作主体要使自己的情感以再现天地造化之工而“情景合一”。只有这样，才能使人进入“高雅”的理想人格境界，即真善美和合统一的完美人格境界。由此，也才能使人的自我价值得到充分的肯定和自由发挥，以实现自我，超越自我，创造自我。

故而，孔、孟的审美理想是要做圣人、仁人。他们非常强调“做人”与人的“高雅”人格素质的培养，所谓“天生德于予”[①]（《述而》），“天将以夫子为木铎”（《八佾》）。孔子以“仁”释“礼”，又认定求“知”应该为求“仁”服务，强调“未知，焉得仁”（《论语·公冶长》）。在论及“君子”应具有人格素质时，孔子强调指出人们必须使自己“志于道，据于德，依于仁，游于艺”（《论语·述而》）。“道”是指宇宙间普遍的、根本的道理、规律，属于认识和真理范围；“德”和“仁”是讲道德伦理，包含着善的内涵；“艺”则是指礼、乐、射、御、书、数六艺，蕴含着美的内容。道、德、仁、艺在人的真善美人格素质发展中具有不同的作用。老、庄的理想则是做真人、至人。作为道家的代表人物，他们同样注重内省。可以说，“君子”“圣人”“真人”“至人”“神人”也就是“雅人”。总之，“六经”、孔孟和老、庄所开启的中国哲学，最重视的不是确立于对外部世界的认识，而是致力于成就一种伟大的“高雅”人格，由“内圣”而“外王”。

中国古代哲学这种强调“天人合一”“知行合一”“内圣外王”的思想，对“高雅”之境创构中的主体“高雅”人格建构，特别是艺术审美创作主体的“高雅”人格建构，具有重要影响。

“高雅”之境的创构离不开主体人格结构的高雅。中国古代美学肯定人的存在意义，强调人的价值和作用，认为天地万物之中，人“最为天下贵”（《荀子·王制》），“惟人得其秀而最灵”（《董仲舒《春秋繁露·天地阴阳》》。中国美学认为，在自然、社会、人类，即天、地、人三才中，作为主体的人是天、地的中心，万物的尺度。通过尽心思诚，人能够向内认识自我、实现自我而进入与天地万物合一的境界。所谓“诚，天之道也；诚也者，人之道也”（《中庸》）。天人本源于一“道”，并同归于“诚”，故而荀子说：“君子养心莫善于诚。……天地为大矣，不诚则不能化万物。”（《荀子·不苟》）尽心知天，以诚为先。回归于本心，返回人心原初之诚，方能穷神达化，天人合一。

---

① 杨伯峻译注:《论语译注》，中华书局1980年版。

反观内照则能穷尽宇宙人生的真谛，并使人从中获得审美的自由超越。要达到此，作为主体的人的感知、想象、情感、理解等审美心理素质与审美能力必须得到增强与提高，要“以至敏之才，做至纯功夫”（朱熹语），以培养其理想人格，健全其审美心理结构和审美智能结构。所谓“志和而音雅”（董仲舒《春秋繁露·玉杯》），“严庄温雅之人，其诗自然从容而超乎事物之表”（宋濂《林伯恭诗集序》），“贤良文学，辞雅气俊”，而“媚夫幸士”则“辞靡气荡”（徐祯卿《谈艺录》），“人非流俗之人，而后其文非流俗之文”（黄宗羲《钱屺轩先生七十寿序》）因此，只有增强其审美能力，完善其审美素质，通过亲身实践和感受现实世界，增加知识积累和生活经验积累，做到“知行合一”，使自己的审美活动适应客观世界中对称、均衡、节奏、有机统一等美的动力结构模式，从而才可能超越这些模式进入天地境界，从而尽己心便可以尽人尽物，参天地，赞化育，以达到超尘绝俗的“高雅”极境。

“高雅”之境创构中的心灵体验方式的生成，离不开“天人合一”思维模式的影响。西方美学是在思辨和论难的文化氛围中发展起来的，讲究谨严的逻辑论证和深透的理论开掘，通行“始、叙、证、辩、结”的运思和表达程式，立论缜密，尽管不免流于繁琐。这和其以逻辑分析和推理为基础，注重认识活动的细节的传统思维模式的影响分不开。而中国的传统思维模式则是以直观综合为基础，比较注重从整体方面来把握对象，具有较为突出的模糊化色彩。从中国哲学史来看，除晚周诸子和魏晋玄学之外，一般说来论辩风气不浓，因袭枷锁沉重，形式逻辑相当薄弱。宋明理学的“格物致知”说，是中国传统认识发展史上的典型代表，其所推崇的“格物”，也不是对事物的观察和实验，而是采取静坐修心的“内省功夫”，以达到“明心见性”的目的。即使是思辨水平较高的庄禅哲学，虽然其哲学宗旨和形态不尽相同，然而其思辨模式的共同点则都在于是一种无须以概念逻辑思维为基础的直观思辨。这种传统思维模式对中国科学精神的发展起了极大的抑制作用，但是却成全了中国美学，并形成强调著手成春，人淡如菊，不著一字，如天马凌空，飞仙游弋，“风流儒雅，无入不得”（叶燮《原诗》），主张“写意要闲雅”、追求“高明、玄旷、清虚、澹远、雅洁”，通过心灵体悟以把握宇宙生命意旨的体验方式，使中国美学精神达到至高之境。

受传统“天人合一”审美意识的影响，中国美学认为，在“高雅”之境创构过程中，“用意高妙，兴象高妙”（方东树《昭昧詹言》），“使情兴抒发得超逸奇妙，自然不俗”（王士祯《带经堂诗话》），“以气韵清高深眇者绝，以格力雅健雄豪者胜”（张表臣《珊瑚钩诗话》），要达到“高妙”“超逸奇妙”“不俗”“清高”“雅健”，则必须“意”“情”“兴”“气韵”“格力”都“高妙”“奇妙”“清高”“雅健雄豪”，要通过心灵体验，“贵悟不贵解”，讲“目击道存”“心知了达”与“直觉了悟”，其核心是“悟”。而“悟”的极致则是禅宗所标榜的“以心传心”“不立文字”。苏轼曾以司空图论诗“美在咸酸之外”来标举“高雅”（《书黄子思诗集后》）。所谓“美在咸酸之外”，其美学核心就在于“悟”。中国古代哲人认为宇宙万物的生命本体是“道”，而“道”即先天地而生的混沌的气体。它是空虚的、有机的灵物，连绵不绝，充塞宇宙，是生化天地万物的无形无象的大母。它混混沌沌，恍恍惚惚，视之不见，听之不闻，搏之不得。它是宇宙旋律及其生命节奏的秘密，灌注万物而不滞于物，成就万物而不集于物。在“高雅”之境的创构中审美主体必须凭借直觉去体验、感悟，通过“心斋”与“坐忘”，“无听之以耳，而听之以心，无听之以心，而听之以气”[①]（《庄子·人间世》），排除外界的各种干扰，以整个身心沉浸到宇宙万相的深层结构之中，从而始可能超越包罗万象、复杂丰富的外界自然物象，超越感观，体悟到那种深邃幽远的“道”，即宇宙之美。可以说，正是这种对“道”的审美体验，才使中国古代美学把“高雅”之境的创构的重点指向人的心灵世界，“求返于自己深心的心灵节奏，以体合宇宙内部的生命节奏”，并由此而形成独特的心灵体验方式和传统特色。

中国美学推崇温文尔雅、风流儒雅的人格风范；标举人格的独立与人的主体性原则，儒家强调“仁者爱人”、刚健有为、自强不息，注重个体品格的自我完善，重视人格尊严，道家追求任情逍遥、物我齐一，表现在人生美学方面就是对“高雅”人生风范的推崇，标举清心淡雅、闲远雅致的人生境界。“高”，首先是人品的高尚。我们知道，独特、丰富的审美品性是主体特殊的生活经历、思想品格、气质性格等心理素质以及由此表现出的属于人的自我意识、智慧力量、理智情操、意志追求与人生价值取向等因素在审美中的光

① 郭庆藩：《庄子集释》，中华书局1961年版。

辉体现。它制约并规定着主体人生价值观和审美观的构成，并标志着作为主体的人“有气有生有知亦且有义，故最为天下贵”[①]（《荀子·王制》），体现着人之所以为人的一种真正的“自由”。这“自由”意味着“道大、天大、地大、人亦大”[②]（《老子》第二十五章），意味着人具有自身的独立性、高贵性和能动性，所以能通过“自强不息”（《周易·乾·象传》），以“参”天，而达到与道为一、与天为一的极致审美境界。

审美创作活动是主体人生价值取向的生动体现，是主体对社会人生、自然万物的一种积极的精神观照，是生活现象与自然物象的心灵化，是心画心声、心苗心迹、心术心胸的表现，是心之感触、心之吐纳，是社会生活与自然万物同主体心灵交会互撞的闪光。故而，作为这种心物交融、情景互渗、意象相合的审美体验活动的物态化成果——文艺作品，就势必刻上属于主体自己独特个性的心灵印记。

中国古代美学很早就注意到了这种审美创作中的人生价值观的体现和个性心理现象及其对作品审美风格的影响，因此，中国美学认为只有主体是“雅人”，其作品才可能“雅”。并提出“大雅君子，言符其德”“严庄温雅之人，其诗自然从容而超乎事物之表”（宋濂《林伯恭诗集》）。“人高则诗亦高，人俗则诗亦俗”（徐增《而庵诗话》）的美学命题，以强调“雅”的审美境界的营构是主体心灵的观照与物态化的过程；主体独特的审美心理个性特征是作品审美价值的主要构成要素，是雅人，才有雅语、雅意、雅趣、雅境。所谓“畸人乘真，手把芙蓉”（司空图《二十四诗品·高古》），“坐中佳士”“眠琴绿荫”（《典雅》），“体素储洁，乘月返真”，“载瞻星辰，载歌幽人”（《洗炼》），“金樽酒满，伴客弹琴”（《绮丽》），“幽人空山，过雨采苹”（《自然》），（《清奇》），“一客荷樵，一客听琴”（《实境》）“高人画中，令色絪缊”（《飘逸》），“倒酒既尽，杖藜行歌”（《旷达》）等“高古”“飘逸”“旷达”“清奇”“自然”“典雅”之境的构筑，都离不开“畸人”“佳士”“幽人”“可人”“高人”“伴客弹琴”之人，“筑屋松下”之人、“脱帽看诗”之人、“荷樵”之人、“所琴”之人，“采苹”之人，“寻幽”之人、“杖藜”

① （先秦）荀子著．王先谦集释．沈啸寰、王星贤点校：《荀子集释》，诸子集成本。中华书局1988年版。

② 朱谦之：《老子校释》，中华书局1984年版。

之人、“画中”之人。的确，审美创作是创作主体根据一定的、特有的审美情趣与精神需要，从其人生价值观和个性的心理特征出发，去选取并体验那些烙印着自己心灵的意蕴最深的东西，以发现最能适应作为主导意识的审美对象的精神内涵和恰如其分的审美意识的语言载体的过程，是属于主体自己的独特的审美体验，与独特的审美传达，因而必然显示出属于主体个人的独特性和独创性。

“人高则诗亦高，人俗则诗亦然”。的确，审美创作活动是心灵与个性的外化。可以说，没有多姿多彩的个性特色，就没有审美创作。审美心理个性在审美创作中具有不可忽视的特殊重要意义。即如陆游所说："夫心之所养，发而为言；言之所发，比而成文。人之邪正，至观其文则尽矣、决矣，不可复隐矣。"(《上辛给事书》)创作主体独特的人生价值观和个性，与审美创作鲜明的个性化特色，是审美创作得以存在的前提。文艺作品是创作主体的思想感情、品德情操、气质性格与人生价值取向等审美个性因素通过语言载体的物态化表现结果，是发“心之所养”而为言成文，因而，透过文艺作品的“言”“文”，则“可以洞见其人之心术才能”，“人之邪正”与“平生穷达寿夭”(同上)。用今天的话说，则通过其作品，就能够在一定程度上了解到创作主体的人生价值观与审美个性特征。同时，审美创作必定要对主体的个性心理有比较充分的反映和表现，“不可复隐”。叶燮说得好："作诗有性情，必有面目。"(《原诗》外篇)所谓“性情”就是创作主体特殊的个性；所谓“面目”，则是作品对主体独特个性的鲜明显现。审美创作的表情显意性特征决定着创作主体个性的必然外现。所谓“诗是心声，不可违心而出”(同上)，因此，必定体现出创作主体的人生价值取向与审美个性。可以说，个性化特色的鲜明与否，决定着审美创作成就的大小，决定着作品审美价值的高低。

现代心理学指出，所谓个性，是指个人体内基于自然素质，经过社会实践而形成的心理特征的总和。它包括个人的气质、性格、情趣、理想、信念、价值观与世界观等心理要素。作为单个的个性，既具有作为人的共同性，又具有区别于他人的独特性。故个性又是人与人之间的共同性与差异性的辩证统一。通过个别以表现一般，通过特殊以显示普遍既是马克思主义辩证法的基本内容，也是审美创作应遵循的根本法则之一。有异彩纷呈各不重复的审美个性，才有绚丽多彩、万紫千红的审美创作。个性在审美创作中有着十分重要的作用。石涛说："我之为我，自有我在。"（《石涛画语录》）所谓"我"，就是指创作主体的个性。有"我"始有"艺"，有"艺"则必有"我"，无"我"便无"艺"。杰出的审美创作必定是创作主体独特的心灵化世界的充分表现，必然具有如其人的强烈审美效应。即如徐增在《又与申勖庵》中所指出的："不难于如其诗，而难于如其人。""能如其人，则庶几矣。"朱彝尊在《高舍人诗序》中指出："诗之为教，其义风、赋、比、兴、雅、颂，其辞嘉、美、规、诲、戒、刺，其事经夫妇、成孝敬、厚人伦、美教化、移风俗，其效至于动天地、感鬼神，惟蕴诸心也正。"就认为诗歌创作为"心"之所"蕴"，并强调主体必须"心正"。"正"，即"雅"。沈祥龙《论词随笔》说："雅者，其意正大，其气平和，其趣渊深也。"故而可以说，主体只有"心正"，其人生价值与"意正大""气平和""趣渊深"的"雅"的人格在文艺作品中的完全实现，才能在审美创作中创构出"高雅"之境，并获得审美创作的成功。

"高雅"之境的构成是高尚人品的表现。是艺术家将其"高雅之情"，寄兴于文艺创作之中。因此，"人品既已高矣，气韵不得不高，气韵既已高矣，生动不得不至；所谓神之又神而能精焉"（郭若虚《图画见闻志·叙论》）。"中国人重品"，作为名词，"品"是指品德、品质与品格。受儒家人生价值观的影响，中国美学追求人格的完美，强调个人的品质修养、道德情操与气节尊严等人格美的塑造。审美创作中，历代杰出的文艺家都力求使自己成为理想人格形象的建构者、人格精神的掘发者和完美人格的体现者。可以说，在中国美学看来，"品"就是美。高尚的人品是作品具有高雅风格的基本心理素质。在中国古代美学看来，这种个性中高尚的人品与文艺作品高雅风貌的审美特质相关，影响到文艺作品审美意旨的熔炼与审美境界的高下。欧阳修在评议作家作品时，就根据其人品，认为"李建中清慎温雅"，故而"爱其书者，兼取其为人"（《世人作肥字说》）。即如刘熙载在《艺概·诗概》中所指出的："诗品出于人品。"徐祯卿在《谈艺录》中也指出："贤良文学，辞雅气俊"，"媚夫幸士，辞靡气荡"。创作主体审美个性中的人品决定着文艺作品的品格和审美价值；文艺作品的韵味与风味是创作主体审美个性中人品的外观，透过作品的语言文辞，风格体貌可以体会出创作主体的人生价值观以及个人的气格和形象。

创作主体高尚的人品，或谓高尚的品格，表现为其对社会人生的态度，立身的准则。其中包括个体的审美理想、审美价值观念、审美需要及其指向等审美心理要素。因此，可以说，高尚的人品就是指主体的人格美，它是审美创作的根本。“严庄温雅之人，其诗自然从容而超乎事物之表”（宋濂《林伯孝诗集序》）。陈仁锡说：“士不立品，才思索然，文章千古，寸心自知。无人品则寸心安在？谁与较失得哉？……有德有造。士生其间，不以定志立品为第一义，岂不负遭遇哉？”（《明文奇赏序》）薛雪也说：“要知心正则无不正，学诗者尤为吃紧。盖诗以道性情，感发所至，心若不正，岂可含毫觅句乎？……诗者，心之言、志之声也。心不正，则言不正，志不正，则声不正，心志不正，则诗亦不正。”（《一瓢诗话》）又说：“学问深，品量高，心术正，其著作能振一时，垂万世。”（同上）创作主体的人品，即主体的胸襟、品德、学识是审美创作成败的关键，有高雅的人品，才能创构“高雅”之境，才有杰出的不朽之作。从高雅人品的内容来看，它是主体的思想品格、道德情操的美，最富于自我修养的自觉性，是主体的情感与理智的总体酿造之果。中国古代美学所推崇与标举的高雅人品，包括中华民族传统精神的所有珍贵素质。

文艺作品的审美意旨及其审美价值的“高雅”与否，同创作主体的人品有着密切的关系，有什么样的人品就有什么样的诗品和文品。“人高则诗亦高，人俗则诗亦俗”（《徐增《而庵诗话》》魏了翁说：“气之薄厚，志之小大，学之粹驳，则辞之险易正邪从之，如声音之通政，如蓍蔡之受命，积中而形外，断断乎不可掩也。”（《攻愧楼宣献公文集序》）文艺作品是创作主体心灵化的产物，是主体个性精神的传神写照，作品审美意境中所蕴藉的是“气”“志”“学”，“积中而形外”，由“气”“志”“学”则可以观照到的“人”，亦即人的品格、审美理想、道德情操和精神面貌。“人非流俗之人，而后其文非流俗之文”（黄宗羲《钱屺轩先生七十寿序》），“庄周为人，有壶视天地、囊括万物之态，故其文宏博而放肆，飘飘然若云游龙骞不可守。荀卿恭敬好礼，故其文敦厚而严正，如大儒老师，衣冠伟业，揖让进退，具有法度”（方孝儒《张彦兴写文字序》）。既然“高雅”之境的创构首先必须要有“高雅”的人品，那么审美主体必须洗濯襟灵，加强道德情操的修养，使自己具有高尚的品德与气节，以增强对整个人类的幸福、前途、忧患、命运的审美洞察力，完善其审美心理结构，从而始能创作出艺术的精品。揭曼硕说："学诗必先调燮性灵，砥砺风义，必优游敦厚，必风流酝藉，必人品清高，必精神简逸，则出辞吐气，自然与古人相似。"（《诗学指南》卷一）薛雪也认为："著作以人品为先，文章次之。"（《一瓢诗话》）创作主体性中的人品价值是文艺作品审美价值的根本，人品高尚自然就能营构出"高雅"之境创作出优秀之作。这是"高雅"说一个方面的内容。

第二节　雅趣

"高雅"之境的构筑，离不开高雅的意趣。江淹《修心赋》云："保自然之雅趣，鄙人间之荒杂。"就提出"雅趣"说。在审美活动中，由于人格境界的高低以及人生价值取向的不同，从而形成审美趣味的差异。中国美学早就注意到这种差异现象，并根据其旨意趣尚的不同总结出"奇趣""野趣""真趣""异趣""佳趣""高趣""古趣""乐趣""生趣""清趣""天趣""媚趣""雅趣"等许多审美趣味的不同表现。所谓趣味无争辩，作为审美主体的个体，其审美趣味是由其人生价值观所决定的。"观好殊听，爱憎难同"。但究其旨趣趣尚而言，总体上又可以分为雅与俗两大类。

从语义学看，"趣"的本义是沿着一定的方向疾速地前行。《说文解字》云："趣，疾也。"《诗·大雅·朴》云："济济辟王，左右趣之。"《毛诗传》云："趣，趍也。"《广韵》："趍，俗趋字。"故而，《毛诗笺》云："左右之诸臣皆促疾於事。"朱熹《诗集传》则云："趣之，趣向也。"又说："盖德盛而人心归附趣向之也。"可见，"趣"，既有行为动作方面的趋向，也有心理意旨方面的取向。庄子就曾将"趣"作为旨趣、情趣来运用。他在《秋水》篇中针对雅俗贵贱与大小是非的问题，借北海若答河伯之语说："以道观之，物无贵贱；以物观之，自贵而相贱；以俗观之，贵贱不在己。以差观之，因其所大而大之，则万物莫不大，因其所小而小之，则万物莫不小，知天地之为米也，知毫末之为丘山地，则差数睹也。以功观之，因其所有而有之，则万物莫不有；因其所无而无之，则万物莫不无，知东西之相反而不可以相无，则功分定矣。以趣观之，因其所然而然之，则万物莫不然；因其所非而非之，则万物莫不非；知尧桀之自然而相非，则趣操睹矣。"[①]这里就提出可以从"道""物""俗""差""功""趣"六个不同角度来认识宇宙万物。"以道观之"，是就生成万物的本原之"道"而言；"以物观之"则是从万物自身来看；"以俗观之"，是从世俗的立场而言；"以差观之"，则是从雅俗贵贱、大小高低的差别来看；"以功观之"，是从其对社会人生的价值论而言；"以趣观之"，则是从其旨趣意向的指归来看。正因为如此，所以成玄英《庄子疏》解释"以趣观之"是"以物情趣而观之"；解释"趣操睹矣"，是"天下万物情趣志操可以见之矣。"郭庆藩《庄子集释》在解释这段文字时也说："趣，一心之旨趣也。"同时，从庄子所提出的六种认识宇宙万物的方式看，前三种中否定了以"物"和以"俗"观之，后三种从相对论出发，又否定了对"差"与"功"观照的必要，也就说庄子只肯定了"以道观之"与"以趣观之"。而就今天的知识谱系来看，"以道观之"，可以归到哲学层面，"以趣观之"，由于实际上超越了世俗物质的束缚，而仅就精神自由与心理愉悦而言，故可归于美学层面。可见，"趣"在这里已上升为审美范畴。汉魏时期，作为审美范畴，"趣"，进一步得到发展。据《列子·汤问》记载，师旷"曲每奏，钟子期辄穷其趣"。张衡《东京赋》云："其西则有平乐都场，示远之观，龙雀蟠蜿，天马半汉。瑰异谲诡，灿烂炳焕。奢未及侈，俭而不陋。规遵王度，动中得趣。"《晋书·陶潜传》也云："但得琴中趣，可劳弦上声。"在这些地方，就提出"穷趣"与"得趣"的问题。钟子期与陶潜所要"穷"与"得"之"趣"，乃是指音乐审美活动中演奏者所要表现的旨趣，以及欣赏者所从中获得的意趣与情趣；而张衡赋中所记的"动中得趣"，则是行为举止中所传达出来的意趣。故《文选》李善注云："趣，意也。"这里就强调指出作为一种乐感，"趣"是具有一定旨意和意义的，表现出强烈的人文色彩，显示出人与动物的差异与不同，包含着人对高品位人生意趣的追求。因此，嵇康在《琴赋序》中指出，要真正进入音乐所营构的艺术境界，必须要明达音乐中所深深蕴藉的"礼乐之情"，以"览其旨趣"。而蔡邕在《陈碑》中则明确提出"趣尚"之说，以强调"趣"的伦理道德指向。

"趣尚"表明"趣"中表现着一种志向与崇尚、取舍与追求。故诸葛亮《诫

---

① 郭庆藩：《庄子集释》，中华书局1961年版。

外生》云："夫志当存高远，慕先贤，绝情欲，弃疑滞；使庶几之志，揭然有所存，恻然有所感；忍屈伸，去细碎，广咨问，除嫌吝；虽有淹留，何损于美趣。"就将"慕先贤，绝情欲，弃疑滞"等高远的志向与追求视为"美趣"。应该说，这种积极、向上、健康、乐观的人生态度也就是一种"雅趣"。

不同的审美个体，由于生活经历、审美修养、文化心态、风俗习惯，以及个人性格、气质禀赋、人生价值取向的不同，所以其情趣爱好、审美价值取向也就存在着极大的差异性。表现在审美活动中，则有爱阳刚之美者，有爱阴柔之美者，有爱纤巧者，有爱稚拙者，有爱明快者，有爱晦暗者，有爱含蓄者，有爱热烈者。即如葛洪《抱朴子·广譬》所说："观听殊好，爱憎难同。"即使在同一审美活动中，作为个体，创作主体仍然会因人生价值与情感指向不同，而表现出各有所感，各有所好。这种不同的"观听"与"爱憎"，也就是不同的审美趣味。审美趣味对审美活动，尤其是对审美创作活动的影响是十分重要和显著的。

心理学的研究告诉我们，趣味乃是通过人们所从事的社会实践活动，以及文化教养、性格气质、人生价值观等因素的作用，从而形成对待事物的一种态度。趣味与需要既相联系，又有区别，它是在需要的基础上产生出来的对某一方面有着特别爱好的一种较为稳定的个性心理形态。审美情趣则是主体所表现出的，带有极为鲜明、厚重的人生价值与情感指向的，对待作为审美对象客体的一种审美态度。和审美理想相同，作为富有情感色彩的审美评价与审美指归、审美探究、审美价值观的主观标准，审美情趣主要体现在审美价值取向、审美感知和审美体验的过程中。同时，审美情趣与审美理想又有所区别。审美理想是阶级、社会、时代和民族的审美意识的集中体现，而审美情趣却带有着强烈的个性特点和情绪色彩，是审美主体的个体意识、心态特征、情感态度、人生价值在审美活动中的具体表现。审美情趣与审美理想既有不同之处，又有相通之点，两者之间是既相互联系又相互影响的。审美情趣决定着审美理想的形成，同时又受制于审美理想。正是因为这一缘故，所以，在同一民族、时代和阶级的人们中，或者在不同民族、时代和阶级的人们中，尽管"憎爱异性""好恶不同"（葛洪语）、"各有所尚"（曹植语），但是在这种相异中，却总是表现出某种共同的审美理想与审美情趣。也正是因为这一缘故，由于审美情趣的个性特点，又使得人们在共同的审美爱好中表现出繁多复杂、丰富多彩、趣味多种的审美价值取向和审美情趣。

个性中的情趣影响文艺作品的审美意象和风格特征，情趣高雅，意象则新颖独特，自成风格。刘勰说：“风趣刚柔，宁或改其气。”（《文心雕龙·体性》）贺贻孙说：“诗以兴趣为主，兴到故能豪，趣到故能宕。”（《诗筏》）徐增亦认为：“诗乃人之行略，人高则诗亦高，人俗则诗亦俗，一字不可掩饰，见其诗如见其人。”（《而庵诗话》）陆时雍《诗镜总论》说得好：“诗有灵襟，斯无俗趣矣；有慧口，斯无俗韵矣。乃知天下无俗事，无俗情，但有俗肠与俗口耳。古歌《子夜》等诗，俚情亵语，村童之所赧言，而诗人道之，极韵极趣。汉《铙歌》乐府，多窭人乞子儿女里巷之事，而其诗有都雅之风。如‘乱流趍正绝’，景极无色，而康乐言之乃佳。‘带月荷锄归’，事亦寻常，而渊明道之极美。以是知雅俗所由来矣。”这里所谓的“灵襟”，即“高雅”的情趣。高雅的审美情趣是创造气韵生动、意蕴深厚的审美意象不可缺少的前提，林林总总、妙趣横生的审美意象与“高雅”审美风貌的形成，以及“雅俗所由来”都离不开创作主体个性中“高雅”情趣的作用。

文艺作品中审美意象的“意”和主体“高雅”的情趣分不开。“天下无俗事，无俗情，但有俗肠与俗口耳”。孟子说：“诐辞知其所蔽，淫辞知其所陷，邪辞知其所离，遁辞知其所穷。”（《孟子·公孙丑章句上》）气韵神味，皆如其为人。张戒说：“大抵句中若无意味，譬之山无烟云，春无草树，岂复可观？阮嗣宗诗，专以意胜；陶渊明诗，专以味胜；曹子建诗，专以韵胜；杜子美诗，专以气胜。”（《岁寒堂诗话》）主体的情趣不同，作品中表现出的审美意象也各有特色。意大利美学家克罗齐认为，艺术是把一种情趣寄托在一个意象里，无论是情趣离开意象，还是意象离开情趣，都不能独立[①]。意象是审美对象与创作主体的审美情趣、审美理想的相交相融。

在创作主体的审美心理结构中，由于个体的需要、动机、兴趣、理想、信念、世界观等心理因素的作用，所以形成个体在审美情趣上的差异，并由此而影响文艺作品的审美意象和风格特色。所谓“清流不出于淤泥，洪音不发于细窍。襄阳萧远，故其声清和；长吉好异，故其声诡激；青莲神情高旷，故多宏达之词；少陵志识沉雄，故多实际之语。诗本性情，写胸次，捷于吹

① 转引自朱光潜《诗论》，三联书店1984年版，第51页。

万，肖于谷响，弗可遁也”（屠隆《抱侗集庐》）。以李白和杜甫为例：李白追求自由，飘逸不群，气概超凡，具有不甘流俗、积极奋发的高雅情趣，因而在诗中创造了许多带有个性特点的意象。他笔下的黄河、长江，奔腾咆哮，一泻千里：“黄河之水天上来，奔流到海不复回。”（《将进酒》）“登高壮观天地间，大江茫茫去不还。黄云万里动风色，白波九道流雪山。”（《庐山谣》）他笔下的山峰峥嵘挺拔，高出天外：“连峰去天不盈尺，枯松倒挂倚绝壁。”（《蜀道难》）“庐山秀出南斗傍，屏风九叠云锦张。”（《庐山谣》）都表现出一种超尘绝俗的高雅气概。杜甫伤时忧国，热爱生活，热爱人民，具有温柔敦厚、蔼然仁义的胸怀，高洁博雅的情趣，因此，他的诗作中的景物往往笼罩着一层忧郁凄凉的色彩，有一种深重悲怆的氛围。病柏、病橘、枯楠、枯棕、瘦马、病马，是杜诗中一组最能代表其风格的意象。严羽说：“子美不能为太白之飘逸，太白不能为子美之沉郁。”（《沧浪诗话・诗评》）就强调指出个体的审美情趣对作品审美意象和风格特色的重要作用。

主体个性中审美情趣对审美创作的作用，首先体现在创作构思中趣味指归上的差别。“趣味这件东西，是由内发的情感和外受的环境交媾发生出来。”（梁启超:《饮冰室合集・饮冰室文集》卷四十三）因而，个体审美趣味的指归是不相同的。“智者乐山，仁者乐水”（《语语・雍也》），在对待外部事物的审美特征上，人们的看法和兴趣是存在着差异的，即使是同一审美对象，也存在着“仁者见之谓之仁，智者见之谓之智”[①]（《周易・系辞上》）的现象。这样，由于审美趣味的作用，常常使文艺创作主体把兴趣指向自己所喜爱的题材和表现手法，从而形成文艺作品特有的审美意象和风格特色，并体现出个性特点。例如，屈原喜爱香草美物，其诗作中就经常用它们来比忠贞贤臣。李白喜欢皎洁，他的诗里使用最多的色彩词就是“白”，几乎是什么都可以成为白了。“白玉”“白石”“白云”“白雪”“白霜”“白浪”“白日”“白鸥”，在他的笔下，就连雨也是白的：“白雨映寒山，森森似银竹。”（《宿鰕湖》）；月亮是皎洁的，因而李白性喜月亮，写下了不少脍炙人口的月景诗。林和靖与姜白石偏爱梅花，他们的诗作就与梅花结下不解之缘，写了许多吟咏梅花的佳作。南宋画家曾无疑从小就喜欢草虫，经常“笼而观之，穷昼夜不厌”，“又

① 王弼注，孔颖达疏:《周易正义》，上海古籍出版社1980年版。

恐其神之不完也，复就草地间观之”。这种对草虫的稳定持久的审美趣味使他“工画草虫，年迈逾精”（罗大经:《鹤林玉露·画马》）。趣味指归上的不同，还会影响到表现手法，使其显示出不同的特点。例如，苏东坡超然豁达，高风绝尘，喜尚天趣自然，因而为文“随物赋形”（《文说》），不择地而出，并由此而形成其奔腾豪放的风格。而李清照则主张高雅、浑成、典重、铺叙、故实的表现手法（《论词》），从而形成其秀雅婉约的词风。

叶燮在《原诗·外篇上》中指出:“诗是心声，不可违心而出，亦不能违心而出。功名之士，决不能为泉石淡泊之音；轻浮之子，必不能为敦庞大雅之响。故陶潜多素心之语，李白有遗世之句，杜甫兴广厦万间之愿，苏轼师四海弟昆之言。”审美创作是创作者生命的挥发和“心声”的流露，创作主体的思想感情、性格气质、人生价值观与审美理想的不同，必然会影响审美价值取向与审美情趣指向的不同，并表现出其独特的创作个性。追求功名的人，绝对不会于其审美创作中表露出寄情山水，放归田园，身在江湖而心弃魏阙人生态度的向往；没有高尚情操与道德理想、没有高雅品格的人，也必然不可能于其审美创作中表现出大气磅礴、耀同日月的高雅人格之美。优秀的审美创作主体无一不是具有鲜明个性的人，无一不是在审美创作中抒发和表现出他们自己新鲜独特的个性化审美价值观和审美情趣。可以说，区分优秀审美创作主体的一个重要依据，就是他们审美价值观与审美情趣的个性化。“如杜甫之诗，随举其一篇，篇举其一句，无处不可见其忧国爱君，悯时伤乱，遭颠沛而不苟，处穷约而不滥，崎岖兵戈盗贼之地，而以山川景物、友朋杯酒抒愤陶情，此杜甫之面目也。我一读之，甫之面目跃然于前。读其诗一日，一日与之对；读其诗终身，日日与之对也，故可慕可乐而敬也。举韩愈之一篇一句，无处不见其骨相棱，俯视一切，进则不能容于朝，退又不肯独善于野，疾恶甚严，爱才若渴，此韩愈之面目也。举苏轼一篇一句，无处不可见其凌空如天马，游戏如飞仙，风流儒雅，无入不得，好善而乐与，嬉笑怒骂，四时之气皆备，此苏轼之面目也。”（《原诗》外篇上）的确，审美创作主体对生活独特的审美感受，创作主体个性化的人生价值取向与审美情趣以及由此构成的审美价值观，换言之，则创作主体“自我”之“面目”与其“殊好”“爱憎”，是审美创作构思的出发点，也是审美创作取得成功的标志。

审美趣味对文艺审美创作的影响还突出地表现在情感指归上的差别。情感的指归是个体特定的人生价值观和情感与特定的审美对象之间一一对应的结果。正如李仲蒙所指出的："物有刚柔、缓急、荣悴、得失之不齐，则诗人之情亦各有所寓。"[①] 又如李梦阳所指出的："科有文武，位有崇卑，时有钝利，运有通塞；后先长少，人之序也；行藏显晦，天之界也。故其为言也，直宛区，忧乐殊，同境而异途，均感而各应之矣。"（《叙九日宴集》）情趣是主观的，审美创作中，作为主体的个体时运机遇的通塞钝利，生活经历的亲身体验、生存处境、行藏显晦、穷达尊卑等所形成的人生价值观，决定着其个体审美情趣态势的建构，"直宛区，忧乐殊"；同时，情趣又有客观的意义，表现出强烈的情感指向，一旦外部对象环境的特定形式适合主体的审美情趣，投合主体"爱憎"的指向，一种特殊的"忧乐"审美情感便会"勃然而兴""感而各应"，并有"各有所寓"，与作为审美对象的自然万物所呈现出的"刚柔、缓急、荣悴、得失"等新故荣落、物态天趣的外在动势相应相合，作为个体的创作主体则会对此特定形式产生浓厚的偏爱之情，形成浓厚的情趣指向，进而忘我忘物地去进行心灵观照，在物我相互交流、相互感应、相互寄寓、"相看两不厌"之中完成审美构思活动。由此而获得的审美体验和所捕捉到的审美意象物化于作品之中，即构筑成文艺作品独具特色的审美意境，并表现出特有的意趣和风趣。并且，由于个体气质、性格、遭际、心境与价值观的不同，创作主体情趣中的情感基调也是有所不同的，因而，造成情趣与情感指归上的差异并影响文艺作品审美风貌的形成。范仲淹在《唐异诗序》中说："诗家者流，厥情非一，失志之人其辞苦，得志之人其辞逸，乐天之人其辞达，觏闵之人其辞怒。"这里所谓的"失志""得志"，属人生机遇的不同；"乐天""觏闵"，则属人生价值观与气质性格方面的差异，这些都是造成审美情趣指归差异的缘由，并通过此以影响审美创作的风格各异，或"辞苦"，或"辞逸"，或"辞达"，或"辞怒"。杰出的审美创作主体，都有鲜明的情趣差异和独特的个性化的情感倾向。即便是同一审美对象，同一景观，由于主体情感的个性化和情趣指归上的差异，其作品的审美意象和由此而形成的审美价值构成也是不同的，这就是所谓的"同境而异

① 转引自胡寅《斐然集》卷十八《与李叔易书》。

途”。例如唐天宝十一年秋，安史之乱前夕，其时有名的五位诗人杜甫、高适、岑参、储光羲和薛据一同登临长安慈恩寺塔，每个人都赋诗以即景抒怀。同样是写登塔之所见，但因为各人的人生价值观与情感的个性化差异和审美价值取向与情趣指归上的区别，所以，他们的诗作在审美意象和审美意蕴上是各有不同、各具特色的。高适突出的是苍茫凄清的秋景和怀才未遇的感慨；岑参则倾心于古浮屠的鬼斧神工和出世脱俗的方外之思；储光羲意欲探究宇宙奥秘并幻想遨游太虚；而忧国忧民的杜甫则与他们大异其趣，在其“高标跨苍穹，烈风无时休。自非旷士怀，登兹翻百忧”的抑郁忧世心境中，他看到的是“秦山突破碎，泾渭不可求”，激荡在他心中的关怀苍生的忧时愤世之情与即目所见的苍然秋色相融，从而在诗中熔铸出一种沉郁顿挫、苍茫雄浑的意境。故而胡应麟认为：“高适、岑参、杜甫同赋《慈恩寺》三古诗，皆才格相当，足可凌跨百代。其中更杰出者，《慈恩》当推杜作。”（《诗薮》外编卷四）

总之，由人生价值观所决定的审美价值取向以及个性的情趣对于审美创作具有极为重要的作用，雅俗不同的趣味，其作品的审美风格也不同。审美创作主体应努力培养属于自己的具有个性特征的、高雅的人生价值观、审美价值观与趣味特点，以创作出独具特色的不朽杰作。

第三节　雅气

“气”为雅俗之本。所谓雅气、大气、正气、豪气、灵气、才气、气贯长虹。“雅气”，即“正气”。《三国志·蜀志·杨戏传》云：“军师美至，雅气晔晔，致命明主，忠情发臆，惟此义宗，亡身报德。”这里就提出“雅气”。在中国美学看来，雅与俗审美特色的形成是由“气”所决定的。“气”是化生天地万物的生命本原，是人与自然共同的构成质料。葛洪《抱朴子·内篇》指出：“人在气中，气在人中，自天地至于万物，无不须气以生者也。”气是生命的基础，是生命活力的源泉。也是审美意识与审美能力的源泉，所谓“人之生，气之聚也”（《庄子·知北游》）。审美主体的身心条件、精神状态、生命能量，以及神合天地、心通万物的审美智能的构成都决定于“气”。就主体审美心理结构而言，包括血气、素气、志气、意气、神气、才气、气力、气味、气魄等心理要素，是审美主体的生命能量之“根”，决定着主体的审美心理结构的建构，而“阳气”“阴气”“清气”“浊气”“刚气”“柔气”“正气”“雅气”“俗气”“浩气”“儒气”“奇气”“秀气”“霸气”“村气”“仙气”“豪气”等又决定着艺术作品品格的刚柔、雅俗，并关系到审美创作活动的成败与艺术成就的高下。

我们知道，中国古代哲人认为“气”既是生命的本原，也是世界的本原。首先，宇宙间是先有气而后才由气形成天地的。即如《淮南子·真训》所指出的：“有未如有始者，天气始下，地气始上，阴阳错合，相与优游竟畅于宇宙之间，被德含和，缤纷笼苁，欲与物接，而未成兆朕。”又如《天文训》所指出的：“道始于虚霩，虚霩生宇宙，宇宙生元气。气有涯垠，清阳者薄靡而为天，重浓者凝滞而为地。”也正是由于“气有涯垠”，所以古代仓颉造字，气为象形，故而《说文》指出：“气，云气也。”同时，中国古代哲人认为自然万物也是由“气”所生成的。据《左传·昭公元年》载，早在春秋时期，作为医生的医和所谓“天有六气，降生五味。……六气曰阴阳、风雨、晦明也”的这段议论，就已经揭示了“气”之凝聚细缊，上下激荡，以生成自然万物并促使宇宙演化的哲学意蕴。“气”有“阴阳”，“阴阳”裂变而生万物，可视为“气化”说的滥觞。正是在这种“气化”思想的基础上，《老子》四十二章指出：“道生一，一生二，二生三，三生万物，万物负阴而抱阳，冲气以为和。”焦竑《老子翼》云：“道之在天下，莫与之偶者。莫与之偶，则一而已矣，故曰‘道生一’”。道绝对无偶，以数来表示则为“一”。这里的“一”，乃是指阴阳未分之时的浑沌之气，或谓“元气”。浑沌之气通过内在的矛盾运动又裂变化分为“阴阳二气”；“阴阳二气”的相激相荡又生成第三者，即所谓“和”气，万物自然的生成都是由于“阴阳二气”的“冲”动之“和”，都是由于“阴阳二气”的化分化合。可见，老子在这里已经将“气”看作是从道而一、而二、而三，以生成自然万物的生命本原，同时，又认为“气”是“道”的一种生命表现形态。

管子继承老子“气”（“道”）为宇宙生命本原的思想，并进一步丰富了作为哲学范畴的“气”的哲学意蕴。《管子·内业篇》说：“凡物之精，化则为生，下生五谷，上为列星。流于天地之间，谓之鬼神；藏于胸中，谓之圣人。是故此（名）气，杲乎如登于天，杳乎如入于渊，淖乎如在于海，卒乎如在于屺。是故此气也，不可止以力，而可安以德；不可呼以声，而可迎以意。”精气聚散氤氲，流动升降不已，充塞于太空、大地、高山、大川、深谷、四海之间；精气化合，产生宇宙万物，构育成人，并且使人与自然相通共感，能“安以德”“迎以意”。《管子·内业篇》说：“凡人之生也，天出其精。”又说：“精也者，气之精者也。”有精气然后才有人的生命，有生命然后才有思想感情，才有智慧和审美的要求。故《内业篇》又说：“气道（通）乃生，生乃思，思乃知，知乃止矣。”“气”的流通激荡，以生成人的才思、灵想。

庄子也是本着“气”为宇宙万物的生命本原的这一哲学思想来看待人与人生的，故而对人生表现出豁达、潇洒、通脱的审美情趣。《庄子·知北游》说：“人之生，气之聚也；聚则为生，散则为死。若死生为徒，吾又何患！故万物一也。是其所美者为神奇，其所恶者为臭腐，臭腐复化为神奇，神奇复化为臭腐。故曰通天下一气耳。”“气”是生成与构建自然万物的生命基因。“气”凝聚起来便营构出自然万物的形体，自然万物的化解裂变又返原为“气”，生与死、神奇与臭腐、美与丑、善与恶、雅与俗的相互对立、相互转化、相互交通、相互连贯，都构成于“气”。可见，“气”原本是统一的，又是多样无限的。

荀子进一步发展了“气化”说，指出尽管人与万物的生命之原都是“气”，但天地万物中，人却具有最高的地位。《荀子·王制》说：“水火有气而无生，草木有生而无知，禽兽有知而无意，人有气有知亦有义，故最为天下贵也。”天地之间，受“气”的作用，草木虽有生命，但是却没有知觉，禽兽有知觉，却没有道德意识，人则有生命有知觉有道德意识。因此，人“最为天下贵”。

即如老子所说的：“道大，天大，地大，人亦大。”荀子则对此作了更为深入的解释，认为人与自己之外的万物相比，具有道德意识，故而是天地之间最为尊贵、最有价值的。人在天地自然间最为贵重，为“四大”之一，具有自身的独立性、高贵性和能动性，“有义”，所以孔子说：“天地之性，人为贵。”继承这种思想，刘勰也认为人“为五行之秀，实天地之心”（《文心雕龙·原道》）。人不但能“参”天，让心灵“摇荡”于四海之内、天地之间，通过主客体生命本原的“气”的交通共感、互融互渗活动，以达到天人合一的宇宙之境。并能通过审美活动，将这种审美境界创构中的心灵体验物态化于作品之中，“心生而言立，言立而文明”。这也正是人的最高存在和最高价值之所在。正是吸收了古代哲学家所提出的“气化”论思想，中国美学才熔铸成自己的“文以气为主”，“气雅”，才“人雅”“文雅”的审美观念。人与万物都成于“太极”(气)。刘勰在《文心雕龙·原道》篇中说：“文之为德也，大矣；与天地并存者，何哉？夫玄黄色杂，方圆体分，日月迭璧，以垂丽天之象；山川焕绮，以铺理地之形，此盖道之文也。仰观吐曜，俯察含章，高卑定位，故两仪既生矣。惟人参之，性灵所钟，是谓三才。为五行之秀，实天地之心。心生而言立，言立而文明，自然之道也。”又说：“人文之元，肇自太极。”这些地方所提到的“太极”“两仪”，最早的提出与使用都见于《易传》。《易·系辞》云：“易有太极，是生两仪，两仪生四象，四象生八卦。”而“太极”就是“易”，也就是“气”。《易·乾凿度》云：“孔子曰：易始于太极。”郑玄注云：“气象未分之时，天地之所始也。”可见，这里就把太极看作是混沌未分的元气。刘歆在《三统历》中也指出：“太极元气，涵三为一。”所谓“三”，是指天、地、人，即所谓“三才”。郑玄在《周易注》中也曾指出：“太极，极中之道，淳和未分之气也。”王元化在《刘勰的文学起源论与文学创作论》中说得好：“刘勰的宇宙构成论并没有汲取前人在自然科学方面所获得的成果，相反，他仍袭《易传》‘太极生两仪’之类的陈旧说法。《原道篇》的理论骨干是以《系辞》为主，并杂取《文言》《说卦》《彖辞》《象辞》以及《大戴礼记》等一些片断拼凑而成。不管刘勰采取了怎样混乱的形式，有一点很清楚，这就是他以为天地万物来自太极。《原道篇》所谓‘人文之元，肇自太极’，显然是从’太极生两仪’这一说法硬套出来的。这样，他就通过太极这一环节，使文学形成问题和《易传》旧有的宇宙起源假说勉强结合在一起。”《易传》的宇宙起源假说，就是说宇宙万物起源于“太极”，也就是说宇宙万物起源于“淳和未分之气”。“气”是自然万物的生命本原。

既然天地万物与文学审美创作的起源都来自“太极”，而“太极”就是“气”，那么，作为自然万物的生命本原的“气”也自然是将自然万物与社会生活作为源泉的文学审美创作活动的生命力所在了。故而，尽管刘勰没有直接提出“文以气为主”，但显而易见，他还是把“气”看为“文”的生命力之所在的。

就审美创作主体而言，中国美学认为，“气”决定着主体的审美创作能力。人不能无气，“才力居中，肇自血气”；“气”还决定着审美创作体验活动的开展，“志气统其关键”，“气以实志，志以定言”（《文心雕龙·体性》）；“气”决定着审美情感的生成与审美情感活动，“情之含风，犹形之包气”，“风”与“气”互文见义，“风”也就是“气”，“气”构成了情的物质内涵。“怊怅述情，必始乎风”，气盛才能情畅，气衰必致情滞。可以说，在中国美学看来，没有“气”作为主体的生命基础，就没有审美创作体验的发生，也就没有审美创作这种生命运动与生命体验。

在中国美学，作用于创作主体审美心理结构的“气”有时叫做志气、骨气、素气，有时又叫做精气和血气。精气一说，源自老子。《老子》二十一章云：“道之为物，惟恍惟惚，惚兮恍兮，其中有精。其精甚真，其中有信。”“道之为物，惟恍惟惚”，“道”是气，故称之“为物”，其特征是混混沌沌、恍恍惚惚、空空洞洞、杳杳冥冥。道家将此称之为“混元无极”或“先天一气”；老子则将此称之为“有物混成”“玄牝之门”等。“恍惚”同“荒忽”，《说文》：“荒，狂之貌；忽，忘也。”这就是说，道之为物，或狂放而不能把握，或忘却而无从摄影。潘岳《西征赋》：“古往今来，邈矣悠哉，寥廓惚恍，化一气而甄三才。”作为“先天一气”的“道”不会处于一成不变的静止状态，有动静、引斥、聚散的变化而生生不息。它“周流六虚，变动不居”，故而老子说“其中有精”。《管子·内业》篇就是在老子这一思想的基础上指出精气是一种无所不在、独立于人之外、流动于天地之间的精灵之气，所以它既化生天上星辰和地下五谷，又化生鬼神和人。所谓“凡人之生也，天出其精，地出其形，合此以为人”，“人，水也。男女精气合，而水流行”，就指出人的形体、生命都是由精气构成的，甚至包括人的思维和智慧以及审美能力，都是精气作用的结果。即如王充在《论衡·论死》中所指出的：“人之所以生者，精气也……人之所以聪明智慧者，以含五常之气也。”又如阮籍在《达庄论》中所指出的：“人生天地之中，体自然之形。身者，阴阳之精气也。性者，五行之正性也。情者，游魂之变欲也。神者，天地之所以驭也。”人的形体，包括禀性、个性、性格、情感、想象（神），以及人的品格之雅俗，都是由“阴阳之精气”所构成。

的确，无论是从先天的生理和心理条件来看，还是以后天的审美实践来看，我们都可以发现，在审美活动发生之前，在主体的头脑中，确实存在着一个属于主体个体的审美心理结构，中国美学称此为“成心”。故而，在审美活动中则会出现如刘勰在《文心雕龙·体性》中所指出的“各师成心，其异如面”的现象。所谓“成心”相异“如面”,《左传·襄公三十一年》云:“人心之不同，如其面焉。”《庄子·齐物论》云:“夫随其成心而师之，谁独且无师乎。”郭象注云:“夫心之足以制一身之用者，谓之成心。”可见，刘勰所谓的“成心”，其实也就是我们所说的在审美活动中决定着主体人格的雅正、卑俗及其趣尚取舍的审美心理结构。它决定着审美活动中主体对审美对象的认同和同化，决定着审美活动中的指向性和注意点，决定着主体个体的审美趣味，是产生雅与俗审美差异性的根本原因。刘勰曾经在《文心雕龙》一书中就汲取老子“气”(道)论与“冲气为和”的思想对审美心理结构现象进行过多方面的描述，指出:“风趣刚柔，宁或改其气”，“才力居中，肇自血气；气以实志，志以定言，吐纳英华，莫非情性”，“才性异区，文辞繁诡”(《文心雕龙·体性》)。这些论述涉及主体审美心理结构的形成原因、审美心理结构的特性与功能、审美心理结构的认同和调节，以及审美心理结构的建构和优化等多方面的问题，对属于审美主体心理结构的重要组成因素诸如“风趣”“才力”“血气”“情志”“情性”，包括审美趣味、审美能力、审美理想、审美个性等，及其相互关系与相互联系的心理现象，都作了比较深入的揭示，依据“万物一气”的观点，强调作为人与自然万物生命本原的“气”对于主体审美心理结构形成与建构的决定性作用。同时，还指出了“以气为主”的审美心理结构既是进入审美活动的关键，同时也决定着“英华”的“吐纳”、文辞的“繁诡”、风趣的“刚柔”，决定着审美趣味的指向与集中，决定着审美活动的进行与开展、成功与失败。

对此，我们可以用“才性异区，以气为主”的组合命题来概括。“才性异区”的“才性”，本意是指审美主体的资质、禀赋和个性、性格，在这里，我们把它视为主体的整个审美心理结构和智能结构的构成。所谓“才有庸俊，气有刚柔，学有浅深，习有雅郑”(《文心雕龙·体性》)。作为个体，审美心理结构和智能结构是存在着差异现象的。在审美活动中，往往可以发现，不同的审美主体对同一审美对象会产生不同程度的审美差异，毁誉不同，爱憎各异。不仅如此，由于时间、空间的不同，就是同一审美主体在不同的年龄与心境下，其审美活动中的心理美感状态也是不同的，也会表现出不同的审美兴趣与审美偏爱。这种主观差异现象就是审美心理结构的调节作用使然，是“才性异区”“才有庸俊”所为，“各师成心”所致。

“以气为主”则是说，只有作为纯构成态而非现成状态的“气”雅，才能构成“人雅”“文雅”，强调先天气禀、才气对主体审美心理结构与智能结构的构成起着决定性的作用。我们知道，以老子为首的中国古代哲人认为，“气”是人体的原初生命物质，形因气而生，因气而活。即如《淮南子·原道训》所指出的：“夫形者，生之舍也；气者，生之充也。”外在形体与内在精神气质、才识智慧、生命底蕴相统一，始构成一个完美的人。“气”乃主体基于生理基础上旺盛的内在生命力，决定并支配着主体的审美心理结构与智能结构。受“气”所作用的先天禀赋在主体审美心理结构中占有主要的地位。按照老子的“气”化论，人的生命分阴分阳、分柔分刚与其禀赋之“气”有阴有阳、有清有浊分不开，那么，引入美学，“气”化的作用影响及审美创作，则有阳刚、阴柔之美的品类与风貌。生命的底蕴是气，人生与人格的底蕴也是气，气是人的本质力量与内在生命力的表现，决定着个体审美心理结构的差异性和独特性，此即所谓“气之清浊有体，不可力强而致”，“引气不齐，巧拙有素，虽在父兄，不能以移子弟”（曹丕《典论·论文》）这里的“清”气，即为“雅气”“浊”气即为“俗气”。必须指出，主体的先天禀赋只是为其审美心理结构的构成准备了必要的生理与心理条件，而主体审美心理结构的最终形成和发展则还必须通过一定的中介，这个中介就是后天的学习和生活积累，以及大量的审美实践活动。

现代审美心理学理论指出：人的审美心理结构可以分成表层结构与深层结构。前者形成于人的审美经验，具体表现为审美情趣、审美观念、审美理想等内容；后者则形成于人的原始体验，具体表现为原始意象、原始思维、原始的情感模式等，属人类心灵深处最精致、最深刻，也是最隐微曲折的底蕴。两者的相互制约、相互渗透，从而构成一个无穷无尽的相互作用的网络，一个丰富而生动的内在的心灵机制，或谓审美心理结构。

正是这样，审美心理结构才不是固定的、封闭的，而是和任何有生命活力的结构一样，本质上是开放的、发展变化的动态结构。也正是如此，中国古代美学思想才以聚散氤氲，升降磨荡，始终处在不断地运动变化之中的“气”来意指构成主体审美心理结构的根本要素，认为构成主体审美心理结构的生命底蕴是“气”。按照以老子为首的中国古代哲人的说法，宇宙万物和人类社会都是由“气”所构成。气有阴阳、刚柔、清浊之别，则人有宽柔、刚健、骏爽、雅俗等个性差异。曹丕将这一思想引入美学思想之中，指出主体所禀之“气”是其审美个性与审美趣味，以及文艺创作与作品风格形成的关键。在他看来，正是由于主体所禀赋的“气”有阴阳清浊之分，从而促使其在审美心理结构上表现出差异现象。如徐干“时有齐气”，而孔融则“体气高妙”，应玚之气“和而不壮”，刘桢之气则“壮而不密”，从而形成他们各自独特的审美个性并影响到人们的审美趣味与作品的审美风貌。显然，中国美学正是在这一思想基础上，以总结出“才有庸俊，气有刚柔，学有浅深，习有雅郑”的美学命题的。“才有庸俊，气有刚柔，学有浅深，习有雅郑”，主体禀气有刚有柔，习有雅有郑，审美能力与审美意趣必然不同，所构成的审美心理结构也不同，对于审美对象的敏感度和趋向度也就不同，从而形成不同的多样的审美趣味和爱好。谢榛在《四溟诗话》卷二中说：“诗人养气，各有主焉。蕴于内，著乎外，其隐见异同，人莫之辨也。熟读初唐、盛唐诸家所作，有雄浑如大海奔涛，秀拔如孤峰峭壁，壮丽如层楼叠阁，古雅如瑶瑟朱弦，老健如朔漠横雕，清逸如九皋鸣鹤，明净如乱山积雪，高远如长空片云，芳润如露蕙春兰，奇绝如鲸波蜃气。此见诸家所养之不同也。”人的气质性情好尚憎爱各有所偏，或雄浑、或秀拔、或壮丽、或古雅、或清逸、或高远，不可能面面俱到。现代心理学的研究表明，人的性格、气质，密切地相关着审美感知敏感性和情感指向，并且会在情绪的强度、稳定性、持久性、主导心境，以及感知、想象、思维等心理因素中表现出来，从而影响人们的审美趣味。在审美活动中，有的人善于感悟形式美，有的人则易于领悟意蕴美，可以从音乐、建筑中体悟到其中所蕴藏的精深的审美意旨。同时，也正是由于“气”的作用，任何个人独特的审美心理结构，才又与其他个人的审美心理结构有某种联系和相通之处，从而始能构成人与人之间审美意趣与审美情感的沟通和交流。

中国古代哲学家认为，就气而言，其运动变化的形态是多种多样的。它“变动不居，周流六虚，上下无常，刚柔相易，不可为典要，唯变所适”（《周易·系辞下》）。它“依于天地，则有上下之分；依于男女性别，则有刚柔；色泽，则有五色；味，则有五味；声，则有五声；人体性情，则有动静；天地开辟及人与动物之生长，则有清浊；伦理美感的观念，则有善恶、美丑”[①]。充塞于宇宙天地间的只有一“气”，它弥漫于一切，浸润于一切，动静屈伸，流转演变，有阴阳、得失、顺逆、有常与无常等的不同特性，当“气”的这种随机性使得“灌注生气”于自然万物时，则形成自然万物状态各异的审美属性，并促成其生息变化；作用于人，则形成其气质的刚柔清浊。曹丕率先将它引入中国美学思想，以之来说明审美心理结构构成的生命底蕴及其相通性和差异性，强调指出:“文以气为主。”认为主体所禀之“气”是审美创作活动和作品风格形成的生命和关键，指出“气”对主体审美心理结构构成具有极为重要的作用；由于主体禀赋之“气”有阴阳清浊之分，从而使其在气质个性上表现出差异现象。曹丕还以音乐审美活动为例，来说明主体气质个性，即审美心理结构上的差异性和独特性的形成就是主体所禀赋的这种生命底蕴“气”的作用所致。同一歌曲，尽管曲调相似，节奏相同，但是演唱的人不同，唱出来所引起的审美效应则有“巧拙”之别。究其原因就是作为审美主体的个体所禀之气不同。“引气不齐”，则会造成主体审美心理结构的差异并形成其“虽在父兄，不能以移子弟”的独特的审美意趣和审美风貌。这种思想尽管缺乏科学性的说明，但在中国美学史上，却有着十分重要的意义。后来的刘勰就是在此基础上，对“气”在审美心理结构的构成与建构中的作用，作了比较系统的论述，认为“才”与“气”分不开，并提出“才性异区”的命题，从而丰富了中国美学思想中最具民族特色的“气化”说。

中国美学这种“气”为雅俗之本的观点还与“阴阳二气”合和而生万物思想的作用分不开。宇宙天地中，作为审美对象的万物造化，既有奇峰怪岩，长风出谷，翠柏苍松，平湖曲涧，绿柳红桃。这些自然景观或给人凌云劲节慨当以慷之思，或给人以春意盎然心旷神怡之想。同时，作为审美主体，由于审美心理结构的作用，则有的人喜爱风起云涌、雷奔电掣的景观及其气势，有的人欣赏轻柔妩媚、淡雅自然的景观及其情态。从审美心理学的理论来看，则前者表现为对阳刚之美的崇敬，其审美个性属“慷慨者”一类；后者则表现为对阴柔之美的向往，其审美个性属“蕴藉者”一类。以老庄美学为主的中国美学认为，主体个体在审美活动中所显示出来的这种心灵模式的倾向性

① 梁钊韬:《中国古代巫术·宗教的起源和发展》。

现象，是与其所禀赋的“气”以及受“气”所作用而形成的审美心理结构的差异性分不开的。禀气不同“气”的种类也不同。如所谓灵气、壮气、英气、帅气、勇气、坦气、爽气、秀气、乾气、暮气、骄气、娇气等。刘熙载在《艺概·书概》中就指出：“凡论书气，以士气为上。若妇气、兵气、村气、市气、匠气、腐气、伧气、俳气、江湖气、门客气、酒肉气、蔬笋气，皆士之弃也。”这里所谓的“士气”，即文雅、高雅之气，其余则为“俗气”。气有阴阳刚柔清浊之分，人有刚毅、高雅、庸俗、柔婉等个性之别。“因内而符外”，内在禀赋必然影响到审美情趣的外在指向。故《周易·系辞》提出“阴阳合德，刚柔有体”。对此，孔颖达疏云：“若阴阳不合，则刚柔之体无从而生。以阴阳相合，乃生万物，或刚或柔，各有其体。”应该说，“阴阳合德，刚柔有体”的命题，揭示了美学意义上作为主体的审美个性与审美意趣的差异及其形成原由。

《易传》的这一观念来自老子的“阴阳二气”化生万物说。“阴阳合德”中的“阴阳”，指生成与化育万物的两种气；“德”则是指万物得之于“气”并使万物得以存在、发展的属性和功能。受老庄“通天下一气”，“气”与“精”都是人体生命的主要物质基础思想的影响，中国传统哲学的宇宙意识认为，世界上的一切，包括自然、社会、人身，所谓天、地、人三才，均为“阴阳二气”交感化合的产物。诚如《老子》所说：“万物负阴而抱阳，冲气以为和。”“气”连绵不绝，冲塞宇宙，施生万物而又不滞于物。大自然中的云光霞彩、高山大海、小桥流水、珠玉贝壳、花草鸟兽，社会生活中的仁义礼乐、政令农事、人情事态、歌舞战斗，人类自身的腠理五脏、四肢百骸、生命机能，心性思维等，从自然、社会，到人事以至人的道德、情感、心态等，都是由气所化生化合，都包含着阴阳的属性。“阴阳二气”相互补充、相互转化，才能生育化合万物。也正是由于“阴阳二气”的互待、互透、互转、互补，相互激荡，往返循环，从而始构成万事万物生生不息的属性。《黄帝内经》说得好：“阴阳者，天地之道也，万物之纲纪，变化之父母，生杀之本始，神明之府也。”《淮南子·天文训》也说：“道始于一,一而不生，故分而为阴阳，阴阳合而万物生。”受老子“阴阳二气”化生自然万物观念的影响，在中国美学看来，宇宙大化的生命节奏与律动，人们心灵深处的节奏与律动，都是源于“阴阳二气”的相互化合作用。这种“阴阳二气”化生万物的审美意识与审美观念渗透在人生与艺术的全部审美境界之中。正如孔颖达在《周易正义》中所指出的："天下之万声，出于一阖一辟；天下之万理，出于一动一静；天下之万数，出于一奇一偶；天下之万象，出于一方一圆；尽起于乾坤二画。"所谓"乾坤二画"，乃是指《周易》的阴爻、阳爻，就是阴阳，也即"阴阳二气"。"阴阳者，气之大者也。"(《庄子·则阳》)"阴阳者，天之气也（也可谓道）"(《张载集·语录中》)万物是"阴阳二气"交感的产物，人类亦是阴阳气化而生。《淮南子·天文训》说："阴阳合和而万物生。"《精神训》又说："于是乃别为阴阳，离为八极，刚柔相成，万物乃形。烦气为虫，精气为人。"

即如老子所说，正是由于作为生命之源的"气"有阴阳的对立统一特征，从而才构成氤氲、聚散、动静、磨荡而运动变化，并由此以生成自然万物与人类，故而，当以老子为代表的中国古代哲人面对世界进行沉思时，往往把万物与人的生成放在阴阳对峙的矛盾中去考察，从阴阳与气化的运动中去描绘。《黄老帛书》云："凡论必以阴阳大义。天阳地阴，春阳秋阴。夏阳冬阴。有事阳而无事阴，信（仲）者阳而屈者阴，君阳臣阴，上阳下阴。男阳女阴，父阳子阴，兄阳弟阴，长阳少阴。……诸阳者法天……诸阴者法地。"整个宇宙天地、社会人生，包括雅俗观的生成都可以用"生"之于"阴阳"来概括。此即《周易》所谓的"一阴一阳之谓道"。对此，《吕氏春秋》也指出："凡人、物者，阴阳之化也。"唐代道士成玄英给阴阳以规定性内涵；"阳动也。阴，寂也。"(《庄子·在宥疏》)认为阴阳即动与静二气的调合："阴升阳降，二气调和，故施生万物。"(《庄子·天运疏》)李筌在《太白阴经》中，也认为"万物因阴阳而生之"。他说："人禀元气所生，阴阳所成，淳和平淡，元气也。聪明俊杰，阴阳也。"强调"阴阳二气"对生成自然万物与人的决定性作用。并且还指出属于主体审美心理结构的"聪明俊杰"心理因素的生成也离不开"阴阳二气"的作用。是的，"天以阳生万物，以阴成万物"(周敦颐《通书·顺化》)。一方面，"阴阳二气"大化流衍，聚散无定；另一方面，"阴阳二气"又相推相摩，相激相荡，相交相感，相合相比，使万物化生，"物不可穷"。故而，由阴阳交合而生成的宇宙万物与社会人生也就变化无穷，气象万端，丰富多彩，人与其美丑善恶雅俗观的生成概莫能外。

就人而言，"性情形体，本乎天者也；走飞草木，本乎地者也。本乎天者，分阴分阳之谓也。本乎地者，分刚分柔之谓也。夫分阴分阳，分柔分刚者，天地万物之谓也。备天地万物者。人之谓也"(邵雍《皇极经世·观物内篇》)。

所谓人“备天地万物”，是指人乃为天地之心，阴阳刚柔之会；故人能参赞化育，与天地万物一体。天地万物与人都凭藉阴阳而生，而阴阳又都存在于万物之中，故而在审美活动中，天与人、心与物能相渗相透、相互沟通与融合。同时，正如老子所指出的，阴阳作为“气”的审美属性，它又具有对峙性与统一性，以及动态性特征，是“冲气为和”，“专气致柔”，循环往复，周流不息。而自然、社会、人生等万物万象，就都表现出聚散、动静、虚实、内外、上下、大小、清浊、刚柔等性质状态。这些性质状态，都可以概括为相互对峙、统一、变动的关系，也即阴阳关系，这样一来，整个宇宙就都由“阴阳二气”联系成一个整体。在“阴阳二气”这个层次上，宇宙万物同源同构而相通，宇宙乃是一个具有对峙、统一、变动的全息性整体。这样，“阴阳二气”作为自然万物与人生命的本体意蕴，使天地万物与人都纳入其阴阳气化的范围，能相通互感，遂成为中华民族的传统审美意识和审美观念。

正因为“阴阳二气”为人体生命之底蕴，所以人体生命之气则同样具有阴阳、聚散、动静、清浊等性质。作为个体的审美主体因为所禀受的生命之气有阴与阳、聚与散、动与静、清与浊的不同，所以其性格、情性、审美兴趣与审美意向也有阳刚阴柔雅俗的差异。人格方面，前者如《周易》所推崇的进取人格，“天行健，君子以自强不息”。这种人格大气磅礴，耀同日月，表现出一种积极、向上的进取精神；后者则如老庄所标举的谦退、不争人格；其人生态度是退避，寄情山水，放归田园，身在江湖而心弃魏阙。“智者乐水，仁者乐山”，中国美学既推崇光明正大、具有天空般坦荡而博大的阳刚人格美，同时也赞许如大地一般有内涵、含蓄、谦逊而儒雅的阴柔人格美。在审美兴趣方面，中国美学认为，正是因为人格情性与审美趣尚的或阴或阳，或刚或柔，或刚柔相济，互融对摄，从而使其审美情趣与审美意趣也存在着差异。有的人喜尚壮美、刚性美、阳刚之美、白马秋风冀北式的美；有的则倾慕秀美、柔性美、阴柔美、杏花春雨江南式的美。或红日出大海，或月上柳梢头；或翠柏苍松，激流飞瀑；或平湖曲涧，绿柳红桃。伯牙鼓琴，志在高山，志在流水，巍巍乎而洋洋乎，崇尚阳刚之美；韩娥歌唱，余音绕梁，三日不绝，推崇阴柔之美。所禀阴阳之气不同，则趣尚取舍有异，或高雅、典雅，或文雅、淡雅、和雅、清雅、古雅。李白、杜甫与王维、孟浩然同时活跃在盛唐诗坛上，然而其诗歌审美创作的风格却迥异其趣；苏轼、辛弃疾与柳永、周邦彦同时驰骋于宋代的词场，但是其词作的风貌却大不相同；同属唐宋八大家，欧阳修、曾巩的文章就偏于阴柔，韩愈、柳宗元的文章则偏于阳刚。的确，作用于人体生命的气，不仅有阴阳之分，还有刚柔之别。故《周易》指出：二气既“分阴分阳”又“迭用柔刚”，“阴阳合德，而刚柔有体”，从而“以体天地之撰，以通神明之德”，强调“动静有常，刚柔断矣”；“立天之道，曰阴与阳；立地之道，曰柔与刚”。认为正是由于“气”有阴阳动静的审美属性，所以“气”才有刚柔的区别。气分阴阳，人分阴阳，于是有阳刚、阴柔之美，有阳刚、阴柔的趣尚差异。生命的底蕴是大化流衍的或阴或阳之气，性情、品格、趣尚的底蕴也是气。受“气”的这种阴阳刚柔审美属性的作用，人所禀之气不同，自然其情性、气质、性格也就不同了。王充说得好：“人，以气为寿，形随气而动，气性不均，则于体不同。”（《论衡·论死》）“气性”决定着个体情性。故刘勰说：“才有庸俊，气有刚柔。”（《文心雕龙·体性》）“才”与“气”相联系。审美创作主体的审美能力有一般与杰出之分，气质有刚强和柔弱之别，由此遂形成审美意趣与指向的不同。所谓“风趣刚柔，宁或改其气”。

创作主体的个性气质与审美意趣有刚有柔，作为审美创作活动的物态化成果，其作品的审美风貌也就自然有刚有柔，或气象堂皇、刚健雄雅，使人惊心动魄；或蕴藉隽永、柔婉清雅，使人品味无穷，思之不尽。前者如屈原、李白、苏东坡等人的大多数作品；后者则如陶潜、王维、孟浩然等人的大多作品。或“大江东去”，或“晓风残月”，前刚后柔，刚柔相济。有以阳刚美取胜的，有以阴柔美见长的，正是这样，才形成中国文学史上群星璀粲、各呈异彩的多样化的审美风貌。现代审美心理学也指出，作为个体，受先天的气质禀赋等内部生理机制与社会历史、民族文化、地理环境、风俗习惯、文化教育等外部机制的制约、影响和范导，主体的审美心理在结构类型上是存在着差异的，并受此作用以形成各自不同的审美意趣、指向、取舍以及不同的审美创作方法、审美个性和审美风格。所谓“刚柔有体”、风趣有别，“学有深浅，习有雅郑”则正是在各种因素的交互作用下，整个主体在自我的审美心理结构的建构过程中，各自突出和强调不同的心理要素，从而所形成的各不相同的审美心理结构类型和审美趣味及其在审美创作活动中的体现。

在现代审美心理学看来，审美心理结构主要可以分为认知型与情感型。属认识型审美心理结构的创作主体侧重于对审美对象进行历史的、哲学的深层意旨的把握，以“通神明之德，以类万物之情”。审美创作注重名小类大旨远，总是在有限的、偶然的、具体的形象中，去捕捉和展现生命本质的无限、必然的内容和意蕴。熔铸于作品中，则表现为一种体识深远、悠然逸宕、意新理惬、趣味澄瓊、温润和雅、淳厚蕴藉之美，启人深思，耐人寻味。情感型审美心理结构的创作主体则往往以情感功能作为统辖其审美心理因素的核心机制，总是利用审美情感的弥漫性和渗透性来形成心理结构的整体情意状态，并通过此来感知和表现审美对象，所谓“登山则情满于山，观海则意溢于海，我才之多少，将与风云而并驱矣”。属于这一类型的主体都具有非凡的审美体验能力和想象力，在审美创作活动中，受情感内驱力和创造性审美想象的作用，常常表现出一种对现实事物的审美超越能力。其审美构思物化于作品中，则呈现为一种充实光辉、雄雅劲健、萦回盘礴、千变万态的理想审美境界，催人奋发、令人神往。

总之，中国美学认为，审美心理结构的构成是形成创作主体审美意趣与审美风趣或雅或俗的关键。而这之中，“气”又起着决定性作用。审美创作则应该做到“情与气偕，辞共体并”，使情感与气质相互偕合，审美意趣与审美风格相互统一，以形成既雄深雅健又温润和雅、情韵深长，既清雅冲淡又风骨劲健、雅俗相济的审美个性和风格，从而其审美作品始可能像多棱形的钻石，闪耀出多面的绚丽光辉。

第四节 气格

作用于主体的气质与个性，并由此而形成艺术作品雅俗差异的“气”，其表现特征有多种，中国美学称之为“气格”。即如刘熙载《艺概·诗概》所指出的:“气有清浊厚薄，格有高低雅俗。”气格不同，所表现出的审美特征也不同，有的表现为高远、古雅，有的则表现为平庸、低劣。唐代裴度《答李翱书》说得好:“故文之异，在气格之高下，思致之浅深，不在其磔裂章句，隳废声韵也。”“气格”的“格”，在中国美学，含义较为丰富，主要指作品的品格、体格、格式、风格和风貌等。对此，清代薛雪《一瓢诗话》解释说：“格有品格之格、体格之格。体格，一定之章程；品格，自然之高迈。品高虽被绿蓑青笠，如立万仞之峰，俯视一切；品低即拖绅笏，趋走红尘，适足以夸耀乡闾而已。所以品格之格与体格之格，不可同日而语。”这就是说“体格”着重指作品的体裁格式等方面的审美特征；而“品格”则偏重于作品的意境风范，但无论是“体格”还是“品格”，都是指一定的审美范式和审美规范。就“体格”而言，叶燮在《汪秋原浪斋二集诗序》中说：“诗道之不能不变于古今而日趋于异也。日趋于异而变之中有不变者存。请得一言以蔽之曰‘雅’。‘雅’也者，作诗之源而可以尽乎诗之流者也。”就标举“雅”体，认为“雅”既是诗歌创作的“源”，又是诗歌创作的“流”，是诗歌创作必须遵守的审美范式。叶燮在上文中又说：“自《三百篇》以温厚和平之旨肇其端，其流递变而递降，温厚流为激亢，和平流为刻削，过刚则有桀诘聱之音，过柔则有靡曼浮艳之响，乃至为塞、为瘦、为袭、为貌，其流之变，厥有百千，然皆各得诗人之一体，一体者不失其命意措辞之‘雅’而已。所以平、奇、浓、淡、巧、拙、清、浊无不可为诗而无不为‘雅’。诗无一格、而‘雅’亦无一格，惟不可涉于‘俗’。‘俗’则与‘雅’为对，其病沦于随而不可救，去此病可以言诗。”这段话包含有几层意思，第一，“雅”是一个非常宽泛的审美范畴。作为一种审美规范，“雅”可以包括“平、奇、浓、淡、巧、拙、清、浊”等审美风貌；第二，“雅”的审美特征是多变的，但万变不离其宗。所谓“诗无一格，而‘雅’亦无一格”。第三，“格”有“雅”“俗”之分。“雅”与“俗”是相对的。“雅”的审美特征既是多种多样的，同时又是不断变化、因时而异、因人而异的。第四，“格”是有等级的。“格”既然有“雅”“俗”之分，当然也有高下之别，以“雅”为高，以“俗”为卑，文艺创作应追求“雅”，而不能“涉俗”，“涉俗”，则有伤大雅；俗的东西是不能登大雅之堂的。宋代洪驹义在《洪驹父诗话》中说：“东坡言郑谷诗‘江上晚来堪画处，渔人披得一蓑归’，此村学中诗也。子厚云‘千山鸟飞绝，万径人踪灭；孤舟蓑笠翁，独钓寒江雪’，信有格也哉！殆天所赋不可及也。”通过郑谷诗与柳宗元所作诗篇的比较，不难看出，品格高的、雅的诗与品格卑下、俗的诗之间的明显区别。

作品品格高雅与否，其生成与创作主体的品德情操、志向襟怀、情致志趣等审美素质分不开，高启说得好：“诗之要：有曰格，曰意，曰趣而已。格以辩其体，意以达其情，趣以臻其妙也。体不辩，则入于邪陋，而师古之义乖；情不达，则坠于浮虚，而感人之实浅；妙不臻，则流于凡近，而超俗之风微。三者既得而后典雅冲淡，豪俊缛，幽婉奇险之辞，变化不一，随所宜而赋焉。”（《独庵集序》）情志意趣是“典雅冲淡”审美品格的精神生命之所在。要创作出高雅的艺术作品，必须具有第一等的、高尚雅致的人格。而人格的高低又决定于主体的生命之本“气”，故中国美学要用“气格”来品评艺术作品的生命格调与境界的高低、雅俗。即如谢榛《四溟诗话》所指出的：“诗以气格为主，繁简勿论”。又如刘熙载《艺概·诗概》所指出的：“气有清浊厚薄，格有高低雅俗。”文艺作品的审美风貌取决于创作主体的精神气质和品德情操。皎然《诗式》品评建安诗人刘桢，就认为其诗作“偏正得其中”“语与兴驱，势逐情起，不由作意，气格自高”；宋代李錞《李希声诗话》也认为“古人作诗正以风调高古为主，虽意远语疏，皆为佳作，后人有切近的当、气格凡下者，终使人可憎”。这里所谓的“佳作”，即为雅正、雅致之作，而“气格凡下”“使人可憎”之作，则显然为品格低下、庸俗之作。故“气格”又称品格，对此，刘熙载说得最为详切，他在《艺概·诗概》中指出：“诗格，一为品格，如人之有智愚贤不肖也；一为格式之格，如人之有贫富贵贱也。诗品出于人品，人品悃款朴忠者最上；超然高举，诛茅力耕者次之；送往劳来，从俗高贵者无讥焉。言诗格者必及气。”“品格”或谓“诗格”“格式”；就像人有贫富贵贱、智愚贤不肖、高雅庸俗一样，“气格”“品格”也有雅俗高低的不同。

第三章 文雅

“文雅”之“文”，其意义有多种，一指文辞、文章。二指和谐。如《毛传》云:“声成文者、宫商上下相应。”三指美德。所谓“文者，德之总名”。四指美、善。如所谓“文犹美也善也”(见《礼记·乐记》郑玄注)。此外，“文”和“质”相对，即指华丽；在“温文尔雅”中又指柔和。故而“文雅”范畴，既有人生美学的内涵，也有文艺美学方面的规定性内涵。从人生美学来讲，它要求人们的言谈、举止都应文雅，在人才风范与气质情性方面则应文质彬彬，温文尔雅，谦和大方，有度有宜，正而不邪，正位居体，美在其中，有谦谦君子之风。即如《大戴礼记·保傅》所说:“答远方诸侯，不知文雅之辞。”又如《东观汉记·蒋叠传》所说:“旧在台阁，文雅通达，明故事。”再如陈师道《后山诗话》所说:“杜子美《九日》诗云:‘羞将短发还吹帽，笑请傍人还正冠。’其文雅旷达，不减昔人。”这些都以“文雅”来称许人的飘逸之态、温润之容、安闲之度、温雅之风、恭俭之体、庄毅之操、旷达之怀与超逸之貌。同时，在文艺创作中，“文雅”与和雅、典雅、温雅、醇雅相通，要求文艺创作文质兼顾、文质兼善、文质兼美和“尽善尽美”。刘勰《文心雕龙·章表》篇云:“序志显类，有文雅焉。”《序志》篇云:“按辔文雅之场，环络藻绘之府，亦几乎备矣。”这里就提出“文雅”范畴，要求将艺术作品作为一个有机整体。在审美意旨与审美风貌的营构与熔铸上，应追求文道合一，形神兼备。下面我们结合人生美学和文艺美学来对“文雅”这一审美范畴进行分析和解读。

第一节 “文”即“雅”

“文”就是“雅”。从其最早的意义来看，人们往往对“雅”持称颂褒扬的意味，如人们追求高雅、雅致的审美风范和审美意趣，推崇风流儒雅的道德风貌，要求以仁为本，心仁合一，生仁合一，人仁合一，虚怀若谷，恭敬自恃，谦顺待人，心底宽厚，温文尔雅，文质彬彬，而绝弃粗野卑俗，庸俗下流，虚华无实，为富不仁，认为作为一个真善美统一的人，必须德配宇宙，泛爱生生，合内外，同天地，要达到此，就应该以社会的伦理道德思想、文化知识充实自己，积学储宝，研阅穷照，集义养气，洁静灵府，返归于诚，从而才能于真实无妄、光明朗洁中体证生命的奥秘，使精神高雅明洁，而使人生雅化、美化。如果一个人不仁、不义、不知礼乐，没有知识修养，那么必然表现为粗野庸俗。因此，“雅”离不开“文”。孔子认为，社会生活、人们的精神面貌、行为举止都应该有“文”，应文雅有致，如西周时期就文礼鼎盛，“郁郁乎文”。在孔子看来，文化修养的提高能使人的气质、风度、仪态都雅致、大方，彬彬有礼，庄重文雅。所谓的“质胜文则野”，就是指不受外在“文”的熏陶，这种人即为“野人”“小人”。中国美学历来就要求人们应做君子，在人格境界方面则应文雅、儒雅。要达到文雅，必须既要加强心性方面的修养，更要增强文化知识方面的学习积累。这里的“文”，其实质就是“雅”。

后来的哲人中，孔子对“文”的人文价值及其文化内涵进行了比较全面、系统的表述。在孔子看来，“文”既指文学、文辞等人类所发明创造的意义符号，同时也指记录人类社会活动和文化创造的典籍。如《论语·雍也》说：“君子博学于文，约之以礼，亦可以弗畔矣夫。”“文”又与“质”对举，以表示文采或有文采。如《论语·雍也》说：“质胜文则野，文胜质则史，文质彬彬，然后君子。”“文”与“武”对举，则指伦理道德，如《论语·季氏》说：“夫如是，故远人不服，则修文德以来之。”由此引申开去，“文”又指个人的道德人格修养，如《论语·公冶长》所记载的，孔子说“敏而好学，不耻下问，是以谓之文也”。“文”又指社会礼乐制度的完善，如《论语·八佾》所说的“周监于二代，郁郁采文哉，吾从周”正是基于这种对“文”的认识。因此，可以说，在先秦儒家看来，“文”就是雅，“文”就是礼乐本身的一部分，即如荀子所说：“凡礼，始乎棁，成乎文，终乎悦校。故至备，情文俱尽；其次，情文代胜；其下，复情以归大一也。天地以合，日月以明，四时以序，星辰以行，江河以流，万物以昌；好恶以节，喜怒以当，以为下则顺，以为上则明，万变不乱，贰之则丧也。礼岂不至矣哉！”（《荀子·礼论》）“故礼者，养也。刍豢稻梁，五味调香，所以养口也；椒兰芳，所以养鼻也；雕琢刻镂黼黻文章，所以养目也；钟鼓管磬琴瑟竽笙，所以养耳也。”（同上）在荀子看来，所有的礼都是从简单开始，然后逐渐发展为“文”，即祭祀礼仪，最后达到完备的，所以，最完备的礼就是把感情和祭祀礼仪都完善地表现出来。次一等的是这两方面都不相适应，一方胜过另一方；最下等的是只讲表述质朴的情感，从而回复到太古时期的简陋样子。有了礼，天地调和，日月明亮，四季按顺序交替，星辰按规律运行，江河畅流，万物兴盛，欲望有所节制，感情表达得适当。故荀子认为礼乐之文是实践孝悌忠恕之道、修养自身道德的最佳手段，日常起居按“礼义文理”则可以“养情”。因为礼是万事万物的规律和法则，对于情感来说，礼能调节性情，礼能使人“好恶以节，喜怒以当”；所以说“礼然而然则是情安礼也”。故而，孔子教学生，就把“文”作为基本的教学内容，分“文、行、忠、信”四种程序。照刘宝楠《论语正义》“子以四教”章正义所解释：“文，谓诗书礼乐，凡博学、审问、慎思、明辨，皆文之教也。行，谓躬行也。中以尽心曰忠；恒有诸己曰信。人必忠信，而后可致知力行。故曰：忠信之人，可以学礼。此四者，皆教成人之法，与教弟子先行而后学文不同。”可见“文”，就是学习《诗》《书》《礼》《乐》为主的作为“士”与“成人”所必需的各种专门知识。并且，在此之外，孔子还清除了长期以来控制学校教育的原始宗教天命鬼神意识，“不语怪、力、乱、神”。四科之中，以文德居首，学成之后，足令君子文质彬彬，温文尔雅，不致流于粗野。孔子所教学生之“文”，不仅是指“先王之遗文”，即西周以前所承继下来的传统文化、典籍文献，而且也指经过孔子选择整理与重新解释了的包含在这些典籍文献中的礼乐教化思想与人文精神。据《论语·宪问》记载，子路曾问孔子，什么样的人才称得上“成人”，即美善合一的人，孔子回答说：“若臧武仲之知、公绰之不欲，卞庄子之勇，冉求之艺，文之以礼乐，亦可以成人矣。”作为一个“成人”，即君子，必须在具有知识、仁义、勇敢、多才多艺等素质基础上，再加以“文”。可见，这里的“文”，就是指一种涉及精神情操、品德修养方面的教化思想和人文精神，也就是“雅”。这点我们还可以从孔子自己的理性追求中得到进一步说明。孔子一贯主张，必须以礼乐之文实践孝悌忠恕之道，走至善的人生道路，修养自己的人格，以达到至善至美的儒家君子境界。因此，他立志以“齐一变，至于鲁，鲁一变，至于道”。据《史记·孔子世家》记载，他年青时就曾表述过其理想抱负，说：“如用我，其为东周乎！”这里的“东周”与“道”就是指西周以来的传统礼乐文化，即礼乐之文。继承并发扬光大这种礼乐之文，克己复礼，是孔子终身奋斗的目标，即如吕思勉所指出的：“《论语》：‘子所雅言，《诗》《书》执礼’，言《礼》以该乐。又曰：‘兴于《诗》，立于《礼》，成于《乐》，专就品性言，不主知识，故不及《书》。’子谓伯鱼曰：‘学《诗》乎。学《礼》乎？’则不举《书》而又以《礼》该《乐》。虽皆偏举之辞，要可互相钩考，而知其设科一循大学之旧也。”（《读书札记》）杨树达在《论语疏论》中疏证“子所雅言，《诗》《书》执礼，皆雅言也”一句时，说：“夫子生长于鲁，不能不鲁语。惟诵《诗》读《书》执礼必正言其言，所以重先王之训典，谨未学之流失也。”为了复兴“郁郁乎文哉”的周礼，孔子曾经对前代所遗留下的文献典籍进行过整理、选择与解释，做了大量繁复的工作，即如《论语·为政》所说：“殷因于夏礼，所损益可知也；周因于殷礼，所损益，可知也。”孔子说：“夏礼吾能言之，杞不足征也；殷礼吾能言之，宋不足征也，文献不足故也，足则吾能征之矣。”可见，孔子在整理、编辑前人的文献典籍时，不但结合现实，而且还力求追溯其发生的本源，在涉及其核心内容，即礼乐之文时，更是要进行演习讽诵，再加以考证研究，在此基础之上再编订成“可得而述”的儒家经籍。可见，孔子之所以尚“文”，是因为在他看来，周礼的核心就是尚文。“文”体现了周礼的根本精神。故而他说尧“焕乎有文章”，并且盛赞“周监乎二代，郁郁乎文哉！吾从周”。显然，这里的“文”，也就是“雅”。就“文雅”之“文”而言，其本身也包含有人格品德操行与社会文化两个方面的内涵。《说文》云：“文，错画也，象交文。”徐中舒所主编的《甲骨字典》则认为，“文”“象正立之人形，胸部有刻画之纹饰，故以纹身之纹以文”。朱芳圃《殷周文字丛》说：“文，即文身之文，象人正立形，胸前……即刻画之文饰也。……文训错画，引申之义也。”也就是说，最早，甲骨文中的“文”字只是对纹身实体的一种形象描摹，显然，这和《说文》对“文”字的解释是一致的，即“文”字具有人类讲求对自身的装饰和美化的意义。换言之，即“文”的本义是指文身、文饰与文采。《庄子·逍遥游》云：“越人断发文身。”《谷梁传·哀公十三年》云：“祝发文身。”范宁注云：“文身，刻画其身以为文也。”从审美发生学的观点来看，文身现象，是人将自己的自然之驱，依照社会、祭祀等意识的要求和规定加以改变，以体现野蛮人与自然人向文明人与社会人生成的一种标志。并且，文身尽管是从一般人的肌肤的文饰开始，但最终又超越了个别的肉体形象，而体现出一种理想。它通过文饰过的人自身的形体，既增加了作为“人”的骄傲，达到了人对自己身份的认同，也标志作为文明人与社会的、民族的、文化的人的完成。可以说，在原始文化中对人自身形体的文饰，在有意无意中又再现了人。故而，文身的结果，是把人引进到一个超越现实的世界，而获得一种超功利的潜意识的满足，它实际上已经升华为一种审美的快适。从原始社会中的文身活动来看，文身主要是祭祀的需要。在祭祀中，主持活动的祭师需要文身，然后才能领舞。参加舞蹈的人也应文身，边舞边助之乐。整个祭祀活动中，文身之人都处于核心地位。同时，按照规定，祭祀活动中，人身上所文饰的花纹符号与形象符号，都必须与祭器上的符号一致，其深层意旨也必须与祭祀之乐同质。这样，“文”实际上也就表示了整个祭祀活动，故“文”即礼。礼，是从祭器方面来象征祭祀活动的性质，而“文”则是从祭师，即人的方面来象征祭祀活动的性质。主持祭祀活动的是祭师，即人，人即“文”，所以说“文”在原始祭祀中占着中心地位。“文”代表着整个祭祀，“文”就是礼。古代的中国被称为礼义之邦，“礼”是中国传统文化，尤其是上古文化的核心。可以说，上古时期整个民族社会的文化性构成，包括祭坛、宫庙、祭器、职官、礼乐、服饰、车舆、旗帜、礼器、玉帛、神殿、明堂、墓地和部落建筑布局等，都是“文”。而整个民族社会的“文”，其实质就是自然的人化和人的文化化。这样，从狭义来看，文就是人，后来则专指文人、士人、仁人、雅士；从广义来看，“文”就是“礼”，并引申为文物、文饰、文章。所谓“文章者，礼乐之殊称也”，就是由此而来的。

“文”与祭祀之“礼”有关。“文”即“礼”，还可以从西周典籍记载中得到证明。如《尚书·洛诰》就记载云:“王肇称殷礼，祀于新邑，咸秩无文。”又记载云:“惇宗将礼，称秩元祀，咸秩无文。”不难看出，这里的“文”已经与祭祀之礼相联系。同时“文”即意指人，也可以从中获得证明。又如《尚书·文侯之命》记载云:“汝肇于文武，用会绍乃辟，追孝于前文人。”这里即要求晋文侯效法文武之道，以文武之道来引导自己行德积善，以追赶与效法先前的文德之人。显而易见，这里的“文”已不仅是对纹身之人的形象描摹，而是对有道德修养和施行仁政、“敬德俊民”之人的颂扬与赞美，其人文价值内涵已经得到进一步增强。故而,《国语·周语下》记载云:“夫敬，文之恭也。”韦昭“注”云:“文者，德之总名。”又据《论语·子罕》记载云:“文王既没，文不在兹乎!”朱熹注云:“道之显者谓之文，盖礼乐制度之谓。”也就是说,“文”就是“德”，也就是“雅”。

第二节 “文雅”之境

如前所说，中国古代美学的一大特点，就是以“人”为核心，基于对人的生存意义，人格价值和人生境界的探讨和追求的，旨在说明人应当有什么样的精神境界，怎样才能达到这种境界。这种特点又突出地表现在“文雅”审美范畴的规定性内容之中。

就人生态度与人生追求说来讲,“文雅”说要求人们在人生的行为规范方面，无论言谈、举止，还是气质风度，以及学识修养、人格品行等，都应文质彬彬、温文尔雅、适度有宜，要作仁人、文人、雅人。在文艺美学方面，则要求文艺创作既要有文采，更要有温厚醇雅的意蕴，要文与质兼顾、正而不邪，雅而不野、不俗。在中国古代哲人看来，一个人想要“成人”，即具有高雅的人格修养，成为“君子”，不仅要有智慧、要人品高洁，同时，还要“文之以礼乐”。据《论语·述而》载，孔子曾以“文、行、忠、信”“四教”来作为乐礼教化的内容，主张“文”“行”一致，通过“文行”，以陶铸“忠信”，使人“文质彬彬”、文雅谦和、举止适度。如前所说，从周孔开始的中国礼乐文化的真实基础是宗法等级人伦，因此，在中国古代最重人伦之道。这种人伦之道，从西周起，第一个形态就是“礼”。以周礼开始，历代都讲礼。“礼”把宗法人伦的实质用制度和文化的形式正式规定下来，像一面大网，包罗了政治、经济、道德、文艺、宗教、习俗等在内。可以说，在中国古代，一切人与人事都笼罩在礼的规定之中。

真正的“成人”必须兼有“知”“不欲”“勇”“艺”，并“节之以礼，和之以乐，使德成乎内，而文见乎外”。要“材全德备”“中正和乐”。而要达到此，则离不开礼乐教化。中国古代哲人认为“礼别异”“乐和同”。个人修身离不开礼，所谓“礼者，所以正身也”[①]（《荀子·修身》）；国家的长治久安更离不开礼，所谓“国无礼则不正”（《王霸》）。因此，荀子指出：“人无礼，则不生，事无礼，则不成；国家无礼，则不宁。”（《修身》）又说：“人之命在天，国之命在礼。”（《天论》）“礼”就是“文”。范文澜先生在《中国通史简编》中指出：“礼用以辨异，分别贵贱的等级；乐用以求同，缓和上下的矛盾。礼使人尊敬，乐要人享受……礼有乐作配，礼的作用更增强了。”辨别雅俗正邪的标准是“礼”，而“礼”即“文”。正是基于此，因而孔子提倡“乐而不淫，哀而不伤”[②]（《论语·八佾》），《集解》引孔安国注云：“乐不至淫，哀不至伤，言其和也。”朱熹《集注》云：“淫者，乐之过而失其正者，伤者，哀之过而害于和者也。”孔子主张美善尽陈、文质相兼、哀乐适度，提倡“允执其中”（《论语·尧曰》）、“允执厥中”“用其中于民”（《论语·子罕》），推崇“中庸之道”，认为“即其两端而竭焉”，即要求人们在履行道德时应避免走极端；情感表现方面，也应如此，应“无过无不及”，如果过了头，超过了度，就会变质。如“趋时”过度，则会变为“媚俗”；“礼”所要求的恭敬谦让过度，则会变成谄媚。即如朱熹所说：“如君止于仁，若依违牵制，懦而无断，便是过，便不是仁。”（《朱子语类》卷十六）所谓过仁则不仁，过敬则不敬。要做到“中和”“无过无不及”离不开“礼”。故孔子说：“恭而无礼则劳，慎而无礼则葸，勇而无礼则乱，直而无礼则绞（尖刻）。”（《论语·泰伯》）恭、慎、勇、直，都是高雅的德行，然而离开“礼”的制约，都会走向极端，产生弊病，因此，人们的言行举行、气质作风、品德操行都应适度、文雅，即所谓“文质彬彬，然后君子”。因为在儒

① （先秦）荀子著，王先谦集释，沈啸寰、王星贤点校：《荀子集释》，诸子集成本，中华书局1988年版。

② 程树德：《论语集释》，中华书局1990年版。

家哲人看来，礼乐教化的目的是使人的“容貌、态度、进退、趋行”，“由礼而雅”（《荀子·修身》），即使人举止文雅，人与人之间和谐、协调。“文化质朴相半，彬彬然然后可以为君子”。“文”是美善、柔和，是“礼”，也就是“中和”，是中庸不走极端，执中而不偏。“文”就是“雅”。故而，“文雅”说要求人们在人生态度方面，不偏不倚，“温而厉，威而不猛，恭而安”（《论语·述而》），“宽而栗，柔而立，愿而恭，乱而敬，扰而毅，直而温，简而廉、刚而塞，强而义”（《尚书·皋陶谟》），文质兼顾、温润文雅。在人生价值方面，则强调道德主体价值追求的自主性和能动性。认为“由己”的目的是为己，而不是做样子给别人看。孔子对世俗之人做表面文章的风气极为不满，他慨叹：“古之学者为己，今之学者为人。”（《论语·宪问》）孔子的“修养为己”论和他重视人的生命价值的精神是一致的，“为己”就是要弘大“人”的精神，张扬“人”的的精神，张扬“人”的生命，成就“人”的人格。

之后，孟子把孔子的为己论进一步理论化，把人的道德修养与人性结合起来，提出“万物皆备于我”，从而在理论上使修养者本人成为道德上判断和行动的唯一责任者，对自己的行为处在最后的决定地位。《中庸》认为人格修养的途径是“率性”“修道”，《孟子》则主张通过“尽心”“知性”而“知天”，达到天人合一的境界。宋明理学家对此做了发挥，但无论是理学派还是心学派，都根据孔子所提出的“为己”论强调了“人”的心性的克制磨炼和涵养自身的重要。他们认为“天地变化，皆吾性之变化”，道德修养就是要与天地合德，与万物同体。因此，他们都推崇“反身而诚”，强调要反求诸己，尽心养性，一切靠自我修养，不假外求，“只一个主宰严肃，便有涵养工夫”（《朱子语录》卷六十二）。陆九渊、王阳明更为突出心性的自主能动作用，认为“心”即“理”，“若能尽我之心，便与天同”（《陆九渊集》卷三五）。这就把“人”的自主性抬升到了空前的地位。

荀子则从另一个侧面强调了“人”之“文”的重要性。他认为，人性本恶，是“不可学”“不可事”的，因而其主张与在道德修养上强调善性扩充的孟子不同，荀子在道德修养上注重恶性的改造、抑制。荀子也把个体看作道德责任的现实承载者，认为节制天生的恶性，“化性起伪”，就要求个体必须有能力对抗来自外界和内心（欲）的一切压力。与孟子强调“人”心性的自觉不同，荀子更强调理性的自觉、行为的自觉，即自觉地恪守礼义法度。儒家哲人所提倡的“为己”，即自我修养，是“近”，自我必须在修养中得到超越，从而成为一个“大我”（“远”）。儒家的修身哲学由此分为两个方面，一方面是上述“为己论”，另一方面又是“爱人论”。“仁”的修养所要达到的就是“爱人”“利人”，行忠恕之道。如王艮所言：“爱身敬身者，必不敢不爱人敬人。”（王艮《心斋王先生全集·语录》）你视他人为草芥，他人必视你为寇仇，因此，若想实现“我之不欲人之加诸我”，首先要做到“吾亦欲无加诸人”（同上）。人们经常说“敬人者人恒敬人”“人敬我一尺，我敬人一丈”“尊重别人才有自尊”等，讲的就是重己先重人，要人己并重的意思。重人与重己应是相得益彰的，而不能顾此失彼，偏执一端。只知重人而不知重己，是没有骨气的奴才相，就像《法门寺》中的奴才贾桂一样，别人叫他坐下，他却说自己做奴才站惯了。当然，若只知重己而目中无他人，那么，就走向了另一个极端，这是不知天高地厚、唯我独尊的自大狂，是极端的自我中心主义者。卑躬屈膝的奴才是人所共斥的，狂妄自大的人同样为人们所不齿。只有既重人又重己，与人为善，善待他人，不卑不亢，正心诚意，文质彬彬，温文尔雅，才合乎人我关系的中庸之道，才能感到自身的尊严和价值，才能尊重他人并赢得他人的尊重。

“文雅”说的内涵是极为丰富的。但从以上有关人生态度规范和人生价值观的最基本的要求中，我们不难看到其最重要的特征，就是“和为贵”的总体价值取向。无论是重人还是重己，强调的都是双方相互关系的“度”，严己宽人，清正廉洁，左右和谐，上下有序的淡泊名利、重人亦重己，不过分偏重一方，不因重一方而鄙弃、否定另一方，而是把“人”的行为的自由度和行为的目的性统一起来，为己利人，从而使看似矛盾的人己双方达到最完美的“和”的境界——宇宙万物的和谐、社会有机体的和谐、人我关系的和谐、个人内心的和谐。所以，从本质上讲，“文雅”说所主张的美学精神就是中庸审美观。

“文雅”说的这种中庸审美观是建立在中国文化哲学基础之上的，我们说过，“文雅”说的总体价值取向是“和为贵”，一切以适乎中道，既不过激也不固执为准则，追求一种“随心所欲而不逾矩”的自由。在中国古代哲人看来，无论物质生活上如何困顿，一个人如果在精神上达到无滞无碍的中和境界，便是得到了人生至大的乐趣。因而，翻开记载孔子言行的《论语》，我们不难看到其中处处洋溢着生活的乐趣。从温文尔雅、谦和大方、有适有度、淡泊名利的人生态度出发，中国人生美学中由孔子创立的儒家思想则充满着积极的乐观主义精神。《论语·雍也》中，孔子对他最心爱的弟子颜回称道不已："一箪食，一瓢饮，在陋巷，人不堪其忧，回也不改其乐！"粗茶淡饭，破屋败室，生活如此清苦，一般人免不了要怨天尤人，自暴自弃，而颜回却能处之泰然，"不改其乐"，一如既往地乐在其中。在孔子看来，这份乐观与超然是最得自己的处世精神实质的，于己心有戚戚焉，因而不由得连连赞叹："贤哉，回也！"孔子自己也说过："饭疏食饮水，曲肱而枕之，乐亦在其中矣。"（《论语·述而》）后世宋明理学家把这种身处贫困之中却保持恬然自得的心境称为"孔颜乐处"。寻求这种快乐是中国人的人生理想之一。程颢就说："昔受学于周茂叔，每令寻仲尼、颜子处。"（《遗书》卷二上）这也就是孟子所谓的大丈夫"贫贱不能移"的人格境界。贫贱困苦本身并不能给人快乐，所乐的是能够身处其中而心志依然坚定不移，执着于自己的追求而无滞无碍。仅仅安于贫困却胸无大志，那是愚昧无知和不求进取的表现。真正的"君子""雅士"虽然生活环境不尽如人意，但却能够超越物质生活的艰辛和困顿，执着于道，不断提升自己的人格精神。这样，内心世界的丰盈完满就能够弥补物质生活的匮乏。据《论语·卫灵公》记载，孔子师徒绝粮于陈时，子路非常愤激地问："君子亦有穷乎？"孔子答道："君子固穷，小人穷斯滥矣。"这就是说君子执中，"兼德而至"（刘劭《人物志·九征》，无过无不及，当行而行，身处困厄而矢志不移，无怨无悔。但就"小人"而言，则富贵都不能填补其心灵的空虚，因而快乐永远与他们无缘。所谓"君子坦荡荡，小人长戚戚"（《论语·述而》）。并且，对于成就理想人格来说，"千锤百炼出深山，烈火焚烧只等闲"，环境的险恶、生活的磨难反而有助于意志的坚定、心性的完善。所以孟子讲："天将降大任于斯人也，必先苦其心志，劳其筋骨，饿其体肤，空乏其身，行拂乱其所为，所以动心忍性，增益其所不能。"（《孟子·告子下》）当然，"文雅"说所谓的"君子固穷"，只是就人的精神面貌而言，要求人们心气平和，保持心灵的充实，人穷志不穷，"交亲而不比，言辩而不辞……宽而不僈，廉而不刿，察而不激，直立而不胜，坚强而不屈，柔以而不流（同于流俗）"（《荀子·不苟》）；穷而不失其志，要求人们不要走极端，要防止过度，而并不主张刻意追求生活上的贫困，不求进取。事实上，中国古代哲人也相当重视物质生活的丰裕。如孔子就曾宣称："富而可求也，虽执鞭之士，吾亦为之。"（《论语·述而》）就是说，要是能够求得富贵的话，即使是干执鞭坠蹬的贫贱差事，我也愿意。因此，孔子被围困于陈蔡之野，弟子们怨声载道，孔子犹欣然而笑对颜回说："颜回，你家中如果富有，我愿意到你家去做管家！"（见《史记·孔子世家》）在日常生活中，孔子也有适有度，十分讲究。他认为，穿衣，夏要有夏衣、冬要有冬装，工工整整，"当暑，袗絺绤，必表而出之。缁衣羔裘，黄衣狐裘"，色彩、内外都要配套，而且"必有寝衣，长一身有半"。吃饭，色香味要俱佳，肉败、色恶、味不好闻的饭菜不吃，酱油放得过多或过少都不吃，甚至肉割得不方正也不吃，酒肉也必不可少（参见《论语·乡党》）。可见，孔子是很知衣食住行之乐，很会享受生活的人。不过，富贵终究是身外之物，是外在于己的。孔子对待富足生活，如同对待贫困生活的态度一样，都是以涵养性情、造化人格为前提和目的的，因此，他特别强调说："不义而富且贵，于我如浮云。"（《论语·述而》）反对并唾弃为富不仁。孟子曾强调指出，真正的仁人君子大丈夫雅士不但应该做到"贫贱不能移"，而且更应该做到"富贵不能淫"。同时，两方面相比较而言，富贵比贫贱更能考验一个人的人格，这也就是中国哲人所谓的"近之而不染者尤洁"（《菜根谭》），以及程颢诗《秋日偶成》中所云："富贵不淫贫贱乐，男儿到此是豪雄。"（《明道文集》卷一）显而易见，贫也好，富也罢，都是培养"文雅"精神境界的外在环境。无论自身处于何境，内心都应有一个持久而伟大的理想和信念，这样，你就可以以乐观向上的情怀面对人生。安于贫富，这是"文雅"人格境界的基本要求，更高的境界是无论富贵贫贱，都拥有一颗融洽和乐的心灵。子贡曾问孔子："贫而无谄，富而无骄"怎么样，孔子回答道："可也。未若贫而乐，富而礼者也。"（《论语·学而》）"无谄""无骄"可以说是做到了"正"，但还不算达到了"中"，即"雅"，"贫而乐，富而礼"才算真正达到温和中庸文雅之境。《中庸》讲："君子素其位而行，不愿乎其外。素富贵，行乎富贵；素贫贱，行乎贫贱；素夷狄，行乎夷狄；素患难，行乎患难；君子无入而不自得焉。""自得"就在于"素其位"，不怨天尤人，不狂妄，不狷介，不以物喜，不以物悲，这是一种豁达乐观、超凡脱俗、温文尔雅的人生态度。"自得"也在于"不愿乎其外"，而以性情精神的平和怡然自乐，即《中庸》所谓的“反求诸其身”的自得之乐。故而，孟子认为，“反身而诚，乐莫大焉。”（《孟子 · 尽心上》）“反身”之乐是对感性生活的超越。有一次，孔子问弟子子路、冉有、曾皙、公西华各自的志向是什么。子路以“千乘之国……加之以师旅”为志向，冉有回答说希望能治理好小国使民富足，公西华则“愿为小相”，即当个祭师，也就是礼赞先生。孔子听了都不甚满意，这时一直在鼓瑟自娱的曾皙回答说，自己的理想人生境界是“莫春者，春服既成。冠者五六人，童子六七人，浴乎沂，风乎舞雩，咏而归”。孔子听后，喟然长叹说：“我赞成曾皙的志向啊！”（《论语 · 先进》）宋代理学家二程解释说，其他三人都不能超脱于外在的功名利禄，不懂得礼义治国的道理，唯有曾皙的特立独行、挥洒自如显示出尧舜气象，故而深得孔子之志。朱熹也表达了相似的观点，认为曾皙言志“不过即其所居之位，乐其日用之常，初无舍己为人之意。而其胸次悠然，直与天地万物上下同流，各得其所之妙，隐然自见于言外。视三子之规规于事为之末者，其气象不侔矣。故夫子叹息而深许之”（《论语集注 · 先进》）。真正超越了功名利禄、物质环境等世俗杂念的羁绊，就可以以超迈旷达的态度对人对己，以超迈旷达的情怀拥抱世界。“学而时习之，不亦说乎？有朋自远方来，不亦乐乎？人不知而不愠，不亦君子乎？”（《论语 · 学而》）为远方朋友的到来而欣喜，不因他人的误解而烦恼，是以旷达品格对人；乐于学习，是以旷达品格待己。与道家“为学日损”的看法相反，中国古代儒家学者认为，要提高品行，必须不断学习。以学习为乐事，是用不着头悬梁锥刺股的，“知之者不如好之者，好之者不如乐之者”（《论语 · 雍也》），学习真正成了自己兴趣之所在，入了迷，自然就会“发愤忘食，乐而忘忧”，甚而“不知老之将至”（《论语 · 述而》），哪里还有什么厌倦疲惫可言呢？

通过学习思考修养，人的内心世界不断地充实丰富，人的品格情操也逐渐臻于仁智之境，心灵境界也随之获得提升，从而达到学习的终极目的，即“成人”，成为真正的人，温文尔雅、文质彬彬、自觉于道的人。自觉的人是仁人，是雅士，是智者，是充满快乐达到“文雅”之境的人。孔子说：“知者乐水，仁者乐山；知者动，仁者静；知者乐，仁者寿。”（《论语 · 雍也》）智者能达于理事而周流无碍，就像水性流转无滞一样；智者从容行事，游刃有余，故常乐；仁者笃于义理，执于中道，贫贱不移，富贵不淫，沉静巍峨如山，不忧不惧，故长寿。对仁智之乐，孟子也有自己的表述。他认为“君子有三乐”：第一乐是人伦之乐；第二乐是内心的融洽，“仰不愧于天，俯不怍于人”；第三乐是“得天下英才而教育之”（《孟子·尽心上》）。这其中既有“仁”之乐，也有“智”之乐；既是“仁”之境，更是“雅”之境。受儒家哲学的影响，中国人泛爱生生，以仁为生之本，而“仁”即温润柔和、宽厚博大，故而中国人总是以文雅大度、豁达超脱的态度面对人生，面对社会，追求一种健全充实的人格。社会人生的美就是生之美。德配宇宙，则能得万物生生之理，以直达宇宙生命本源，体验到生之美。这从古代哲人对音乐的重视中也可以看到。中国古代哲人文雅旷达精神境界的涵养挥发，是与他们对音乐的挚爱分不开的。儒家把“乐”作为君子必修的六艺之一，推崇“雅乐”。孔子对音乐就极有研究，他精通乐理韵律，善于咏唱弹奏。音乐给孔子的生活增添了无穷的乐趣。即使在身处厄境，不见用于卫，拘留在匡，遇险于宋，绝粮于陈蔡以致弟子们都愁眉不展之际，他也能心安情怡，“讲诵弦歌不衰”（《史记·孔子世家》）。孔子还具有很高的音乐鉴赏品位。当他在齐国听到了《韶》乐时，认为《韶》乐尽善尽美，无与伦比，惊叹：“不图为乐之至于斯也！”（《论语·述而》）以至于心醉神迷于《韶》乐，三个多月不知肉的香味。“乐”之所以如此感人至深，是因为在中国古代哲人看来，“乐”能使人心平和温润。老子云：“音声相和。”（《老子》二章）《国语·郑语》云：“和乐如一。”《荀子·乐论》也云：“乐也者，和之不可变者也。”《礼记·乐记》则云：“乐者，天地之和。”“乐”能使天人关系、人际关系和谐；能调和人的心理状态，使人的情感、情绪通过“雅乐”的陶冶，而获得平和宁静，故而，《礼记·乐记》指出：“致乐以治心，则易、直、子（即慈，从朱熹说）、谅之心油然而生矣。易直子谅之心生则乐，乐则安，安则久，久则天、天则神。天则不言而信，神则不怒而威，致乐以治心者也。”这就是说，“乐”的审美功效在于“治心”，使人心洋溢生生之喜悦，内心油然而生真挚、慈爱、宽容之情，从而使整个社会安定，人与人之间亲和友善。所谓乐无二理、人心皆一，守一以拟定其和，杂比以显饰其节，及其斐然成章，则可以合和人伦，附亲万民，而产生巨大的亲和力与凝聚力。故而“致乐”的美学精神就是“执中”“适中”“中和”。《吕氏春秋·适音》解释得好：“（乐）太巨、太小、太清、太浊，皆非适也。何谓适？衷（中）

音之适也……衷（中）也者，适也。以适［心］听适［音］，则和矣。乐无太平，和者是也。”“乐”的审美规范就是“和”，只有达到“中”，才能达到“平”。达到“中”“平”，才能“和”。而“和”就是“文雅”。故而，中国古代哲人认为，音乐之本“在于人心之感于物”，它能够通顺伦理，调和性情，正心诚意，使俗情尽去，所谓“君子以钟鼓道志，以琴瑟乐心”（《荀子·乐论》）。乐道心声，乐养心性，“故乐行而志情，礼修而行成，耳目聪明，血气和平，移风易俗，天下皆宁，美善相乐”（同上）。音乐教化人心，使人去掉鄙陋的东西，以心灵雅洁，从而才能进入“雅正”之境。所谓“礼别异，乐求同”“乐由中出，礼由外作”（《礼祀·乐记》），内外相谐，增益文明，培育人的道德情怀，从而达到天人合一之中和温润境界。正因为音乐有这样巨大的德化功用，所以，中国古代儒家哲人特别看重音乐，特别重视“乐”的潜移默化功能和“适中”“中和”的审美效应，强调“乐”的审美教化作用。这与墨家、道家执于一端，窒欲苦行或蔑弃礼教，极力排斥否定音乐形成鲜明的对比。难怪林语堂说：“孔子对教育与音乐的看法，其见解、观点是特别现代的。”[①] 对音乐的重视也强化了儒家推崇“雅乐”、追求“雅正”之境的美学精神。

的确，“文雅”说重视人的人格品性修养，追求心灵的中和温雅以及人伦秩序、天人秩序的和谐适中，文雅有致。进入文雅之境，就能“使之阳而不散，阴而不密，刚气不怒，柔气不慑”，温柔敦厚，中正和平，以礼节情，自强不息，积极勇敢，超迈旷达地面对人生。中国人执着于现实人生，认认真真做人、和和乐乐处世的精神，已经成为中国人的普遍意识，时时刻刻影响着中华民族的人生美学精神。

第三节 “文质彬彬”说的历史沿革

从文艺学方面来看，“文雅”说主张文质兼顾，文雅温润，文质彬彬，即要求文艺创作必须达到内容和形式高度统一。从现象学的构成理论来看，即

① 林语堂：《中国哲人的智慧》，中国广播电视出版社1991年版，第2页。

"文质彬彬"这种境界是纯境域构成,"文"与"质"从根本上应是境域中的"生成"与"体验",或谓"构成","文"与"质"之间是"在体验中构成自身"(胡塞尔语)。所谓"文,犹质也;质,犹文也"(《论语·颜渊》)"文犹质也,质犹文也,虎豹之鞹,犹犬养之鞹"(同上),就表明了"文"与"质"之间相互对待、相互造就的构成原则。但从中国美学史看,对这一问题还是有争论的。先秦时期,自孔子明确提出"文质彬彬"的命题后,儒家就把礼乐看作"文",仁义看作"质"。认为质实盛于文采,就不免显得粗野;文采盛于质实,则又显得虚浮,因此,提出文质兼美。显然,这种看法与现象学的构成识度是一致的。而墨子则主张"先质而后文"。当然,就其实质而言,墨子还是强调文质并重的。只有法家从其法术功利主义立场着眼,主张重质轻文。这就与构成理论有所不同,而西方传统形而上学就与经验主义的方法论相接近了。这以后,中国美学史上就一直存在着两重观点。

一、《淮南子》的"重质轻文"论

汉代,《淮南子》尚雅,继承并融合先秦时期儒墨两家哲人所强调与提倡的"文质并重""重质轻文""先质后文"的观点,主张:"锦绣登庙,贵文也;圭璋在前,尚质也。文不胜质,之谓君子。"(《缪称训》)认为君子应当"尚质",也就是文采雕饰不能超过实质内容。并以自然之物作譬喻,说:"巧冶不能铸木,巧工不能斫金者,形性然也。白玉不琢,美珠不文,质有余地。"(《说林训》)指出"质有余"是美的根本,不用雕琢文饰,而且质朴之美是先天的、不可更改的,所谓"形性然也",表述的就是这一观点。同时,《淮南子》还突破了先秦时代"文质"论中一般过分注重礼乐制度、道德伦理的局限,把隆重的意蕴情性注入到"文质"论里面,极大地充实了"质"的内涵,指出:"夫声色五味,远国珍怪,瑰异奇物,足以变心易志,摇荡精神,感动血气者,不可胜计也。夫天地之生财也,本不过五,圣人节五行,则治不荒。凡人之性,心和欲则乐,乐斯动,动斯蹈,蹈斯荡,荡斯歌,歌斯舞,歌舞节则禽兽跳矣。人之性,心有忧丧则悲,悲则哀,哀则愤,愤则怒,怒则动,动则手足不静。人之性,有侵犯则怒,怒则血充,血充则气激,气激则发怒,发怒则有所释憾矣。故钟鼓管箫,干鏚羽旄,所以饰喜也;衰絰苴杖,哭踊有节,所以饰哀也;兵革羽旄,金鼓斧钺,所以饰怒也。必有其质,乃为之文。”(《本训经》)“且喜怒哀乐，有感而自然者也。故哭之声发于口，涕之出于目，此皆愤于中而形于外者也。”(《齐俗训》)，人的“喜怒哀乐”是“有感而自然”，相对于“形于外者”的艺术表现而言，是内在的意蕴和意旨（即“愤于中”的“中”。案高诱注释“愤”云:“充实于内。”)，也就是“质”。这个“质”，是先于“文”而存在的，所以说：必有其质，乃为之文。换言之，必须先有真实的“喜怒哀乐”，然后“乃为之文”。这里所谓的“文”也就是“雅化”。在《淮南子》看来，“雅”必须建立在“质”的基础上，要以具有艺术生命活力的人的情感为“质”，从而其“文”，即“雅”，才具有生机，才鲜活而魅力四射。应该指出，在文与质两者相对的天平上，在审美意旨和艺术表现，即“雅化”两个层面的评判上,《淮南子》并没有将两者辩证统一，以达到完善谐和的高度，而是有所偏重于“质”，对“文”，即“雅化”，则有所保留，说:“鼓不灭于声，故能有声；镜不没于形，故能有形。金石有声，弗叩弗鸣；管箫有音，弗吹无声。圣人内藏，不为物先倡，事来而制，物至而应。饰其外者伤其内，扶其情者害其神，见其文者蔽其质。无须臾忘为质者，必困于性；百步之中，不忘其容者，必累其形。故羽翼美者伤骨骸，枝叶美者害根茎；能两美者，天下无之也。”(《诠言训》)这种所谓“饰其外者伤其内，扶其情者害其神，见其文者蔽其质”，是缺乏依据的，因为文与质，以及外与内、情与神不是截然对峙的，而是相互依托、相辅相成、辩证统一的。因而“能两美者，天下无之”的观点，也是缺乏理论依据的。《淮南子》在表述其文质关系的观点时指出:“神越者其言华，德薄者其行伪。……周室之衰，浇淳散朴，杂道以伪，俭德以行，而巧萌生。周室衰而王道废，儒墨乃始列道而议，分徒而讼。于是……弦歌鼓舞，缘饰《诗》《书》，以买誉于天下。”(《淑真训》)抨击儒家的《诗》《书》是“言华”，而“言华”就是“行伪”的直接产物，其根由则是道之伪、之行而使“巧萌生”。可见,《淮南子》的“雅化”论主张“尚质”，反对“言华”。同时，又说:“今夫《雅》《颂》之声，皆发于词，本于情……故无声者，正其可听也；其无味者，正其足味者也。吠声清于耳，兼味快于口，非其贵也。故事不本于道德者，不可以为仪；言不合乎先王者，不可以为道；音不调乎《雅》《颂》者，不可以为乐。”(《泰族训》)这是从儒家政治教化审美意识出发，对其“尚质”、反对“言华”的“雅化”论做的一点修正，承认《雅》《颂》的创作与演示，是“发于词，本于情”，而且以此为准则，评判文艺创作活动。认为诗歌创作应尚雅，应以“合乎先王”为审美追求。

二、刘向、扬雄的“文质兼美”论

刘向的“文质”论则主张重质轻文与文质皆美。刘向对“文”与“质”之间相互关系的论述，掺杂了先秦诸子雅俗论中有关文质之间相互关系的各种说法。他说：“墨子曰：‘故食必常饱，然后求美；衣必常暖，然后求丽；居必常安，然后求乐。为可长可久，先质而后文，此圣人之务。’”（《说苑·反质》）又说：“孔子曰：‘吾思夫质素。……丹漆不文，白玉不雕，宝珠不饰’，何者？质有余者，不受饰也。”（同上）还说“重礼不贵物也，敬实而不贵华……是以圣人见人之文，必考其质……圣人抑其文而抗其质……君子虽有外文，必不离内质矣。”（同上）主张先质后文、重质轻文，甚至只要质不要文。这些观点，几乎和先秦道、墨、法的“文质”论如出一辙，也和汉代经学家的一些思想相接近。不过，刘向毕竟博览群书，精通典籍，比较注重现实，因此在实际运用中，他还是主张文质之间相互构成的，推崇文质并重、文质皆美。他说：“孔子曰：‘何也简？简者，易野也；易野者，无礼文也。’”“孔子见子桑伯子，子桑伯子不衣冠而处。弟子曰：‘夫子何为见此人乎？’曰：‘其质美而无文，吾欲说而文之。’孔子去，子桑伯子门人不说，曰：‘何为见孔子乎？’曰：‘其质美而文繁，吾欲说而去其文。’”“故曰：文质修者，谓之君子，有质而无文，谓之易野。子桑伯子易野，欲同人道于牛马。”（《说苑·修文》）“德弥盛者文弥缛，中弥理者文弥章……《诗》云：‘雕琢其章，金玉其相。’言文质美也。”（同上）刘向在这里继承孔子的“文质”说，并发挥孔子“有德者必有言”的观点，尚雅崇雅，提倡饰之以“礼文”，反对“野”“俗”，主张“文”“质”构成、并重、兼修、皆美。

扬雄的“文质”论反对过分的文饰华藻。同时，结合文艺审美创作实践经验，他也主张“文”“质”相互构成，主张“文质班班，万物粲然”（《太玄文》），指出“文质”之间应辩证统一。他说：“文以见乎质，辞以睹乎情。”（《太玄·玄莹》）而且也认为必要的“雅化”是不可缺少的，即使经典亦如此。他说：“或曰：‘良玉不雕，美言不文，何谓也？’曰：‘玉不雕，玙璠不作器；言不文，典谟不作经。’”（《法言·寡见》）所以，他主张在礼的规范内必须

"雅化"，以使文质统一，"华实相符"。

三、王充的"文质相称"论

王充主张"文""质"之间应该"构成"，强调文学创作必须"名实相副，文质相称"。在《论衡》中他经常以"内外"或"华实"之名来谈"文质"关系，使两者的关系更显得生动形象。对文与质的关系，王充继承了先秦儒家的观点，而又有发展。他说："文质之法，古今所共。"（《齐世篇》）又说："名实相副，犹文质相称也。"（《感类篇》）这里所主张的"文质相称"，和孔子所主张的"文质彬彬，然后君子"（《论语·雍也》）审美意识相似，即要求表现形式与意蕴相统一，文质相宜、合变，以达"中和"之境，也即"雅"境。当然，先秦的文质论一般来说是宽泛的，并非特指表现与意蕴。王充所处的东汉时期，文艺创作较之先秦有了长足的发展，特别是辞赋创作的兴盛，提供了正反两方面的教训，使王充得以在丰富的文艺创作实践经验基础上进行理论总结。他说："有根株于下，有荣叶于上；有实核于内，有皮壳于外。文墨辞说，士之荣叶皮壳也。实诚在胸臆，文墨著竹帛，外内表里，自相副称，意奋而笔纵，故文见而实露也。人之有文也，犹禽之有毛也。毛有五色，皆生于体。苟有文无实，是则五色之禽，毛妄生也。……论说之出，犹弓矢之发也；论之应理，犹矢之中的。夫射以矢中效巧，论以文墨验奇，奇巧俱发于心，其实一也。……心思为谋，集札为文，情见于辞，意验于言。……笔墨之文，将而送之，岂徒雕文饰辞，苟为华叶之言哉？精诚由中，故其文语感动人深。是故鲁连飞书，燕将自杀；邹阳上疏，梁孝开牢。书疏文义，夺于肝心。"（《超奇篇》）还说："贤圣定意于笔，笔集成文，文具情显。"（《佚文篇》）又说："夫人有文质乃成。物有华而不实，有实而不华者。《易》曰：'圣人之情见乎辞。'……文辞施设，实情敷烈。夫文德，世服也。空书为文，实行为德，著之于衣为服。故曰：'德弥盛者文弥缛，德弥彰者文弥明。'……愚杰不别，须文以立折。非唯于人，物亦咸然。……物以文为表，人以文为基。"（《书解篇》）王充在这里所述的文质关系，是从其"文质相称"的雅化论出发，对"文"与"质"两方面的关系，从各个不同的层面进行阐释。首先，主张先质后文。在王充看来，"实""诚""情""意"是内在的，是质；而"荣叶""文辞"是外在的，是"文"。"意奋笔纵"，"精诚由中，故其文语感动人深"，有内在的质、意蕴，然后才有“笔纵”，即进行“雕文饰辞”的“雅化”过程。此外，王充还善于运用生动形象的比喻，如用“根株”与“荣叶”“核实”与“皮壳”“羽毛”与“肢体”的关系，来阐述文与质，亦即“雅化”中审美表述与审美意蕴，以及作品的审美风貌与创作者主体人格品质的关系。同时，他还对一味追求“好文”“丽辞”的现象进行了尖锐的批评，其立足点也正是基于“人主好文，佞人辞丽……外内不相称，名实不相符”（《答佞篇》）。说“人主好文”，是委婉地劝讽君王轻质；说“佞人丽辞”，则严厉指责无德无质的幸臣。其次，主张文具情显。王充并没有像前人那样坚持重质轻文的片面之论（如前述《淮南子》就有重质轻文的倾向），而是在重质的基调上，给予文以充分的肯定。“人以文为基”，说明文和质一样，不可或缺。在王充看来，这是构成当时主流社会成员的基本条件之一。“人无文则为仆人”（《书解篇》），“仆人”就是俗人，也就是为主流社会所排斥的下等人、没有文明与道德修养的粗野人。的确，只有雅人，才可能有雅文，人若无文，恐怕不能融入主流社会，也不能与人很好地交流。可见，王充是十分重视“文”与“质”的相互关系的。他说“文语感动人深”，“文具情显”，指出“文”，即“雅化”的功效是相当大的。又说“夫华与实俱成也，无华生实，物希有之。……文章之人，滋茂汉朝者”（《超奇篇》），说明是华生实，而“无华生实”是极为罕见的。与此理相同，没有文，质也无法表现出来。再次，主张文质兼顾。王充认为，“文”与“质”之间存在着相互依存、相辅相成的辩证关系，“人有文质乃成”，“文由胸中出，心以文为表”（《超奇篇》）。外在的艺术形式是内在意蕴的表述；而内在的审美意旨之表现，非得借助外在的艺术形式，而且必须讲求“文”，即“雅化”。应该说，王充“文质”论中对文质关系的各个方面的认识是全面的，具有独到的创见，对后来刘勰《文心雕龙·情采篇》所说的“文附质”“质待文”，主张“文不灭质”“衔华佩实”等审美观念的形成有深刻的影响。

四、王符的“文质并重”与“重质轻文”论

王符主张尚雅隆雅。他认为，诗赋创作在意蕴意旨上应当遵循道德规范，颂扬“善丑之德”，因此，应重质轻文。他说：“物之然否，非其文也，必以其质也。”同时，他又认为“文”与“质”之间是相互构成，文学创作应该

在具体表现方面切合诗赋的艺术特点。他说:“诗赋者，所以颂善丑之德，泄哀乐之情也。故温雅以广文，兴喻以尽意。今赋颂之徒，苟为饶辩屈蹇之辞，竞陈诬罔无然之事，以索见怪于世。愚夫戆士，从而奇之，此悖孩童之思，而长不诚之言者也。”(《潜夫论·务本》)，所谓“温雅以广文”，既包含对作者道德修养的要求，也揭示诗赋这类文体艺术风格的特征。“兴喻以尽意”，这是阐明诗赋艺术创作上的特点。“兴喻”为文艺表述手法，指运用比兴、譬喻的方法。“尽意”，可以说是对传统审美观念的一点突破，但又不离儒家传统“风雅”说之本。易传云:“书不尽言，言不尽意。”又说:“圣人立象以尽意。”(《周易·系辞上》)在易传的作者看来，一般的书面语和口语是无法“尽意”的，因此圣人只有借助于卦象得以“尽意”。王符把卦象以“尽意”中所体现的美学思想引申为物象或诗的意象，强调审美创作必须通过比兴、譬喻等表述手法，以创造生动感人的意象，以之“尽意”。

王符的“兴喻以尽意”说，脱胎于易传的“圣人立象以尽意”说，但他更进一步切合诗赋的艺术特性，并且把“尽意”的艺术表达功能从“圣人”的“特权”拉回到诗赋作家手中，通过“温雅以广文”，以文质兼美，成为可以并且应该达到的“雅化”之境。

五、魏晋时期文论家的文质论

建安时期的其他文艺理论家对雅化论中的文质问题也有论述。如阮瑀、应玚都名列“建安七子”。阮瑀在《文质论》中主张重质轻文，应玚则予以反驳，认为文、质各有所用，而倾向于重文轻质。应玚说:“且少言辞者，孟僖所以不能答郊劳也。寡智见者，庆氏所以困《相鼠》也。”这里所引的都是春秋时代的典故。“孟僖”句说的是孟僖陪同鲁昭公访问楚国。楚国国君在郊外迎接慰劳，然而孟僖子却不能以礼相谢。这之后，他非常懊悔自己不精通礼仪，于是便努力学习，临终前还要求自己的儿子向孔子习礼。这就是“少言辞者，孟僖所以不答郊劳”典故的由来，其意思是说明，外交场合的言谈举止，需要礼节周到，温文尔雅，诗文创作就更不能缺少文彩，由此可见“文”之于“质”的重要性。“庆氏”句则指的是春秋时期，齐国庆封出使鲁国，鲁国叔孙设宴招待，庆封态度轻慢不敬，叔孙便赋《诗经·鄘风·相鼠》讽刺他，诗中有“人而无礼，胡不遄死”之句，而庆封竟木然不知，成为当时的笑柄。这也是强调“文”的重要性。阮瑀在《文质论》中往往把“重质轻文”的观点推向极端:“若乃阳春敷华，遇冲风而陨落；素叶变秋，毁究物而定体。丽物苦伪，丑器多牢。华璧易碎，金铁难陶。”这里意在说明“文”往往华而不实，“质”虽没有动人的外表，但很利于致用。

与阮瑀的文质论相反，应玚则主张“重文轻质”。他在其《文质论》中说:“若夫和氏之明璧，轻縠之袿裳，必将游玩于左右，振饰于宫房，岂争牢伪之势、金布之刚乎？”显然，他着重强调的是“文”，表现出浓烈的“重文轻质”的审美情趣。显然，阮瑀的“重质轻文”说失之偏颇，应玚的“重文轻质”说则代表了其时审美情趣的取向。后来，刘勰在《文心雕龙·时序》中对“文质”的争论做了理论上的总结，认为:“时运交移，质文代变。”又说:“质文沿时。”说明不同时代，人们的审美情趣有着不同的取向，对文艺创作来说也是如此。

挚虞尚雅卑俗，说:“今之赋，以事形为本以义正为助。”所谓“义正”的“正”，即《诗大序》所谓的“雅者，正也”《文心雕龙·诠赋》。所谓“丽辞雅义，符采相胜”，就是挚虞“义正”的意思。挚虞推崇“以情义为主，以事类为佐”的“古诗之赋”，而反对“以事形为本，以义正为助”的“今之赋”。事实也确实如此，汉兴以来许多体物的赋，以追求表现形式的华丽美观为主，轻质重文。后世的批评家一般都指出这一点，然而挚虞的贡献在于，他指出这些文风在艺术传达方面的更深层次的根由，即“情义”与艺术传达的因果关系:“情义为主，则言省而文有例。”可见，挚虞认为言辞简洁明了、行文流畅有序是作者在创作过程中贯彻“情义为主”的必然结果。而以堆砌事形为主的作家，尽管在表面上看，言辞富丽，但实质上“辞无常”，既没有把握到艺术传达准则，也没有表明意旨情性，因而在内在的情感、逻辑结构和表达情义、事理等方面是无序的、混乱的。

魏晋时期的文质兼美的审美观突出地表现在文体雅化论上，挚虞就是其中的一个代表人物，他说:“古之诗有三言、四言、五言、六言、七言、九言。古诗率以四言为体，而时有一句二句杂在四言之间，后世演之，遂以为篇。……夫诗虽以情志为本，而以成声为节。然则雅音之韵，四言为正；其余虽备曲折之体，而非音之正也。”(《艺文类聚》五十六）显然，挚虞的文体雅化论与儒家正统的“文质”论是一致的。值得注意的是，在强调文质兼美的基础上，挚虞还注意到了不同时代有不同时代的文体雅化特点。他指出“文辞之异，古今之变也”（见《艺文类聚》五十六），对诗歌文辞表达上的变异，以及“六诗”——风、赋、比、兴、雅、颂的发展变化，论述得比较恰当，虽然在他看来，“雅音之韵，四言为正”，认为只有四言诗才是正宗的“雅乐”。对此章炳麟说得好：“语曰：‘在心为志，发言为诗。’此则吟咏情性，古今所同。而声律调度异焉。魏文侯听今乐则不知倦，古乐则卧。故知数极而迁，虽才士弗能以为美。《三百篇》者，四言之至也。在汉独有韦孟，已稍淡泊。下逮魏氏，乐府独有《短歌》《善哉》诸行为激昂也。自王粲而降，作者抗志，欲返古初，其辞安雅。而惰驰无节者众，若束皙之《补亡诗》，视韦孟犹登天。嵇、应、潘、陆，亦以牿竆。‘悠悠大上，民之厥初’，‘于皇时晋，受命既固’，盖庸下无足观，非其材劣，固四言之势尽矣。”这种观点正好可以修正挚虞隆雅崇雅文体雅论的不足之处。

在挚虞之前，关于文体雅俗论，曹丕只简约地讲过“奏议宜雅，书论宜理，铭诔尚实，诗赋欲丽”。陆机在《文赋》中指出：“理扶质以立干，文垂条而结繁，信情貌之不差，故每变而在言。”“要辞达而理举，故无取乎冗长。”“其为物也多姿，其为体也屡迁，其会意也尚巧，其遣言也贵妍。”强调文质并重，情貌不差，辞达理举，为物多姿，为体屡迁，意巧言妍。在文体方面，则指出：“诗缘情而绮靡，赋体物而浏亮，碑披文以相质，诔缠绵而凄怆，铭博约而温润，箴顿挫而清壮，颂优游以彬蔚，论精微而朗畅，奏平彻以闲雅，说炜晔而谲诳。”对各类文体的“文”与“质”之间的关系和审美风貌都略举其大端。到挚虞，则在其《文章流别集》中加以具体地“论”述，遵照审美创作的实际情况把文体雅化特点区分得更细致、更具体、更有系统性。他在“论”中吸取、总结、概括前人文体雅化论的观点，把各种文体的文质关系及其审美风貌加以更加深入的探讨和发挥。

萧统也继承了先秦儒家美学的尚雅精神，隆雅尊雅。他把“文”即“人文”的起源推前到圣人在远古创造的“画八卦，造书契”，说明“结绳之政”的结束、文明时代的开始是以“文”为标志的。但同时，他又突破了儒家传统的束缚，在《文选序》中指出：“文之时义，远矣哉！若夫椎轮为大辂之始，大辂宁有椎轮之质？增为积水所成，积水曾微冰之凛，何哉？盖踵事而增华，变其本而加厉。物既有之，文亦宜然；随时变改，难可详习。”由此可见，萧氏的“文质”观还是以文质并重为核心。时代不断进步，万物“随时变改”，因此，“物既有之，文亦宜然”是发展的必然规律；而“文”的发展主要表现在“踵其事而增华，变其本而加厉”，实际上指的是诗文作品不断丰富，意蕴内涵不断扩充，艺术风格呈现多样化，文质之间的关系也应多元化。他提出的所谓“增华”“加厉”，正是晋宋以来文体风格追求雅化、日趋华彩的真实写照。总的来讲，在他看来，诗文创作从质朴简古到文饰雕琢、典雅华丽的变化，是社会进步的必然，只是在程度上有差异罢了。

在“文”“质”之间的构成问题上，萧统主张“丽而不浮，典而不野”的文质兼备论。他指出：“夫文典则累野，丽亦伤浮。能丽而不浮，典而不野，文质彬彬，有君子之致。吾尝欲为之，但恨未遒耳。”（《答湘东王求文集及诗苑英华书》）这里就推崇文质兼备。当然，就其实质而言，所谓“能丽而不浮”，毕竟和先秦儒家的“文”有着差异，这差异实际上是时代风尚的变迁。晋宋以来诗文创作和审美鉴赏呈现推崇华丽雕饰的倾向，这种审美取向自然会影响萧统，因此他的文质兼备论在具体的审美品评中也表现出重文、讲究辞藻的审美意趣。这点，我们可以从他为《陶渊明诗集》所作的“序”中得到证明。在《陶渊明集序》中，他说：“有疑陶渊明之诗，篇篇有酒，吾观其意不在酒，亦寄酒为迹者也。其文章不群，辞彩精拔，跌宕昭彰，独超众类，抑扬爽朗，莫之与京。横素波而傍流，干青云而直上。语时事则指而可想，论怀抱则旷而且真。加以贞志不休，安道苦节，不以躬耕为耻，不以无财为病。自非大贤笃志，与道污隆隆，孰能知此者乎！”他不但赞赏陶渊明的高尚情操，更看重他的“文章不群，辞彩精拔，跌宕昭彰，独超众类”。因此，萧统的雅俗观可以说是在文质兼备的前提下推崇“雅化”，和重文轻质的主导思想下讲究“雅化”不同。同时，必须指出，萧统赏识陶渊明的“文章”“辞彩”，是立足于其道德情操的。他说：“尝谓有能观渊明之文者，驰竞之情遣，鄙吝之意祛，贪夫可以廉，懦夫可以立，岂止仁义可蹈，抑乃爵禄可辞，不必傍游泰华，远求柱史。”（同上）从这种“诗品出于人品”的品评方法来看，萧统还是坚持先秦儒家诗教传统的。这方面，萧统之弟萧纲的看法有所不同，在萧纲看来，“立身之道，与文章异。立身先须谨慎，文章且须放荡”（《诫当阳公大心书》）。萧纲意在摆脱传统儒家思想的束缚，故而其“雅化”论特别注重文学创作的艺术化特点，但把立身的道德情操和创作放荡割裂开来，只会使创作活动和审美品评走向歧途。继其兄萧统之后，萧纲在其时文坛上占有特殊地位。他坚持“风雅”传统，批评当时的文学创作在艺术传达方面“懦纯”“浮疏”“阐缓”、软绵舒缓，缺少清新爽朗的风貌。他认为，真正的诗作，应当运用“比兴”表现方法，不然就是背离了“风骚”的旨趣。他还指出，要善于学习前辈诗人。一方面要学习前辈诗人的优秀作品的雅化传统，同时也要细心体味名作的构思与创意，因为前人的优秀作品都具有创新的精神，所以，“观其遣辞用心，了不相似”（《梁书·庾肩吾传》）。为此，他甚至主张不以古代圣人为师，“若昔贤可称，则今体宜弃”，反对泥古不变，倡导以古代有才情的作家作品为学习的楷模。同时，萧纲还指出，为文有“文笔”之分，不同文体，“文质”关系也有所不同。从其对裴子野的批评中，可以看出萧纲对于属于“文”的文学类艺术作品的审美特性与属于“笔”的非文学类艺术作品的审美特点有着比较深刻的认识。他说：“裴氏乃是良史之才，了无篇什之美。”又说：“师裴则蔑绝其所长。”这里有两层意思。首先，历史类文学作品不像文学类艺术作品那样讲求感官上的审美，它有自身的特点和要求，认清并做到这一点，便是“良史”。其次，两者比较，在语言的运用方面并无此优彼劣、一长一短的绝对化划分，而是各有自身的优劣、短长，学习前人都要扬长避短，取其精华，去其糟粕。

此外，和萧统一样，萧纲极为欣赏陶渊明的作品，“置几案间，动辄讽味”。陶诗的艺术风格比较质朴，跟晋宋以来注重辞采的风气形成鲜明的对比。由此可见，萧纲虽然批评“裴亦质不宜慕”，并不表明他一概反对“质”，而是主张艺术风格和艺术表现手法应多样化。萧纲主张文质结合，文质并重，并由此出发，对诗歌创作中艺术表达问题发表自己的看法，说：“又若为诗，则多须见意。或古或今，或雅或俗，皆须寓目，详其去取，然后丽辞方吐，逸韵乃生。”（《劝医论》）所谓“见意”，是指诗歌创作的审美意旨与审美意象的展现。一般讲，艺术手法必须与审美意蕴熔铸一体，无迹无痕。然而大多数人只是从创作者的角度去阐述如何与审美意蕴密合无间，并未涉及接受者如何认同作品的审美意蕴与意象。萧纲所说的“多须见意”，则是兼顾双方，是比较周详的。接着，他又指出，不管使用什么样的艺术手法，也不管偏重哪一种艺术风格，“或古或今，或雅或俗”，都必须达到“寓目”的要求。这里所谓“寓目”，如前所说“寓目写心，因事而作”，指符合艺术意境营构的要求。“详其去取”，意思是对创作素材、艺术手法及具体的创作方法，进行必要的推敲、调整。做到这一点，“然后丽辞方吐，逸韵乃生”，创作出优秀的诗歌。这里的“丽辞”与“逸韵”并举，说明萧纲极为重视诗歌艺术的感知审美心理效果。同时，还喻示像“丽辞”“逸韵”这样的美感，并不单纯是由古、今、雅、俗等方面的某一个因素构成，而是交融的、互补的、兼蓄并收的，任何单一种类的艺术手法、单一倾向的艺术风格都不可能构成合乎时代的审美要求。

萧绎是萧统和萧纲的弟弟，他主张文质兼美，他指出，审美创作应“能使艳而不华，质而不野，博而不繁，省而不率，文而有质，约而有润”。主张文质兼顾，既要注重文采，讲求不过分，不夸饰，同时，又主张言简意深，以少总多，片言以明百意，丽而不浮，典而不野，文质彬彬，文质兼顾。这样，才能真正达到“文雅”之境。

第四章　典雅

中国美学极为重视对历史文化的认同，认为对历史文化的吸纳、学习是审美创作取得成功的保证。如刘勰就强调“积学以储宝”（《文心雕龙·神思》），指出只有“熔冶经典之范，翔集子史之术，洞晓情变、曲昭文体”，然后才能“孚甲新意，雕画奇辞”（《风骨》）；并认为“以模经为式者，自入典雅之懿”。王士祯在《带经堂诗话》中说得更为清楚：“夫诗之道，有根柢焉，有兴会焉……本之风雅，以守其源；溯之楚骚、汉魏乐府，以达其流；博之九经、三史、诸子，以穷其变；此根柢也。”对古代典籍的学习是文艺创作的“根柢”，是联系古今的纽带，必须通过“模经”“积学”，汲取前人思想精华，纳其精粹，才能进入“典雅之懿”，即进入“典雅”之境。可以说，正是这种重视历史文化积累的美学精神，才形成中国美学雅俗论中的“典雅”说。同时，雅与俗的分野，与“精英文化”和“大众文化”两种文化形态的相互对立分不开，这也正是“典雅”说的提出与构成的规定性内涵和思想基础。

第一节　释“典”

“典雅”说的提出，最早见于王充《论衡·自纪》：“深覆典雅，指意难睹，唯赋颂耳。”这里所谓的“典雅”意指古朴深奥、不易懂，带有一定的贬意。到后来，刘勰在《文心雕龙·体性》篇中说：“典雅者，熔式经诰，方轨儒门者也。”在《颂赞》中谈到颂的审美风格时又说：“原夫颂惟典雅，辞必清铄。”这里所谓的“典雅”则正式成为“雅化”论中的一个审美范畴。刘勰认为，要达到“典雅”，就应该效法儒家经典，绳墨儒家法规，即在审美意旨方面应以儒家思想为核心内容，在语言表达方面应追求平实、典重，行文风格应像经典一样浑厚、醇雅，有深厚的审美意蕴。

从语义学来看，典雅之“典”原本就是指经典著作，即那些记载被尊为准则或规范的古人教训、古代规章制度等的书。故《说文》说：“典，五帝之书也。”《玉篇》说：“典，经籍也。”清代学者俞正燮《癸巳存稿》说：“典者，尊藏之册”。《尚书·五子之歌》云：“有典有则，贻厥子孙。”孔颖达《传》云：“典，谓经籍。”从经典著作引申开来，“典”又具有常道、法则的意思。如《尔雅·释诂上》云：“典，常也。”《尚书·皋陶谟》云：“天叙有典，勑我五典五敦哉。”孔颖达《疏》云：“天次叙人伦使有常性，故人君为政，当勑正我父母兄弟子五常之教，教之使五者皆敦厚哉！”《史记·礼书》云：“定宗庙百官之仪，以为典常，垂之於后云。”可以说，正由于“典”具有经典、常则的含义，所以构成“典雅”风格，并使其表现出浓重的儒家美学经世致用的审美特色。同时，“典”的本义就是“典雅”，如《西京杂记》卷三云：“司马长卿赋，时人皆称典而萌。”萧统《答玄圃园讲颂启令》云：“辞典文艳，既温且雅。”故而就语义来看，“典雅”之“典”还有古朴、不俗的意思。王通《中说·事君》云：“沈休文小人哉，其文冶，君子则典。”又云：“君子哉，思王也，其文深以典。”这里与“典”相对的“冶”，与“野”通，意指粗俗、庸俗。《易·系辞上》曰：“慢藏诲盗，冶容诲淫。”朱骏声《说文通训定声·颐部》云：“冶，假借为野。”可见“文冶”既指文章绮丽、娇艳，又指其粗鄙，缺少文采，“典”与“冶”是相互对立的，“质胜文则野”。从隆雅崇雅的观念看，无论是“冶”，即“野”，“质胜文”还是绮丽，都意味着俗且粗，理应遭到鄙弃。因此，对“典雅”审美境界的推崇和中国文化对思想精英与经典文本的崇拜分不开。中国美学是体验美学，这种体验突出地表现为对人生的审美体验，而对经典文本的体验与对知识的体验则是整个审美体验的起点，故而中国哲人强调崇经、崇圣，经典里包容着丰富多样的知识。早在先秦时期，中国哲人就已经有了把典籍作为知识渊薮与真理依据的观念。认为古代流传下来的典籍既是“先王旧典”，具有悠久的历史和辉煌的来源，其本身具有极大的包容性，有着极为丰富的知识内容，同时也有着非常广阔的解读空间。如西周时期的"国子"，即贵族子弟，在"小学"与"太学"接受教育时，就要求"春诵夏弦""秋学礼""冬读书"与"四术""四教"，即如《礼记·王制》所记载："乐正崇四术，立四教，顺先王诗、书、礼、乐以造士，春秋教以礼乐，冬夏教以诗书。"据《左传·定公四年》记载，成王分封鲁公伯禽时，曾"分之土田陪敦，祝宗卜史，备物典册，官司彝器"。所谓"备物典册，官司彝器"，也就是"顺先王诗、书、礼、乐以道士"的"四术""四教"，所据以施教于"国子"，以培育其高尚的道德品质，增进其博雅的学识修养，故而，《庄子·天下》篇说："其在于《诗》《书》《礼》《乐》者，邹、鲁之士、绅先生多能明之。"吕思勉在解读《论语·述而》篇"子所雅言,《诗》《书》执礼"句时指出，这是"言《礼》以该《乐》，又曰：'兴于《诗》、立于《礼》、成于《乐》，'专就品性言，不言知识，故不及《书》。子谓伯鱼曰：'学《诗》乎，学《礼》乎。'则不举《书》而又以《礼》《乐》。虽皆偏举之辞，要可互相钩考，而知其设科一循大学之旧也"[①]。杨树达疏证"子所雅言、《诗》《书》执礼，皆雅言也"一句时，也指出："夫子生长于鲁，不能不鲁语。惟诵《诗》读《书》执礼，必正言其言，所以重先王之训典，谨末学之流失也。"[②]从《论语》中的记载来看，孔子教育学生的基本内容，就是《诗》《书》《礼》《乐》等典籍，并以"雅言"，即当时标准的书面语言来诵《诗》《书》、执《礼》《乐》。如前所说，孔子认为："若臧武之知，公绰之不欲，卞庄子之勇，冉求之艺，文之以礼乐，亦可以为成人矣。"在孔子看来，要"成人"，即建构成理想人格，必须是"知""不欲""勇""艺"，既具有丰富的知识积累，又具有高尚的道德情操。在如何完善文化人格的问题上，孔子认为最高的人格美是"仁"，为了培养这样一种理想的道德人格，就需要"知"，因而应该"博学于文，约之以礼"（《论语·雍也》），主张人们要"学文"以积累知识，提高思想认识，增进创作才能。孔子自己教学生也是要求学生首先学"文"，"子以四教，文、行、忠、信"（《论语·述而》）。据《礼记·经解》载，孔子云："其为人也，温柔敦厚，《诗》教也；疏通知远，《书》教也；广博易良，《乐》教也；洁静精微，《易》教也；恭俭庄敬，《礼》教也；属辞比事，《春秋》教也。"这段话具体说明了"六经"之"典"对人的修养、才学、品性、情操等心理素质的陶冶作用，指

① 吕思勉：《吕思勉读史札记》，上海古籍出版社1982年版，第458页。
② 杨树达：《论语疏证》，上海古籍出版社1986年版，第164页。

出了学习传统文化的重要意义。《论语》一书中还多处记载了孔子谈学习《诗》《书》《乐》，以积累知识，增强人的修养与能力。就《诗》而言，孔子认为学习《诗》可以培养人的表达能力，“不学诗，无以言”(《论语·季氏》)；学习《诗》可以匡正人们的思想，因为“《诗》三百，一言以蔽之，曰‘思无邪’”(《论语·为政》)；学习《诗》可以增强人的社会实践能力与审美能力，“诵诗三百，援之以政，不达，使于四方，不能专对，虽多亦奚以为？”(《论语·子路》) 总之，学《诗》“可以兴，可以观，可以群，可以怨。迩之事父，远之事君，多识于鸟兽草木之名”(《论语·阳货》)。孔子重视学习与继承传统文化，强调通过积学以丰富知识和完善道德修养。这种思想对中华民族注重对历史文化的继承与认同，推重道德人品，强调“以修身为本”的尚雅意识的形成具有深远的影响。可以说，“典雅”审美境界创构中要求“熔式经诰，方轨儒门”的观点，就是建立在儒家学说的这一理论基础之上的。

中国美学尊“雅”卑“俗”审美意识的形成与其特定的地理文化与人文性格分不开。以血缘关系为纽带的中国古代社会极为重视人的道德伦理修养，主张“内圣外王”“求仁得仁”“为仁由己”，在人的性格修养方面，追求平和中正、文质彬彬、温文尔雅、典雅大方，在审美意识上，则突出地表现在对人格、人品的强调。

中国美学推崇“雅”审美观念，标举“雅”的人格风格与其指向人生、注重体验的特性分不开。同时，“雅”与“俗”审美意识的生成则是以传统哲学中的人学及其人生价值论为思想基础的。

首先，“尚雅鄙俗”审美意识以“人”为中心、重视人生并落实于人生的特点是与中国古代人生价值论的“重人”“贵人”精神分不开的。中国古代人生论总是把对人的本质与人的价值、人格理想与人生境界，以及如何达到最高的人生境界所必须的人生修养等问题作为探讨的重要内容。对超越性生命价值、对人生终极意义的追寻始终是中国哲人人生理论与人生实践所要解决的主要问题。并且，中国古代人生论的这种重要精神已渗透到中国文化的各个方面，贯穿在整个人生美学发展史中。

从西周“以德配天”开始，中国人就从天命论中解放出来，认为天人本自一体，并且，就天与人之间的关系看，又是以人为中心的。天人本是同源相通的，所谓“天地与我并生，万物与我为一”。对于天与人的统一和谐关系，《周易·序卦》曾做过比较具体的描述："有天地，然后有万物；有万物，然后有男女；有男女，然后有夫妇；有夫妇，然后有父子；有父子，然后有君臣；有君臣，然后有上下；有上下，然后礼义有所措。"天地是万物之母，天地生成万物，有了万物，则有了万物间的差异与化生化合，从而出现了男女，男女结合从而有夫妇，夫妇交感从而有子女，于是出现父子关系。有夫妇、父子，从而构成家庭；有家庭，则有人际伦理关系，这种关系的延伸，则构成君臣关系的国家。有君臣之分，则有上下尊卑、贵贱之别，于是也就有等级礼义制度的约束，并由此而产生荣辱、雅俗等审美意识。在中国古人看来，天地万物到社会礼义是一个和谐一体的宇宙世界，其各个部分都遵循着一个共同的规律，这就是道，或谓"天道"与"人道"，也就是自然与社会的发展规律，这样才和谐一致，并且生生不已。这之中，"人道"依存于"天道"，"天道"又作用并服务于"人道"。整个自然与社会的发展进程，实际上也就是一个"天道"人格化与"人道"自然化的进程。故而，"天道"与"人道"是和谐统一的，人与自然也是相通相应的，人自身的存在是能够体现"天道"的。同时，在天、地、人三才中，人处于天地的核心，所以人的内在价值就是"天道"的价值。正是基于此，中国古代人生论认为天地万物之中"惟人万物之灵"；在天与人的关系中，人占主导的地位，"民为神主"。并且"天视自我民视，天听自我民听"，"天聪明自我民聪明，天明威自我民明威"，以至"民之所欲，天必从之"。既然人贵于天，人事重于自然，那么，探讨一切问题的中心，当然应该指向现实生活中的人事与人生本身，关于雅与俗的讨论自然也不能例外。所以，中国古代人生论指出"吉凶由人"；认为"人能弘道，非道能弘人"，人首先应该知道的是自己，应当"本修厥德，永言配命，自求多福"，把注意力集中到修人事、求"人和"，以及如何"做人"上来，即如孔子所指出的"未能事人，焉能事鬼"，"未知生，焉知死"，只有爱人、事人、返求诸己以知人，才是学问的根本。而雅俗论则认为只有"人雅""品雅"，才能"行雅""文雅"。

人是宇宙自然的中心，中国古代人生论探讨人与人生的目的是要以"人"来"为天地立心"，通过"究天人之际"以"通古今之变"。同时，人又是人生的主体，只有了解人，弄清楚人的本质，返求诸己，推己及人，以达到知人、事人，进而"爱人"，才能更加深刻地认识人生的真谛，获得对人生终极问题的解悟。故而，如何做人，探究人与自然、人与社会、人与自身的普遍意义，揭示人的本质和价值，妙解人生的奥秘，是中国古代人学所追求的最高目标。无论是儒墨老庄，还是佛教禅宗，都把对人与人生的探讨放在首位，其他一切问题，都是为了解决人的问题而展开的。所谓“天道远，人道迩”，“不知人，焉知天”。这里的“人道”“人”就是指人的价值、人生境界、人格理想等人与人生方面的问题；“天道”则是指世界的存在及其存在的形式等自然现象方面的问题。比较而言，“天道”离人远，微茫难求；而“人道”则离人近，明灭可睹，所以更为重要，更应受到重视。更何况，人们之所以要探究“天道”，其目的则仍然是以了解“天道”、掌握“天道”，以更加深刻地认识“人道”，有利于“知人”“爱人”“事人”“做人”。即如《墨子·法仪》篇所指出的：“莫若法天，天之行广而无私，其施厚而不德，其明久而不衰，故圣人法天。”中国古代雅俗论所努力追求的目的，就是要指导人们如何效法天道行事，以规范自身的品德行为，创构一个人生的审美境界，促进人的自由而全面的发展。《吕氏春秋·情欲》篇说：“古之治身与天下者，必法天地。”《下贤》篇也说：“以天为法，以德为行。”《周易·文言》说得好：“大人者，与天地合其德，与日月合其明，与四时合其序，与鬼神合其吉凶。先天而天弗违，后天而奉天时。”这里的“大人”，也即“圣人”“雅人”，是达到了人格的完美并进入最高审美境界的人。陈梦雷在《周易浅述》卷一中说：“九五之为大人，大以道也。天地者，道之原。大人无私，以道为体，则合于天地易简之德矣。天地之有象，而照临者为日月，循序而运行者为四时，屈伸往来生成万物者为鬼神。名虽殊，道则一也。大人既与天地合德，故其明目达聪，合乎日月之照临；刑赏惨舒，合乎四时之化神；遇扬彰瘅，合乎鬼神之福善祸淫。先天弗违，如先王未有之礼可以义起，盖虽天之所未有，而吾意默以道契，虽天不能违也。后天奉时，如天秩无序无理所有，吾奉而行之耳。盖人与天地鬼神本无二理，特蔽于有我之私而不能相通，大人与道为一，即与天为一，原无彼此先后可言。”人与天地自然间原本就是相亲相和、相应相通的，人们认识天地自然的使命，就是为了效法天地之变化、遵循天秩天序天理，“默以道契”，“以道为体”，而使人生复归为虚静的“道”，与道为一、与天为一，俯仰天地，容与中流，“与时偕行”“与时消息”，以进入“辉光日新其德”的最高审美境界。

同时，在儒家哲人看来，要达到“默以道契”，与道为一就要积累知识，

“征圣”“宗经”，即如扬雄所指出的，“舍五经而济乎道者，未也”（《法言·吾子》）。刘勰也认为儒家经典是“群言之祖”（《宗经》），“文章之用，实经典枝条”（《文心雕龙·序志》），“经也者，恒久之至道，不刊之鸿教也。故象天地，效鬼神，参物序，制人纪，洞性灵之奥区，极文章之骨髓也”（同上）。要“明道”、与道为一，就必须以儒家经典为典范，学习儒家经典，以增强其“德业”“德操”。故而，在刘勰看来，“若禀经以制式，酌雅以富言，是仰山而铸铜，煮海而为盐”（同上）。他强调指出，“征之周孔，则文有师矣”（《征圣》），如果能像孔子一样“钧六经”，那么必定也会“金声而玉振；雕琢情性，组织辞令，木铎起而千里应，席珍流而万世响，写天地之辉光，晓生民之耳目矣”（《原道》）。文化的丰富内涵是人类生活在一定历史时期的浓缩和积淀，是人类在自身的历史经验中创造的包罗万象的复合体。它以人类的物质生产为基础，既包括一定的经济结构、社会制度、宗教信仰、思想体系、历史传统，也包括由此生发出来的科学、教育、艺术和世俗风习。各个民族在长期的历史发展过程中形成了有着独特精神品格的民族文化，对文化中精神品格的体认，是把握文化中的精髓。中国传统美学的发展体现着中国文化精神品格的一脉相承。

中国古代，宗法伦理道德观念在意识形态方面占统治地位，因此，重人伦、重道德、重修己之道，强调以礼节情，提倡人格的自我完善，构成了传统文化的精神文脉。自汉武帝“罢黜百家，独尊儒术”，儒家的纲常伦理成为正统，中国古代哲人认为“意诚而后心正，心正而后身修”，修身是完善道德、培育高尚情操的根本，“自天子以至庶人，壹是皆以修身为本”（《大学》）。而研阅前人的经典著作则是领略文化中的精神品格的最佳途径，这样，典籍著作就有了超出学术知识、历史记载、个体情感抒发的意义，成为修身至诚的道德模范与精神训导。古人于此多有论述：“稗官小说，萤火之光也。诸子百家，星燎之光也。夷坚幽怪，鬼磷之光也。淮南庄列，闪电之光也。道德楞华，若木之光也。六经，日月之光也。”（《鸿苞节录》卷六《六经》）在中国古人眼里，对典籍的价值判断并不完全依照其艺术成就和思想深度的标准，而是看其是否提供了一个合适的道德人生模式，因为文化传统的最大意义在于帮助人修身养性。欧阳修说：“学者当师经。师经必先求其意。意得则心定，心定则道纯，道纯则充于中者实，中充实则发为文者辉光。”（《答祖择之书》）欧阳修认为，从历史文化汲取养料，是为了充实自己的精神，塑造“高雅”的人格。有了“高雅”的人格，方才有艺术“高雅”之境。他又说：“《易》之《大畜》曰：‘刚健笃实，辉光日新。’谓夫畜于其内者实，而后发为光辉者，日益新而不竭也。故其文曰：‘君子多识前言往行以畜其德。’此之谓也。”（《与乐秀才第一书》）学习历史文化既是一个知识积累的过程，也是一个提升自己品德的过程。中国古人在历史文化的积淀中寻找个体生命与人类精神的联系、历史与现实的沟通，为塑造“高雅”人格、为自己安身立命建立起坚实的基础。

第二节 “典雅”说的美学内涵

“典雅”说的内涵极为丰富。总的来看，“典雅”说要求审美主体必须学识渊博、品德高尚、志向远大、胸襟宽广；艺术作品则应气魄雄伟，意蕴深远，风貌温厚，品格高古，气势雄深雅健。如王通在《中说·事君》中就曾赞曹植说：“君子哉，思王也，其文深以典。”房玄龄在《晋书·陆机传论》中评论陆机时，也曾称颂说：“高词迥映，如朗月之悬光；叠意迥舒，若重岩之积秀。千条析理，则电折霜开；一绪连文，即珠流璧合。其词深而雅，其义博而显，故是远超枚、马，高蹑王、刘，百代文宗，一人而已。”这里所谓的“深以典”“深而雅”就给我们揭示了“典雅”审美境界所表现出的高远深厚的审美特征。可以说，就其审美特色来看，和雅、温雅、明雅、风雅、儒雅、博雅、精雅、高雅都应属于“典雅”的子范畴。

从文艺美学方面来看，无论典雅还是和雅、温雅都要求文艺创作必须以“和”为美，在意旨的表露、情感的表现上都要求“乐而不淫，哀而不伤”，“不失其正”，即作品在意旨表达方面应该和风细雨、美刺适中，以创构出温雅平和的审美意境。刘勰在《文心雕龙》中所提出的“典雅”范畴，其审美特征就是“和雅”与“温雅”。如他在《明诗》篇中指出：“若夫四言正体，以雅润为本。”在《定势》篇中又指出：“章表奏议，则准的乎典雅。”同时，在《诏策》篇中称许潘勖所作“九锡”“典雅逸群”；在《时序》篇中又称颂“五子作歌，辞义温雅，万代之仪表也”。所谓“雅润”“温雅”，也就是“典雅”。可以看出，刘勰极为推崇典雅之境，将其作为理想的审美范式。并且，正如我们在前面所指出的，从《体性》篇所谓的“典雅者，熔式经诰，方轨儒门者也”和《定势》篇所说的“模经为式者，自入典雅之懿”来看，刘勰对典雅审美境界的称许与他对“征圣”“宗经”审美观念的强调是相一致的。刘勰所谓的“典雅”之“雅”，实质上就是指作品审美意旨的雅正。这点我们从刘勰所说的“商周丽而雅”（《通变》）、“圣文之雅丽，固衔华而佩实者”（《征圣》），称赞孟子荀子的著述“理懿而辞雅”（《诸子》）、班固的《两都赋》“明绚以雅赡”（《诠赋》）、“张衡《应间》，密而兼雅”（《杂文》）来看，其所谓“雅”，就是要求无过，无不及，包含适中、匀称、平正等审美观念，这点我们还可以从“雅润”与“温雅”中得到证明。“雅润”的“润”，就是温润、和润、滋润的意思，其实质是要求“乐而不淫，哀而不伤”，无所乖戾，以符合温柔敦厚、不偏不倚的审美规范。可知，“典雅”之说，就是要求继承“雅正”美学精神，要“和为贵”，要“至乎中而止，不使流淫”（见《荀子·劝学》篇杨倞注）。同时，刘勰喜欢将“义”与“雅”连在一起，称为“雅义”。如《诠赋》篇所说“义必明雅”“丽词雅义”等，在《乐府》篇中，还提到“雅咏温恭”，与之相反，则是“俗听飞驰”；又说“自雅声浸微，溺音腾沸”。将“雅声”与“溺音”对举，显然“溺音”即“俗音”。《乐府》中又称“中和之响，阒其不还”，“《桂花》杂曲，丽而不经，《赤雁》群篇，靡而非典”。这点和刘勰所主张的“明道”“征圣”“宗经”“模经为式”“熔式经诰”的审美观念是一致的。

具体说来，“典雅”说的规定性内容主要有以下几点。

一、雅正无邪

“典雅”说要求“结言端直”，反对“索莫乏气”“理侈而辞溢”，矜奇夸巧的文风，提倡“独拔而雅丽”“密而兼雅”“明绚以雅赡”“志深而笔长”“梗概而多气”的审美意趣与追求，同时，又要求“志隐”“味深”，要求“雄雅”，即“雅健雄豪”、高雅深厚，要“情深而不诡”“风清而不杂”“事信而不诞”“义直而不回”“体约而不芜”“文丽而不淫”，要“雅正”“思无邪”。以达到朴实雅正之境。前面曾经论及，从“雅者，正也”的审美意识来看，政治道德教化的审美功效应放在文艺创作首位。《诗经》的采辑和编著就是从社会政治目的出发，以政治道德标准为尺度的。《汉书·艺文志》曰：“古者有采诗之官，王者所以观风俗，知得失。”“采诗”是为王者“观风俗，知得失”的。《左传·襄公十四年》载师旷说：“自王以下，各有父兄子弟，以补察时政，史为书，瞽为诗，工诵谏。”作诗的目的是为政治服务，因此诗歌创作应“止僻防邪，“归于正”，得以“雅正”作为诗歌创作的审美标准和规范。

早期诗歌的审美追求无疑是偏重于政治教化的审美功效，并以“雅正”为标准的，春秋时期吴公子季札观乐后所谈到的审美观感就表现出这种倾向性。据《左传·襄公二十九年》载，季札听到《周南》《召南》说：“美哉！始基之矣，犹未也，然勤而不怨矣。”他认为周南、召南是周公、召公管辖的地方，治理得较好，所以那里的人民勤而不怨，但还不能使人民安乐，所以说“未也”。听到歌邶、鄘、卫之风诗，季札又说：“美哉，渊乎，忧而不困者也，吾闻卫康叔、武公之德如是，是其卫风乎？”邶、鄘、卫三国的地方在周初用来封武庚、管叔、蔡叔。他们背叛周朝，周公灭了三国，封给卫康叔。那里的人民经过亡国之痛，想得很深，所以说“渊乎”。但他们又经过卫康叔、卫武公的安抚，所以“忧而不困”。又如听《郑风》后，季札说“其细已甚，民弗堪也”，听《陈风》后说“国无主，其能久乎？”等，可以看出，这些评语都是根据“雅正”标准而做出的。

到春秋战国时期，孔子对当时的文化典籍进行了全面的整理，开创了儒家学派。在总结他以前诗歌审美实践经验的基础上，从理论上第一个明确了把“雅正”的政治道德教化审美效果作为诗歌创作的审美规范。孔子的这一美学精神集中体现在“思无邪”上。“思无邪”，语见《论语·为政》“《诗》三百，一言以蔽之，曰：‘思无邪。’”“思无邪”三字，本出于《诗·鲁颂·駉》最后一章：“駉駉牡马，在坰之野。薄言駉者，有骃有騢。有驔有鱼，以车祛祛，思无邪，思马斯徂。”据陈奂《诗毛氏传疏》注，“思”字是句首语气词，为吆喝声。原诗句“无邪”之“邪”，即斜。可见其本来的意思是“呵，不准乱跑！”，是牧马人牧马时的吆喝声。孔子按照当时的“断章取义”的方式，完全改变了诗句原意，借来评价整部《诗经》的内容，赋予“思无邪”以新意，则要求意旨、情感表达要中正无邪，使其变成含有政治伦理教化内容的一个诗歌创作的审美规范。把意旨纯正、符合礼教与“雅正”审美规范的诗称为“无邪”，这是符合孔子关于诗的社会功能及其评价诗歌创作标准的美学精神的。可见，“思无邪”，就是“雅正”。孔子认为诗的功用是为统治阶级歌功颂德，“事父”，“事君”，有益于政教的，虽然也“可以兴，可以观，可以群，可以怨”（引文见《论语·阳货》），有抒发性情的作用，但是要抒写正当的性情，要符合礼教，一句话，要做到“无邪”“雅正”。

除了用“思无邪”这个审美规范来评价整部《诗经》外，孔子对《诗经》中具体诗句的评价也是依照这一审美规范。《关雎》明明是一个男子思慕女子的情诗，孔子偏要给它一个“思无邪”的解释，说是“乐而不淫，哀而不伤”（《论语・八佾》）。郑卫之音是当时民间表现爱情的诗歌，孔子却主张“放郑声”，因为“郑声淫”（《论语・卫灵公》，“放”是禁止的意思），违反了礼教，不符合“思无邪”的标准。所谓“恶郑声之乱雅乐耳”（《论语・阳货》），对郑声深恶痛绝，都是本着“思无邪”这一审美规范。孔子制定的“思无邪”的政治道德审美规范对中国古代文艺的发展有极大的影响。之后，“思无邪”一直为正统的士大夫文人所严格维护，并成为一条区别“雅”与“俗”的诗歌审美规范和正统士大夫文人反对诗歌脱离礼教政治的武器。如汉代的《诗大序》就依据“思无邪”和孔子的“兴观群怨”“迩之事父，远之事君”说加以发展，提倡“风雅”说，明确提出“发乎情，止乎礼义”的要求来规范诗歌中的情感。《诗大序》对《诗经》的品评就是以此为审美规范，认为经过孔子以“思无邪”为审美规范删定的《诗经》为典范之作，可以“正得失，动天地，感鬼神”，可以“经夫妇，成孝敬，厚人伦，美教化，移风俗”。可以说，正是儒家学者对“思无邪”“雅正”审美规范的提倡与强调，才促使历代杰出诗人去关心现实，贴近人生，以使诗作具有深厚而真切的社会人生内涵和主体意旨，并形成一种健康积极的主流思潮，占据着文艺创作的主导地位。但与此同时，过分强调“思无邪”“雅正”，强调礼义教化，又往往给文艺创作带来消极影响，如《诗经》中的《关雎》明明是表现男女爱恋之情的，而《小序》则错误地评《关雎》是“后妃之德”。《召南・野有死麕》云“有女怀春，吉士诱之”，本是情诗，可是《小序》说：“恶无礼也。”“虽当乱世，犹恶无礼也。”《邶风・静女》“静女其姝，俟我于城隅”是爱情诗，《小序》却评论说：“刺时也，卫君无道，夫人无德。”这些评述都是按照政治教化的典范要求的，严重地歪曲了这部分抒情诗的原初美学精神。又如宋人邢所说：“诗之为体，论功颂德，止僻防邪，大抵皆归于正。”（《论语注疏》）朱熹认为“思无邪”“其用使人得其性情之正而已”（《论语集注》），上述说法都是对“思无邪”审美规范的维护。同时，“雅正”审美规范还要求典雅正规，不从流俗，即如颜之推《颜氏家训・文章》所云：“吾家世文章，甚为典正，不从流俗。”刘勰的“典雅”说就继承了“思无邪”追求中正和平，强调“雅正”的美学精神。如他反对“溺音”“俗听”，认为汉代的《桂花曲》“丽而不经”，不符合“雅正”规范，“赤雁”等诗篇“靡而非典”，不合正音；又指出曹操、曹丕父子的“北上众引，秋风列篇，或述酣宴，或伤羁戍，志不出于滔荡，辞不离于哀思；虽三调之正声，实韶夏之郑曲也”，即认为其乐调是“正声”，符合“雅正”规范，而其乐府诗则还是“郑曲”。同时，在《文心雕龙·体性》篇中，他还强调指出“习有雅郑”，“体式雅郑，鲜有反其习”，“故童子雕琢，必先雅制”。认为习染有雅正的，也有浮艳绮靡的。世俗民间的歌谣，有“雅正”的，也有淫靡、庸俗的，故而雕琢辞章，一定要先学习经典，使思想与情感“雅正”，符合传统诗学精神。此即所谓“辞为肌肤，志实骨髓。雅丽黼黻，淫巧朱紫。习亦凝真，功沿渐靡”。

二、“温柔敦厚”

“温柔敦厚”是“典雅”说所主张的又一有关文艺的审美意蕴表现方面的审美规范。语见于《礼记·经解》“温柔敦厚，诗教也。……其为人也，温柔敦厚而不愚，则深于诗者也”。和“思无邪”相比，“温柔敦厚”作为诗教则侧重于对道德伦理方面的规范。唐孔颖达在《礼记正义》中解释“温柔敦厚”说：“温，谓颜色温润；柔，谓性情和柔。诗依违讽谏，不指切事情，故曰温柔敦厚诗教也。”要求“性情和柔”，就是要求不要违反礼教，要符合“礼义”，要“中节”，中正和平，要“怨而不怒”，即如荀子所说：“诗者，中声之所止也。”（《劝学》）又说：“先王之道，仁之隆也，比中而行之。曷谓中，曰：礼义也。”（《儒效》）虽然儒家诗教也主张“风雅”，要求诗歌发挥讽谏作用，“依违讽谏”，可以“怨刺”，可以发愤抒情，“以讽其上”，但必须“止乎礼义”，不能过火，要保持“中和”的态度，言词应委婉含蓄。

“温柔敦厚”的道德伦理教化审美规范的核心美学思想就是“中和”。董仲舒说：“中者，天下终始也；而和者，天地之所生成。夫德莫大于和，而道莫正于中。中者，天地之美达理也，圣人之所保守也。”（《春秋繁露·循天之道》）又说：“志和而音雅，则君子之知乐。”（同上，《玉杯》）中国古代文艺美学家认为，诗歌审美创作要表达内心的情志以反映社会政治风貌。在此观点的影响下，汉代儒家学者认为，诗歌在政治清明的盛世，是歌颂时代政治的；在政治黑暗的乱世，是讽刺在上者的，这就是诗的美刺作用。《毛诗序》说："上以风化下，下以风刺上。"又说："至于王道衰，礼义废，政教失，国异政，家殊俗，而变风、变雅作矣。""化"是教化的意思，统治者用安乐的歌声来教化百姓。"刺"是讽刺的意思，百姓在政乖世乱的时代，以变风变雅之作，针对政治的败坏进行讽刺，表示怨怒，这是一个方面。另一方面，在儒家学者看来，这种"讽刺"和"怨怒"绝不能金刚怒目式地去进行揭露和批判，必须"乐而不淫，哀而不伤"(《论语·八佾》)。孔安国说："乐不至淫，哀不至伤，言其和也。"(《论语集解》）朱熹说："淫者，乐之过而失其正也；伤者，哀之过而害于和者也。"反对"淫""伤"，强调"和""雅""正"，就是要把诗歌创作纳入正轨，使之符合"雅正"审美规范。既要为统治阶级服务，又要求不伤害统治者的根本利益，这就必须以"温柔敦厚"为道德标准，以中正平和、典雅温润为审美规范。

如果说前面提到的"思无邪"说是孔子对文艺社会功用的总结，那么"温柔敦厚"则是对如何表现这一功能所做的具体的规范性要求。它是孔子提出的"中庸之道"(《论语·雍也》）的哲学思想和政治观点在文艺上的反映。孔子一面强调文艺要"事父""事君"；一面又承认"可以怨刺上政"(孔颖达注)，但要求"怨而不怒"(朱熹注)，以此来调和人与人、人与社会之间的关系，使文艺更好地为社会安定服务。

"温柔敦厚"的道德伦理标准是以孔子为首的儒家学者在对当时——主要是《诗经》的创作实践进行全面总结、对文学的社会作用进行了深刻的认识和全面概括的基础上提出的，这在我国文学批评史上是一个重要贡献。其中的积极因素，对后世的文学发展产生了深远的影响，成为历代进步作家和理论家反对艺术脱离政治、缺乏社会内容的武器。汉代王充就强调作品"为世用者，百篇无害，不为用者，一章无补"(《自纪》)。郑玄说："论功颂德，所以将顺其美；刺过讥失，所以匡救其恶。"(《诗谱序》）认为歌功颂德的作品，不是为了投君所好，而是为了除弊兴利。可以说，初唐陈子昂高倡"汉魏风骨""风雅兴寄"，以反对脱离社会现实的"彩丽竞繁，而兴寄都绝"的齐梁诗风，中唐韩柳的"文以载道""文以明道"说，白居易的"唯歌生民病，愿得天子知"的诗歌理论都无不受"温柔敦厚"这一道德伦理标准中的合理因素的影响。继承儒家的"温柔敦厚"标准，并把此传统发展到极致的是清代的沈德潜，他在《唐诗别裁集·序言》中说："先审宗旨，继论体裁，继论音节，继论神韵，而一归于中正和平。"认为不仅诗歌的"宗旨"，而且诗歌的"体裁""音节""神韵"等也都须"一归于中正和平"。所谓"中正和平"就是"温柔敦厚"，就是"典雅"，即如沈祥龙《论词随笔》所说："雅者，其意正大，其气和平，其趣渊深也。""雅"就是"中正和平"。在儒家学者看来，诗歌创作，必须以"中正和平""典雅"为审美规范。可以说，"温柔敦厚""典雅"的审美规范在中国美学思想发展史上，对促进艺术表现方法的发展产生了极为有益的影响。在此之前，刘勰也提出"《诗》主言志，诂训同《书》，摛风裁兴，藻辞谲喻，温柔在诵，故最附深衷矣"（《文心雕龙·宗经》），主张诗歌要含蓄，强调的是"温柔敦厚"在艺术表现上的特点。总之，属于"典雅"说规定内容的"温柔敦厚"的审美规范，主张去泰去甚，防止过与不及，讲求"主文谲谏"，要求以含蓄的手法寄寓教义的观点为后世所继承，并加以发展，对我国古代文学有极其深远和多方面的影响。

三、尽善尽美

"尽善尽美"是"典雅"说的又一规定性内容。在中国美学史上，最早提出艺术审美要求的是孔子。他认为诗乐应该给人以道德观念的教育，但这种教育又必须通过美的形式表达出来，给人以美感。这一观点集中体现在他提出的"尽善尽美"的审美标准之中，《韶》乐颂扬尧舜"禅让"的高尚品德，其"乐音美"，"文德具"（刘宝楠《论语正义》引《乐记》疏），故孔子赞许为"尽美矣，又尽善也"，认为无论意蕴表现还是艺术表达都达到了极佳的境界。《武》为周代"雅乐"之一，内容为歌颂武王伐纣所取得的胜利，其"舞体美"，但"文德犹少未致太平"（刘宝楠《论语正义》引《乐记》疏），故孔子认为其"尽美矣，未尽善也"。孔子提倡美善合一、文质合一、温文尔雅。《论语·雍也》记载了孔子的话，说："质胜文则野，文胜质则史。文质彬彬，然后君子。"只有文质合度，才能做到"文质彬彬"。从人的角度说，这是"君子"的标志；从作品的角度说，这才是尽善尽美的作品。

孔子肯定审美意蕴与表达方法相统一的作品，但他是把意蕴放在前面（这从他对《武》乐的评价上可以看出），是在重视意旨的前提上重视表达手段的美巧。刘勰则发展和完善了"尽善尽美"的审美规范，他在《文心雕龙·宗经》篇中提出“典雅”说与六义说:“一则情深而不诡;二则风清而不杂;三则事信而不诞;四则义直而不回;五则体约而不芜;六则文丽而不淫。”前四点是着重于作品意旨表现方面的要求,后两点则是着重艺术表达方面的要求。和刘勰同时的萧统也力主“典雅”说,认为“文典则累野,丽亦伤淫,能丽而不淫,典而不野,文质彬彬,有君子之致”(《答湘东王求文集及诗苑英华书》),并根据“事出于沉思,义归于藻翰”(《文选序》)的审美规范给文艺作品与非文学作品划出一条界线,以此为他所编选的《文选》的入选标准。“典而不野、文质彬彬”就是“典雅”。可以说,直到刘勰、萧统时,“尽善尽美”的美学精神才通过“典雅”说定型下来,并对以后的文艺创作和鉴赏的发展给以重要的推动。

四、天然真淳

“典雅”说虽然要求“熔式经诰”“方轨儒门”,但同时,又要求“通变”“会通”,要求“典而真”,提倡“真美”和“为情而造文”,发乎自然。强调诗歌审美创作必须发自真情,要真骨凌霜,高风跨俗,自然超妙。诗歌创作出自真情方为上品。元好问《论诗》云:“一语天然万古新,豪华落尽见真淳。”“天然”即自然高妙,是造作、雕饰的反面;“真淳”即感情真实,和无病呻吟相反。两者并称,指文学作品的真实应当包括情真、理真。元好问就以此作为审美规范来肯定陶渊明诗歌的艺术价值。所谓“为诗与为政同,心欲其平也,气欲其和也,情欲其真也,思欲其深也,纪纲欲明,法度欲齐,而温柔之教常行其中也”(揭傒斯《萧孚有诗序》)。真实与否是衡量文艺作品雅俗优劣的审美标准之一。在中国美学史上,很早就提出了真实性的审美规范,孔子坚持儒家“言谈者,仁之文也”的立场,把文艺创作当作仁德的表现或外化。因此,他主张“修辞立其诚”,反对“巧言乱德”(《论语·卫灵公》),指斥“巧言令色,鲜矣仁”(《论语·学而》),而提出了“言忠信”(《论语·卫灵公》)、“言思忠”(《论语·季氏》)、“言必信”(《论语·子路》)和“人而无信,不知其可也”(《论语·为政》)等关于文艺创作必须真诚信实的道德性准则。同时,又提出了“敏于事而慎于言”(《论语·学而》)、“君子耻其言而过其行”(《论语·宪问》)、“君子讷于言而敏于事”(《论语·里仁》)和对于人要“听其言而观其行”(《论语·公冶长》)等关于文章写作必须遵照谨慎笃行的审美要求,总之,孔子强调文艺创作必须以道德修养为前提,以言行一致为准绳。

墨家讲非攻、兼爱、节俭，追求比周礼更久远的尧舜夏禹的体制，对个性道德修养的要求也更为古朴淳厚。墨子提出的“厚乎德行，辩乎言谈，博乎道术”（《墨子·尚贤上》）、“信，言合于意也”（《经》上）、“言必信，行必果，使言行之合犹合符节也，无言而不行也”（《墨子·兼爱下》）等，也强调文章写作要与自身德行相结合、相一致的原则。

道家也主张“言善信”（《老子》八章）。老子所谓“知者不言，言者不知”（《老子》五十六章）和“信言不美，美言不信。善者不辩，辩者不善。知者不博，博者不知”（《老子》八十一章），这就是说，“言”“美”“辩”“博”只有合乎道，才能达到“知”“信”“善”的要求；如果背“道”而行，那就只能流于无识见（“不知”）、不真实可信（“不信”）、不善良（“不善”）的地步。这里的“信”和“善”就是属于道德范畴的。老子追求的是“真、善、美”统一的境界，故而，刘勰说：“老子疾伪，故称美言不信，而五千精妙，则非弃美矣。”（《文心雕龙·情采》）这样，老子“疾伪”的文艺价值思想也就同以孔子为首的儒家思想相通了。

在中国美学史上，汉代的王充在《论衡》中贬斥俗人、俗情，主张“实”“实诚”，反对“世俗”“智妄”，别雅俗，他针对时弊提出“辨然否”（《定贤篇》）、“疾虚妄”（《佚文篇》），反对“虚妄显于真，实诚乱于伪”（《对作篇》），崇尚“雅”，强调“精诚出中”（《超奇篇》），要求作家要表现自己的真实情感，以真情写实事。和王充同时的班固强调：“其事核，不虚美，不隐恶，故谓之实录。”（《汉书·司马迁传》）以后左思提出的“美物者贵依其本，赞事者宜本其实”（《三都赋序》），挚虞指责“其假象过大，则与类相远，逸辞过壮，则与事相违，辨言过理，则与义相失，丽靡过美，则与情相悖”（《文章流别论》），他们所使用的标准“事核”“事实”，大体和王充的“实事”相同。给真实性标准以正确解释并从理论上加以完善的是刘勰。他在《文心雕龙》一书中区分了“实事”的真和艺术的真，并从作品思想情感和表现技巧、风格特征等方面对艺术真实性的要求做了论述，使之作为一条独立的审美规范，为后世所沿用。他在《论说》篇中说：“论之为体，所以辨正然否。”赞同王充的观点，而《情采》篇则云：“故情者文之经，辞者理之纬，经正而后纬成，理定而后辞畅，此立文之本源也。”又说：“故为情者要约而写真，为文者淫丽而烦滥，而后之作者，采滥忽真。”这里的“文”，主要指诗赋一类作品;“写真”“忽真”的“真”,是指情真而言,即作品中所包含的作家的思想的真诚性和感情的真挚性。他认为文艺作品要表现作家真实的思想感情,做到了这点,才是好作品。这表明刘勰清楚地认识到艺术的真实应是情真、理真,而不是人真、事真。艺术作品中所描写的人物和事件可以是虚构的,也可以是半真半假的,但其中所体现的理和情则必须是真实的。刘勰以后,历代文论家对文学作品的艺术真实有不少提法,但都是建立在刘勰提出的基本观点之上的。如唐李白提倡的“清水出芙蓉,天然去雕饰”(《经乱离后天恩流夜郎忆旧游书怀赠江夏韦太守良宰》),要求气韵天成,真实自然;司空图《二十四诗品》专立“自然”一品,强调“妙造自然”(《精神》)、“妙不自寻”(《实境》),从表现技巧上,要求质朴、清新、天造的特点,给真实自然以新的内容并以此作为衡量作品优劣的标准;明谢榛在《四溟诗话》中则更明确地提出“自然为上,精工次之”。

到了清代,叶燮总结历代见解,提出了他对艺术真实性的两点卓见。一是“真”来源于现实而成于虚构。他在《假山说》中说:“自有天地,即有此山,为天地自然之真山而已……盖自有画而后之人遂忘其有天地之山,止知有画家之山……夫画,既已假,而肖乎真,美之者,必曰逼真。逼真者,正所以为假也。”就以“自然之真山”与“画家之山”为例,说明虚构的“真”是“逼真”。二是“真”是真情化即心灵化的真。他说:“有是胸襟以为基,而后可以为诗文。不然,虽日诵万言,吟万首,浮响肤辞,不从中出,如剪采之花,根蒂既无,生意自绝,何异乎凭虚而作室也。”(《原诗·内篇》)客观现实的真必须经过主观情志的真挚熔铸才成为艺术的真。可见艺术的真是指情真、理真而言。刘勰说:“盖风雅之兴,志思蓄愤,而吟咏情性,以讽其上,此为情而造文也。”(《情采》)所谓“文质”必须“附乎情性”,只有“情真”“理真”才符合“雅正”美学精神。

五、“雅而不腐”

“典雅”说既主张“征圣”“宗经”,要求以“经典”为旨归,更要求革新“通变”。刘熙载在《艺概·诗概》中说得好:“诗不可有我而无古,更不可有古而无我。典雅精神,兼之期善。”如前所说,“典雅”说要求以“经典”为典范,要求“有古”,即如刘勰在《文心雕龙·序志》篇中所指出的:“唯文章之用,实经典枝条。五礼资之以成,六典因之致用,君臣所以炳焕,军国所以昭明，详其本源，莫非经典。”故而他强调“宗经”，认为“盖文心之作也，本乎道，师乎圣，体乎经，酌乎纬，变乎骚，文之枢纽，亦云极矣”(《序志》)。指出“道”“圣”“经”“纬”“骚”等乃“文之枢纽”。同时，他还特别强调指出，儒家经典才是“群言之祖”。又说:“经也者，恒久之至道，不刊之鸿教也。”(《宗经》)在刘勰看来，只有“宗经”，提倡“典雅”，才能矫正“淫艳”文风，所以说“建言修辞，鲜克宗经，是以楚艳汉侈，流弊不还，正末归本，不其懿欤!”但与此同时，刘勰又认识到“时运交移，质文代变”，“歌谣文理，与时推移”，所以他又特别强调“通变”，指出继承中必须革新，所谓“变则可久，通则不乏。趋时必果，乘机无怯。望今制奇，参古定法”。不变，就会缺乏活力。有无新意、是否具有独创精神，是“典雅”说衡量作品雅俗高低的又一基本审美规范。陈廷焯在《白雨斋词话》中就提出“雅而不腐，逸而不流”的命题，强调“雅”中要创新。欧阳修《六一诗话》引梅尧臣语云:“诗家虽率意，而造语也难，若意新语工，得前人所未道者，斯为善也。”要求作品立意新颖，不能人云亦云，要具有独创性，要“有我”。所谓独创精神包括审美感受的独特和艺术表现的新颖。据《国语·郑语》记载:史伯曾提出“声一无听，物一无文”的主张，可算最早发现艺术新奇性审美特征的记录。王充在《自纪》中指出“饰貌以强类者失形，调辞以务似者失情”，强调“文贵异，不贵同”。刘勰在《文心雕龙·体性》篇中提出“各师成心，其异如面”，提倡风格多样化，要求作品应具有独创性。韩愈则进一步提出“唯陈言之务去”(《答李翊书》)，要求艺术表现应创新。无论中外古今，强调艺术的创新和独特性是共同的。凡是成功的艺术品，都熔铸着艺术家对于美的独特感受和个性特征，都具有艺术表现的独创性，艺术创新在文艺作品成功的因素中，占有重要的地位。在继承的基础上，富于变化发展是“雅而不腐”规范的主要内容。陆机在《文赋》中说:“收百世之阙文，采千载之遗韵，谢朝华于已披，启夕秀于未振。”所谓“谢朝华于已披，启夕秀于未振”。唐大圆《〈文赋〉注》云:“上句是务去陈言，下句是独出心裁。”陆机以花为喻，指出古人已用之陈言旧意，像早上已开过的花朵一样应谢而去之；古人未述之新意新词，则如未发之花，尽可取而用之。所谓“朝华”与“夕秀”是包括文意和文辞两个方面的，陆机主张两方面都应有创新变化。只有不断创新的艺术才具有生命力，时代前进了，就需要适应当时的具体情况，符合变化的新要求。陆机在《文赋》中指摘当时文病说："或藻思绮合，清丽芊眠。炳若缛绣，凄若繁弦，心所拟之不殊，乃暗合曩篇。""藻思绮合"既包括艺术构思和意象的创构，又包括词采、音律；"所拟不殊"指形象描写的问题。陆机在这里是本着"谢朝华、启夕秀"标准反对抄袭、雷同之作的。"雅而不腐"还包括叙事作品的审美结构和情节发展的生动曲折，富于变化。小说和戏剧的情节必须新奇曲折。要"将三寸肚肠直曲折到鬼神犹曲折不到之处，而后成文"（金圣叹《西厢记》二本一折批文），要使接受者和观众在不知不觉中被变幻莫测的情节所吸引，和剧中人一同喜怒哀乐。只有做到情节婉转曲折，欲擒故纵，新奇巧妙，出人意料，使形象表现得异常突出动人，才能使作品获得永久的艺术价值。而抒情性强的诗歌，则必须表现出情感变化的跌宕多姿，从而达到引人入胜的境地。据《旧唐书·杜甫传》载，杜甫曾用"沉郁顿挫"来评价自己的诗作。"沉郁"是指感情深沉、含蓄；"顿挫"则指诗歌内在的情感运动的波澜变化和音律上的抑扬起伏；"沉郁顿挫"指作品中蕴含的情感是自然的流露，却又"若隐若见，欲露不露，反复缠绵"（陈廷焯《白雨斋词话》），给人以千回百转的意味。杜甫诗中有"文章曹植波澜阔"（《追酬故高蜀州》）、"凌云健笔意纵横"（《戏为六绝句》）之句，以"波澜阔""意纵横"品评别人或自己之作，都是指作品中情感变化上的波澜起伏。杜甫被称为"集诗之大成者"（秦观语，见《杜诗详注附编·诸家论杜》）、"千古诗人之首"（叶燮《原诗》），除了诗歌中强烈的现实性外，艺术表现上富于变化也是一个重要原因。但是，情节的曲折和情感运动的起伏又应自然，这就是叶燮所谓的"变化而不失其正"。叶燮认为，优秀的诗作"其道在于善变化"，但接着又说"变化岂易语哉"（引文见《原诗》），强调应做到如苏轼所说"如万斛源泉，不择地而出"（《文说》），孕变化于自然，始为佳作。金圣叹也强调情节的变化应自然，应"无成心之与定规""自然异样变换""自然异样姿媚"，也就"自然异样高妙"（引文见《西厢记·读法》）。只有"典雅、精神，兼之斯善"（刘熙载《艺概·诗概》），既要"有古"、符合自然，又具有无穷变化、新意迭出的作品，才具有审美价值和永久的艺术魅力，令人百读不厌，回味无穷。总之，新颖的题材、独创的主题、起伏的情感、曲折的情节，才是"典雅"说所主张的既要"熔铸经典""有古"，又要"洞晓情变"，以达到"通变""会通"。"望今制奇，参古定法"是"雅而不腐"审美意识的主要内容。

第五章　淡雅

中国美学推崇“淡雅”之域的创构。“淡雅”范畴追求平淡自然、韵味淡远的审美意境。“淡雅”意味着超凡脱俗、飘逸淡远、雅洁冲淡，自然高妙。“淡雅”之境的创构则是无心偶合、自然天成，其审美特色是平淡而不流于浅俗，澄淡雅洁。故而，“淡雅”又称“平和淡雅”“和雅冲淡”“雅洁淡远”。“淡雅”之境域所表现出的“淡远”、审美风貌中的“冲淡”，意指冲和、宁静、闲适、雅淡，是淡而意韵幽长、渐远而至无穷；是平淡萧疏、冰痕雪影、乌迹山廓、渐远渐无的清澄平淡之境；是淡中见浓、淡中见深；是浮云卷舒、孤鸿轻逝、空灵淡远。体现了中国美学重生生、重体验的审美特色。

“淡雅”之所谓“淡”，指平淡、清淡、疏淡，侧重指意蕴情味。所谓“雅”，就是要求无过，无不及，包含适中、匀称、平正等。“淡雅”范畴要求文艺创作应追求平淡自然、韵味淡远的审美意境。袁枚《随园诗话》云：“公终身富贵，而诗能淡雅若此。”以“淡雅”和“富贵”相对，可见“淡雅”意味着超凡脱俗、飘逸淡远、雅洁冲淡、自然高妙。“淡雅”之境的创构是无心偶合、自然天成，因此，“淡雅”境域呈现出来的审美特色是平淡而不流于浅俗，澄淡雅洁。同时，“淡雅”又是“典雅”境域的又一审美特征。唐代司空图在《诗品·典雅》中云：“玉壶买春，赏雨茅屋。坐中佳士，左右修竹。白云初晴，幽鸟相逐。眠琴绿阴，上有飞瀑。落花无言，人淡如菊。书之岁华，其曰可说。”这里所描绘的典雅之境，就是一种淡雅闲适、悠然澄明、空灵渺远、莹洁疏朗的和雅冲淡之境。

就语义学看，“淡雅”之“淡”，最早意指“薄味”“无味”。《说文》云：“淡，薄味也。”就指出“淡”是极其浓厚之味道的反面。老子说：“道之出口，淡乎其无味。”《汉书·扬雄传下》云：“大味必淡，大音必希。”都指出，“淡”是一种“无味”“大味”。老子说“味无味”（六十章），即“把无味当作味”，或者说是“在恬淡无味中品出味来”，这种“味”才是“大味”，故而王弼《老子注》解释“味无味”是“以恬淡为味”。《礼记·中庸》云：“淡而不厌。”《管子·水地》曰：“淡也者，五味之中也。”在中国美学，“淡”也被运用来表述人格之美，如所谓淡雅、淡净、素净、淡泊、淡如、恬淡、不追求名利。《庄子·山水》云：“且君子之交淡若水，小人之交甘若醴。”《礼记·表记》云：“君子淡以成。”《世说新语·言语》云：“其水淡而清。”曹植《蝉赋》云：“实淡泊而寡欲兮。”诸葛亮《诫子书》云：“非淡泊无以明志，非宁静无以致远。”“淡淡”则为隐约淡远的表征，《列子·汤问》云：“淡淡焉，若有物存，莫识其状。”引申到中国古代文艺美学，“淡”即指文本所表征出的韵味淡远、语淡意深审美域。

第一节 “雅洁淡远”之境

首先，“淡雅”说追求一种“雅洁淡远”的审美境界。在中国美学，“雅洁淡远”又指平淡、枯淡、平淡天然、旨淡而远、言淡而旨远、平淡而味长。而“雅洁淡远”的“淡雅”之境则表现出一种清淡高远、超凡脱俗之美。如《隋书·牛弘传》就认为牛弘“有淡雅之风，怀旷远之度”。曹雪芹则在《红楼梦》第四十九回中指出，唐代诗人韦应物诗歌创作的艺术风格是“淡雅”，与杜甫诗歌的“沉郁”之风不同。“淡雅”之境的创构是“容情入境”。周济在《介存斋论词杂著》中说得好：“耆卿容情入景，故淡远，方回容景入情，故秾丽。”只有“容情入景”，才能使作品的审美意境达到气敛神藏、意蕴深厚、韵味淡远，才能给人“雅洁淡远”，即“淡雅”的感受。所谓“素处以墨，妙机其微，饮之太和，独鹤与飞，犹之惠风，荏苒在衣。阅音修篁，美曰载归。遇之非深，即之愈稀。脱有形似，握手以违”（司空图：《二十四诗品》）。“雅洁淡远”的“淡雅”之境，其审美特色是“水流花开”“过雨采苹”，是“落花无言，人淡似菊”。这种审美境界体现着中国美学“天人合一”的宇宙意识。在中国人的思想意识深处，自古以来就存在着一种天人一源、物我一类、形神一统的观念。自觉地追求天人的契合、心物的交融与形神的相彻，这不但是中国古代人学所要求的在人性完善中必须达到的终极目的，也是中国美学所推崇的在审美活动中应该努力追求的最高审美境界。中国美学精神的主流为强烈的天人合一宇宙意识所渗透，故而，在中国古代文艺美学家看来，心灵体验的目的并非为物质利益方面的个人得失，而是要“妙造自然”（司空图语），“与天为徒”（刘熙载语），“以一管之笔，拟太虚之体”，这里经过“妙造”的“自然”与“太虚之体”均为心灵之境，是主体通过对宇宙自然活跃生命的传达与审美主体内宇宙奥秘的显示，以表现审美主体于心灵体验中所领悟到的人生哲理、历史意识与宇宙生命真谛。如石涛就认为，画者“天下变通之大法也，山川形势之精英也，古今造物之陶冶也，阴阳气度之流行也，借笔墨以写天地万物而陶泳乎我也”（石涛:《石涛画语录·变化章第三》）。王夫之也认为，诗歌创作的要旨乃是“以追光蹑影之笔，写通天尽人之怀”（王夫之《古诗评选》）。虞世南认为，审美创作要达到“神应思彻”。应该说，审美创作活动中的这种“通天尽人”“神应思彻”审美心境的获得和主体对宇宙精神的体悟和表现以及主体自我实现的过程，也就是和雅冲淡、疏朗豁明、雅洁淡远境界的生成过程。

“雅洁淡远”之境的构筑是对作为审美对象的自然万物鲜活灵动的内在生命的体悟，要求超凡脱俗，独标孤素，一任慧心飞翔，以进入高远奇特、大道玄妙、冲灵淡远、温雅洁澄的审美境界，这就是所谓“妙悟天开”和“妙观逸想”。宋代诗僧惠洪在《冷斋夜话》中说:“诗者，妙观逸想之所寓也。”这就是说，诗歌是通过“妙观逸想”的审美创作活动创构出来的。所谓“妙观”的“妙”，是精妙而不可思议的意思，意指审美主体亲自进入自然社会，身历目见，仰观俯察，纵情独往，与物悠游，精细体会，以见得真切，观得精妙。是外师造化，深入地观照和感受作为审美对象的自然万物外在的审美形态以把握其内在审美意蕴的过程。“逸想”的“逸”，则是超越世俗、摆脱尘念、闲适自在、洒脱不羁的意思。窦蒙《语例字格》说:“纵任无方曰逸。”朱景玄《唐朝名画录》以“不拘常法”为“逸”。黄休复《益州名画录》说得更为生动具体，在他看来，所谓“逸”乃“拙规矩于方圆，鄙精研于彩绘，笔简形具，得之自然，莫可楷模，出于意表”。这些见解，都说明了“逸”是指心灵体验的出人意外，超逸拔俗，不拘常法，不依常规，也即所谓“天马行空”“独鹤与飞”的特性。由此，不难看出，“逸想”则是指心灵体验中，那种自由自在、洒脱超然、神奇飘逸和变化莫测、高标脱俗的心灵自由之境。它是在“妙观”的基础上打破主体心灵结构原有的平衡，感物起情，因情起兴，而神思飞越，所展开的一种自由适意、超然拔俗的心灵遨游。而所谓平和淡雅、“雅洁淡远”之境，则既是指心灵体验活动中主体“素处以默”，“人淡如菊”，摆脱尘世的喧嚣、外物的诱惑和庸俗之念的纠缠，体“道”而后寄形骸之外，游神然后穷变化之端的超然自由的审美心态；同时也指主体“玉壶买春，赏雨茅屋”，“俱道适往，著乎成春”，“幽人空山，过雨采苹”，由眼前景以为诱发心灵自由遨游的契机，由自己所观感到的万象罗立、纷纭复杂、“水流花开”的景象应会感神，而生发出无数新奇独特的构想，感召无象，变化不穷，并进而达到超越物我、灵光绰绰、自由自在的最高境界的心灵体验过程。

第二节 “和雅冲淡”之境

“淡雅”说表现出一种“和雅冲淡”之境。这种“和雅冲淡”之境的审美特色是自由自在、鲜洁澄澈、和雅清淡、温和适意。我们知道，中国古代美学始终在探索人的自我价值，探寻如何构成一种和谐完美的人生境界，寻求如何克服客体的制约与束缚以发展作为主体的人的自身。人的意义存在的自明性本质规定决定了“雅”境构成的自显性。在中国美学看来，通过人格的完善、心性的复归，则能由“克己”“由己”“反身”“尽心”而“知性”“知天”，并进而使“天地与我并生，万物与我为一”，以达到“如将白云，清风与归”，“少有道契，终与俗违”①（《超诣》）的自由适意、超尘绝俗的“和雅冲淡”之境。或者如道家所提倡的，通过“涤除玄鉴”，以保持主体的虚静澄明心境来静观体悟“道”这种宇宙的生命本原，“合其光，同其尘”，以“俱似大道，妙契同尘”（《形容》），进而“同于道”，以与天地合一，使人成为自然的主人、社会的主人、自我生活的主人，最终构成冲然而淡、悠然而远的自由境界。这既是中国古代美学所追求的最高审美理想，也是其审美境界建构论的指归。

作为一种审美境界，“落花无言，人淡如菊”的“淡雅”之境是指审美活

① 司空图:《二十四诗品》，何文焕辑:《历代诗话》，中华书局2004年版。

动中，审美主体超越自我情欲与自我智识以及外在物相的局限，于虚澈灵通的审美心境中，直达自身与宇宙万物的生命底蕴，由此而获得的自我外化与自我实现。在这境界中，主体超越凡俗、摆脱尘念、“虚伫神素”（《高古》）、“体素储洁”（《洗炼》）、“超以象外，得其环中”（《雄浑》），丧失了一己之情感而获得人类共有的生命意识并使宇宙意识与生命意识同构，物我一体、人天合一，自然万物的内在生命结构与人的内在心理结构相契合，人与自然处于和谐统一之中，以进入冲和、淡雅，如将白云、清风与归，俱道适往，著手成春，娓娓浸入，悠悠无垠的“和雅冲淡”之境。

在中国古代，不管是儒道，还是佛禅，都视“和雅冲淡”的“淡雅”之境界为人生与审美的最高境界。如儒家孔子在提倡弘毅进取、积极入世、以天下为己任的同时，就更追求与宇宙自然合一的自由境界。在孔子看来，人生境界的建构有由“知天命”到“耳顺”，再到“从心所欲不逾矩”的几个层面。按照朱熹的解释：“矩，法度之器，所以为方者也。随其心之所欲而自不过于法度，安而行之，不勉而中也。”（朱熹：《论语集注 · 为政》）由此，我们可以看出，“从心所欲而不逾矩”，实质上就是一种实现了与自身的和谐，克服了私欲妄念，迥迥然脱尘，与天地万物合一的人生自由完美境界，也即“雅洁空灵”之境。具有崇高品格的人自有其道德行为的规范，如礼、义、仁，但是这些规范法度又并非机械的、教条化的，而是与人生境界合一的。所以品德高尚的人在这些规范与法度中，仍然能超越平庸、流俗，不失超然独立而与天地万物的合一，他是完全自由的。对此，程子解释得比较精到：“圣人之神，与天为一，安得其二。至于不勉而中，不思而得，莫不在此。”（程颢、程颐：《河南程氏遗书》卷二）人生的最高境界是人与自然的融合沟通，是人心与宇宙精神的直接合一。处于这种境界，由于心灵的开拓与视野的拓展，人生和人生的活动不再是平庸低级、趋炎附势、随波逐流、追名逐利、同流合污、浑浑噩噩，而是自觉的、自由的选择，是“不勉而中，不思而得”，也就是“安而行，不勉而中”。这种自觉与自由，又与“自然境界”中的“顺才”“率性”具有本质的不同，看似率意自得，实际却是超凡脱俗，自然超妙，其中蕴藉着人对宇宙自然、社会人生的深沉的内心感受与高度的觉解，即如青原惟信禅师所说：“老僧三十年前来参禅时，见山是山，见水是水；及至后来亲见知识，有个入处，见山不是山，见水不是水；而今得个休歇处，依前见山只是山，见水只是水。”(《五灯会元》卷十七《青原惟信禅师》)前一个“见山是山，见水是水”与后一个“见山只是山，见水只是水”绝不可以等量齐观。

同时，应该说，这种“和雅冲淡”之“淡雅”境界也是完善与完美的宇宙意识在人生中的再现。在这种境界中，人的心灵总是处于活泼泼的状态。诚如梁漱溟在《儒佛异同论》中所指出的：“譬如孔子自云：七十从心所欲不逾距（矩），而在佛家则有恒言曰：得大自在。”所谓“得大自在”，也就是得到大自由。儒家的另一代表人物孟子也推崇超凡脱俗的天地之境。孟子认为人性乃是人心之本性，为天之所赋，故人性与天性是合一的。但由于人受世欲杂念的干扰，亡失了纯真的本心，所以人生的最大追求就是要回复本心，这样，就可以达到人性与天性合一，“上下与天地同流”，而万物皆备于我的自由的最高审美境界。他说：“诚者，天之道也。”(《孟子·离娄上》)“思诚者，人之道也。”“万物皆备于我矣，反身而诚，乐莫大焉。”(《孟子·尽心下》)这里就强调人应该从内心做起，通过深切的内心体验，以真切地把握本心，从而达到鲜洁澄彻、和雅冲淡、与天地万物一体的最高境界。道家的老子则把“同于道”作为人生的最高追求与一种极高的人生境界。而庄子则有对“无所待”而“逍遥游”理想境界的向往。在庄子看来，人生的意义与价值在于任情适性，以求得自我生命的自由发展。要实现自我，则必须摆脱外界的客体存在对作为主体的人的束缚和羁绊，以达到精神上的最大自由。在庄子看来，只有“游心于淡，合气于漠，顺物自然而无容私”(《庄子·应帝王》)，才能构成“以天合天”(《庄子·达生》)的“和雅冲淡”之境，故他强调：“以虚静推于天地，通于万物，此之谓天乐。”(《庄子·至乐》)“天乐”是“至乐”，是道之行于天地的一种自由境界。佛教禅宗则追求超越人生的烦恼，摆脱与功名利禄相干的利害计较，使心与真如合一，来构成绝对自由、清澄和雅的人生境界。

由此，不难看出，诸家人生境界论的建构都是和传统美学所尽力营构的“和雅冲淡”之境相一致的。这种一致突出地表现在心态特征方面。无论是人生最高境界，还是审美境界，都是把对宇宙自然生命之源的体悟，与由此所获得的对有限的现实时空的超越和心灵的自由作为最高的追求。所谓“从心所欲”“不思而得”“与天地同流”的心理状态与“纵浪大化中，不喜亦不惧”(陶渊明《神释》)所表露出的随其所见、任兴而往、由物感触、忽有所悟的自然自得的审美心态，显然是相如合一的。从传统的审美活动来看，审美境界的创构，实际上就是审美主体通过虚静观照，将个体生命意识投入宇宙生命的内核，超越感官所及的具体、有限的意象，超越时空，超越生命的有限，以获得人生、宇宙的奥秘，达到精神的无限自由，由此而获得审美体悟和审美感兴，并获得最大的审美愉悦，也就是进入“大乐”“至乐”境界。只有超越世俗物欲、生死、感官，如象庄子所谓的“外物”“外生”“外天下”（《庄子·大宗师》），才能“得至美而游乎至乐”（《庄子·田子方》），从物中见美，从技中见道，在有限、短促的瞬间领悟到无限、永恒，也获得无限、永恒，获得心灵的自由，也才能“心合造化，言含万象，且天地日月，草木烟云，皆随我用，合我晦明”（虚中《流类手鉴序》）。我们知道，获得审美的感悟是情感的净化和心灵的飞升，通过此，审美主体可以得到精神的升化和情感的慰藉。即如徐夤《十里烟笼》诗所云：“白云明月皆由我，碧水青山忽赠君。”又如汤显祖《将之广留别姜丈》诗所云：“风霞余物色，山水淡人心。”在“和雅冲淡”审美境界中，主体摆脱了世俗欲望经验的干扰，从宁静平和的生活情趣中，求得神清气朗、清静虚明、晶莹洞彻的审美心境，并从而使心灵获得一种高尚的自由与解放，无拘无束，优游自若，一颗审美的心灵俯仰自得，神游于无穷，超然于物外，无处不至，无时不在，直达深远的生命之源。韦应物《登乐游庙作》诗云：“归当守冲漠，迹寓心自忘。”司空图《二十四诗品》云：“饮之太和，独鹤与飞。”都极为明显地表现了这种恬淡自然、透明澄澈、超然旷达的心境与清澄和雅、雅洁淡远审美境界创构的关系。方回在《心境记》中曾以陶渊明《饮酒》诗“结庐在人境，而无车马喧”为例，来表述自由自得审美心态的获得对深层审美境界创构的重要性。他说：“有问其所以然者，则答之曰：‘心远地自偏。’吾言即其诗而味之，东篱之下，南山之前，采菊徜徉，真意悠然，玩山气之将夕，与飞鸟以俱还，人何以异于我，而我何以异于人哉？……其寻壑而舟也，其径丘而车也，其日涉成趣而园也，岂亦扶天地而出，而表能飞翔于人世之外耶？顾我之境与人同，而我之所以为境，则存乎方寸之间，与人有不同焉者耳。昔圣人之言志也，子路则率尔对矣，求尔何如，赤尔何如，则亦各言之矣，然点也铿尔舍瑟而作曰：‘异乎三子者之撰。’然则此渊明之所谓心也。心即境也，沾其境而不于其心，则迹与人境远，而心未言不近；治其心而不于其境，则迹与人境近，而心未言不远。”（方回：《桐江集》）“境”就心而言，是指一种内在的超越精神，“和雅冲淡”

之境的创构，也就是一种心境的获得。“心即境”，故“心远地自偏”。所以，中国美学推崇“以天合天”“妙观逸想”“寓目辄书”的心灵体验活动。在这种心灵体验活动中审美主体必须“澄心端思”，雪涤俗响，一洗凡目，以“治其心”，达到心灵自由、专一和空灵，进入自在自为的心理状态，才能一任自由的心灵，率意而为，不期然而然，以自致广大，自达无穷，使心与宇宙精神参合，从而臻于一个生命自由的“雅洁淡远”之境。就艺术审美创作而言，“和雅冲淡”与“雅洁淡远”之“淡雅”境界的创构是大化流衍的宇宙生命精神的传达，是宇宙感、历史感和社会人生的哲理进入审美主体的心灵，化为血肉交融的生命有机力量的显示。审美主体要使自己在“和雅冲淡”与“雅洁淡远”之境的深入发掘和开拓中进入纯精神领域，让心灵任意自由飞翔，就应该保持心境的平和自得与自适自在，使之物我两遣，超越人世、感官、物欲的羁绊，于萧然淡泊、闲适冲和的心理状态中，由“游心”而“合气”，顺应宇宙万物自然之势。只有这样，才能在与“雅洁淡远”审美境界的创构活动中，“以天合天”，“超以象外，得其环中”，“俱似大道，妙契同尘”，使物我合一。应该说，也只有这样，才能达到“抚玄节于希声，畅微言于象外”（僧卫:《十强经合注序》）和雅澄彻的审美境界，以酝蓄发酵出独特而隽永的艺术意境。即如王弼《老子注》五章所云:“天地任自然，无为无造，……无为于万物而万物各适其所用，则莫不赡矣。”又如张彦远所云:“不滞于手，不凝于心，不知然而然。”（张彦远:《历代名画记》）的确，“雅洁淡远”之境的熔铸是无心自适，暗然心服，油然神会。只有达到心灵自由，超越客观物相的局限与人世杂务的干扰，审美主体才能在心灵体验活动中一无牵挂地游心万仞，俯仰宇宙自然，从而以创构出“不知其何以冲然而淡，翛然而远”（蔡子石:《拜石山房词序》）的超诣清空、“和雅冲淡”的“典雅”之境。正如沈灏《画麈》所说:“如太虚片云，寒塘雁迹，舒卷如意，取舍自由。”现代美学告诉我们，人的生命意识的核心，是对自由与完美的渴望和追求。在我们看来，只有在心灵体验与“落花无言、人淡如菊”“雅洁淡远”之境的自由自得的超越心态中，人的这种本性与真情以及深层的生命意蕴，才能得到很好地表露，并由此而获得自我的实现。同时，在心灵体验活动中，也只有借助人的这种深层的生命意识作为内在活力，才能进入自由的审美境界，“使在远者近，抟虚作实”（王夫之:《夕堂永日绪论》内编），也才能创构出深广幽邃、焕若神明、生气氤氲、倏然然而远的“淡雅”之境。正如沈灏《画麈》所说：“如太虚片云，寒塘雁迹，舒卷如意，取舍自由。”现代美学告诉我们，人的生命意识的核心是对自由与完美的渴望和追求。应该说，只有在心灵体验与“落花无言、人淡如菊”“雅洁淡远”之境的自由自得的超越心态中，人的这种本性与真情以及深层的生命意蕴，才能得到很好地表露，并由此而获得自我的实现。同时，在心灵体验活动中，也只有借助人的这种深层的生命意识作为内在活力，才能进入自由的审美境界，“使在远者近，抟虚作实”（王夫之:《夕堂永日绪论》内编），也才能创构出深广幽邃、焕若神明、生气氤氲、倏然而远的“淡雅”之境。

第三节 “雅洁冲灵”的人格境界

前面曾经说过，“气”决定着审美创作主体的个性，决定着人格、品德“雅俗”与否的构成；“和雅冲淡”“雅洁淡远”境界的创构，离不开主体“高雅”的人格建构。即如丘密《洞仙歌词》云：“丰肌腻体，淡雅衿贵，不与去群芳竞妹丽。”又如施补《岘佣说诗》所说：“陶公诗一往真气，自胸中流出，字字雅淡，字字沈痛。盖系心君国，不异《离骚》，特变其面目耳。”要使“真气”流淌，“字字雅淡”，离不开“心”的主宰。而要使人格“雅洁淡远”，达到“淡雅”之境，则离不开“养气”。所谓“养气”，实质上也就是主体“高雅”人格境界的建构。具有极高人格境界的创作主体，不但能够通过阅读以获得大量的事例和史料，而且能够通过一种体验取得认同意识，以丰富情感、增强才力。即如刘勰所说：“经籍深富，辞理遐亘，浩如江海，郁若昆邓。文梓共彩，琼珠交赠。”（《文心雕龙·事类》）又如沈德潜所说：“有第一等襟袍，第一等学识，斯有第一等真诗。”（《说诗晬语》卷上）的确，前人的优秀作品具有的营养，审美创作主体应坚持学习，广闻博见，始能增强其才气，培养其“高雅”的审美趣味和审美意向，以创作出不朽之作。马克思指出：“人们之所以有历史，是因为他们必须生产自己的生活，而且是用一定的方式来进行。这和人们的意识一样，也是受他们的肉体组织所制约的。”[①]创作主体的“高雅”人格境界的形成也是这样一个历史的过程。一方面，主体对前人所创

---

① 马克思、恩格斯:《马克思恩格斯全集》第1卷，第24页。

作的作为审美对象的文艺作品加以扩大发展；另一方面，又对自己内在的结构（生理的、心理的）加以充实丰富，通过精到的审美接受，使自己的人格境界于不断建构中得以完善。由于每个人过去的审美实践经验都作为一种审美的成果保留在人的头脑中，因此，每个人都必然具有自己独特的人格境界和审美价值观。从中国古代文艺审美实践史来看，几乎每一个取得辉煌成就的文艺家，在形成自己独特、“高雅”的人格境界和审美价值观之前，都曾经从前人所创造的艺术成果中汲取过营养。而他们创造的艺术作品从根本上说又是对前人所创作的作品的扩大、突破和发展。

一、识正气正

通过“读书”“养气”，可以提高审美创作主体的审美理解认识能力。审美理解是指艺术创作构思心理中的理解因素。在审美创作活动中，审美理解始终渗透在感知、想象、情感等心理因素之中，与其融汇一体，以构成一种非确定性的、多义性的审美认识。姚燧说：“文之体，根于气，气根于识，识正而气正，气正而体正……”（《卢威仲文集序》）郑板桥说：“读书深，养气足，恢恢游刃有余地矣。”（《郑板桥集补遗·与江宾谷江禹九书》）通过审美接受，深刻领会作品中的审美意旨和审美情理，不但可以增加主体的间接审美经验，而且可以提高主体的人生价值观念，陶冶其性灵，增强其审美理解认识能力。同时，通过审美阅读，还能够激发审美创作主体积淀在深层心理结构中的民族历史意识。故章学诚认为：“学也者，凝心以养气，炼识而成其才者也。”（《章氏遗书·文史通义·文德》）要发展、创新就得继承和借鉴。所谓“诗以温柔敦厚而垂教也。其为言也，既平易而易知，及讽咏之作，又足以感人心而易入”（梁寅：《诗演义原序》）。杰出的传世之作不仅能启迪人的审美思维，还能陶铸人的审美情操和审美趣味，培养“高雅”的审美价值取向。早在孔子就曾提出“游于艺”“兴于诗”的主张。之后，陆机也曾在《文赋》中说：“伫中区以玄览，颐情志于典坟。……咏世德之骏烈，诵先人之清芬；游文章之林府，嘉丽藻之彬彬。慨投篇而援笔，聊宣之乎斯文。”要进行审美创作活动，创作主体则只有认真地从“典坟”和“文章之林府”中吸取经验，“熟读而明其章句，继融会而究其义蕴”，以涵养胸次，发其才气，这样，才能提高自己的审美理想，丰富自己的审美经验和生活经验，以培养正确的审美价值观，增强自己的审美创作能力。魏了翁说："盖辞根于气，气命于志，志立于学。学之薄厚，志之小大，气之粹驳，则辞之险易正邪从之……积中而形外，断断乎不可掩也。"（《攻愧楼宣献公文集序》）"气""志""学"密切相关，决定着审美创作的成败优劣。故何绍基说："子史百家皆以博其识而长其气……养此胸中春气，方能含孕太和。……和理养气，皆以此为依据。"（《与汪菊士论诗》）通过"博其识而长其气"，以蓄养"胸中春气"，才能"积中而形外"，以创构"淡雅"之境。换言之，即含孕太和、囊括万有的审美创作与"雅洁冲淡"之境的创构，离不开对先贤佳作的博收精阅、仰取俯拾，离不开主体的"积理养气"，足见读书积学是养气与创构"雅洁淡远"之境以建构高雅人格境界的重要途径。

二、周览环宇

走进大自然，去历览名山大川，外师造化，交游学者名士，通过亲身阅历，以加深审美创作主体对现实生活中的社会美和自然美的审美感受，使万象"历历罗列于胸中"（郭熙语），以发浩荡之思，生奇逸之趣，增强其心灵中所蕴积的"气"，也是养气的必要途径。深入生活，认真地体验和观察自然万物，既能给审美创作主体带来创作的激情，深化和优化其审美心理结构，同时，也能使其从中获得大量的创作素材。因此，通过"周览环宇"这种游历自然山水的审美实践活动，以获得丰厚的生活积累和情感积累是形成建构审美心理结构、充养培育审美个性气质与"高雅"的审美价值取向，是进入和开展审美创作活动，以创构"雅洁冲淡"之境的基础与必要条件。从文艺审美创作实践史来看，无论多么伟大的作家，要创作出优秀的作品，首先就得具备丰富的生活积累和审美实践经验积累，以确立"高雅"的人生价值观，完善和健全自己的审美心理结构。王正德说得好："（孔子）涉世深矣，故其述作始可为万世法。譬如积水，千仞之源，一日决之，滔滔汩汩，直至于海，其源深矣。若夫潢潦之水，乍盈乍涸，终不能有所至者，其源浅也。古人著书，多在暮年，盖为此也。"（《余师录》）创作主体"高雅"人格的建构来自"涉世深"，而"涉世"，或谓"周览环宇"有如"积水"，天地自然与社会生活是审美创作的渊薮，是"源"。深入社会生活，广泛地进行审美实践活动，使其心灵意识中积累丰富的美的基因，增强其审美心理结构，培育起"雅正"

的审美价值观，使其如“万仞之源”，从而其审美创作构思才取意高远，进而神思飞跃，意象纷呈，“滔滔汩汩，直至于海”，以创作出“可为万世法”的伟大作品，取得辉煌的艺术成就。陆游《感兴》诗云：“吾尝考在昔，颇见造物情。离堆太史公，青莲老先生。悲鸣伏枥骥，蹭蹬失水鲸。饱以五车读，劳以万里行。险艰外备尝，愤郁中不平。山川与风俗，杂错而交并。邦家志忠孝，人鬼参幽明。感慨发奇节，涵养出正声。故其所述作，浩浩河流倾。”“五车读”给人广博的知识，“万里行”则给人以生活积累和审美经验积累。深入生活，“险艰外备尝”，以获得深沉的情感体验；“愤郁中不平”，以增强其审美创作的情感动力。从“山川与风俗，杂错而交并”的宇宙间万事万物中增加自己的审美实践经验，在深情观照中获得生活与自然的亲切赠予，培养心中的“奇节”，“涵养出正声”，以山川风物、自然灵气来陶冶自己的品德情趣，树立“高雅”的人生价值观，增强奇气逸气，培育高雅的审美情趣，丰富和扩展自己的审美能力，拓展审美想象的心灵空间，同时改变与审美客体的关系，通过“周览”不断调整建构主体自己的审美心理结构，深化其审美价值观，从而其审美创作始如“浩浩江流倾”。所以，审美创作主体要想真正进入审美创作之中，就必须跃入浩气鼓荡、吹万不穷、大化不已的宇宙天地里，以获得最真确的生命存在，建立“雅正”的审美价值观，强化自己的审美心理结构，充养“至神之气”。苏辙说：“太史公行天下，周览四海名山大川，与燕赵间豪俊交游，故其文疏荡，颇有奇气。”（《上枢密韩太尉书》）大自然中生命运动模式的陶冶和外物与内心的相互作用都能够提高审美创作主体的体验能力，增强其审美价值观，增益其审美情趣。马克思指出：“人靠自然生活”“人是自然界的一部分。”[①]“雅”境的生成，离不开人与自然。马荣祖说：“磅礴混茫，中是何物。有夫吸虚，灵风披佛。春雷未鸣，众万沉郁。应龙虫引藏，奇葩含蕤。胎息渊源，根抵盘屈。恍乎惚乎，穷于仿佛。”（马荣祖：《文颂·养气》）人与自然万物生命的共同本源——“气”，即所谓“吸虚”，蕴藏于“磅礴混茫”的宇宙大化之中，使其“灵风披拂”“奇葩含蕤”，这种自然万物间所孕含的生命真谛与审美主体种种复杂的内在情感之间对应同构，是“养气”的主要渊源。人们通过“胎息”“养气”，以创作一个虚静的审美心灵本体，则

① 马克思、恩格斯：《马克思恩格斯全集》第42卷，第95页。

可以臻万物于一体，达到与万物同致的审美境界。同时，“雅”境的生成也离不开人类社会，社会创造的事物与人类的精神行为和山川自然一起构成现实生活的美。审美创作主体只有走进社会和自然去亲身感受与体验，从中得到一种激发，由此发而为文，始“疏荡”而有“奇气”，始如春雷轰鸣，万物催生，龙虫并雕，奇葩怒放。可见，“周览环宇”与“善于读书”都是“养气”之要领，故中国古代美学有“读万卷书”，还须“行万里路”，始能“下笔有神”之说。

三、涵养品性

况周颐说得好：“填词要天资，要学力。平日之阅历，目前之境界，亦与有关系……雅俗，人也……”（《蕙风词话》）雅俗均由人所创构，人雅，即境也雅。故而，在中国古代雅俗论看来，建构成“高雅”人格境界的“养气”途径除了“读书”与“出游”外，还必须通过“内游”。

所谓内游，是指心灵的览观与体验。审美创作主体必须保持一种玲珑澄澈之心去玄览平日积淀于自己深层意识中的物象，在静穆的内视中，去参悟宇宙的微旨，与自然的生命节奏妙然契合，在“虚静”中洞见宇宙，直视古今，达到无所不想其极的审美境界，以充养创作主体的审美元气，增强其审美价值观。即如陈绎曾《文说》所说：“养气之法，宜澄心静虑，以此景此事此人此物默存于胸中，使之融化，与吾心为一，则此气油然而生，当有乐处，文思自然流动充满而不竭矣。”充塞于天地之间的元气是物质生命的凭借，人的生命也来源于这种元气，所以，物与人不是相衡相峙的异己对象，而是与人息息相通的生命本体，“守其神，专其一，合造化之功”（张彦远语），人就可以与自然的生命韵律相合拍。因此，审美活动主体，“勤于足迹之余，会于观览之末，激其志而益其气”（郝经:《内游》），只是养气的一般法则；“身不离于衽席之上，而游于六合之外，生乎千古之下，而游于千古之上”（同上），才是养气的最高深的法则。故郝经主张：“持心御气，明正精一，游于内而不滞于内，应于外而不逐于外。常止而行，常动而静，常诚而不妄，常和而不勃。”（同上）这样，人心“如止水，众止不能易；如明镜，众形不能逃，如平等之权，轻重在我；无偏无倚，无污无滞，无挠无荡，每寓于物而游焉”（同上），从而则能充养其道德气质，树立“雅正”的人生价值观，使其心中胸中之“卓尔之道，浩然之气”涌跃澎湃，“巍乎与天地一”（同上），以达到极高的审美境界。在审美创作构思中，始能促使深层生命意识的涌动，在无意识中让自我情愫飘逸到最渺远的所在，在静中追动、蹈虚逐无中完成审美构思的目的，获得宇宙间最精深的生命隐微，从而创作出艺术珍品。同时，通过“内游”，使人体生命之气与自然万物生命之气交合融一，审美主体于是获得“与大化融合无际”“无天人内外之隔”的审美感悟，以健全自身的和合完美的人体生命之气，并通过此以完善其人格气质与审美价值观，充养其元气，这对于主体的自身建构也就是非常必要的了。

通过持心御气的心灵玄览不仅能促进人的自我体验，就审美创作来看，这种“内游”以“养气”还能培育审美创作主体的内在情感。内在情感是人的整个生命中至关重要的组成部分。在审美创作活动中，情感是主体创作的审美动力，支配着其审美价值取向。审美创作主体在进入创作之前，广泛深入地体验着生命，在自己的“印象的仓库”中积满了生活素材，但这时还不能直接转入创作，只有经过审美创作主体的心灵对这些素材进行吸取、选择、酝酿、升华，并长久地在心中玩味体会，建立起特定的关系之后，才有可能在一次偶然机会中深深地触动灵魂，产生第一次兴会，生成强烈的创作欲望，从而进入创作活动。因此，应该说，若是没有内在情感与生命的波动，则不会有艺术的审美创作。所以，黑格尔要求审美创作主体不仅要有“常醒的理解力”，而且还要“求助于深厚的心胸和贯注生气的情感”①，强调指明审美创作主体的内在情感与人生价值观对于艺术生命具有极为重要的作用，并且表明内在情感的积累是一个无意识的过程，但是必须要有清醒的意识加干预。也就是说，内在情感是有意识的熔炼和澄心静虑的体悟的结合。中国古代美学对此是有所认识的，并指出通过“内游”“养气”可以增强审美创作主体的内在情感。陆游说：“夫心之所养，发而为言……贤者之直养，动天地，开金石，其胸中之妙充实洋溢，而后发见于外……故务重其身而养其气。”（《曾裘父诗集序》）王阳明也说：“元气只在你心上求。”“先养得人心和平，然后作乐。”（《语录·传习录下》）这里所谓的“动天地，开金石”之“直养”，“充实洋溢”的“胸中之妙”与“心上”的“元气”“人心和平”，实际上就是审美创作主体通过“内游”“养气”而培育起的内在生命情感，亦是“持心御气，理正精一”的规定性内容。“理正”就是“雅正”的审美价值取向。可见，“内游”“直养”是“养气”的最为重要的途径。

① 黑格尔：《美学》第1卷，第375页。

第六章　和雅

"和雅"，即和平雅淡之境。卢思道《辽阳山寺愿文》云："洞穴条风，生和雅之曲；圆珠积水，流清妙之音。"采畴《谢亦嚣诗集》序云："亦嚣性情闲雅……故其为诗，冲淡和雅。"这里就提出"和雅"说。"和雅"之"和"，又称"中和"。《礼记·中庸》曰："喜怒哀乐之未发，谓之中，发而皆中节，谓之和。中也者，天下之大本也；和也者，天下之达道也。致中和，天地位焉，万物育焉。""中和"就是"中庸"，即无过、无不及，要求恰到好处，包含有适中、适度匀称、平正、和谐等美学思想。故而，从人格建构来看，"和雅"，是人的性情适中、不偏不倚的体现；从天地宇宙的生成关系来讲，"和雅"又是宇宙自然的和谐统一关系的体现。中国美学认为，宇宙间的自然万物既雷动风行、生化万变，不断地生成、运动、变化，同时又处于一个和谐的统一体中，阴阳的交替、动静的变化、万物的生灭，都必须"致中和""和雅适中"，即遵循"中和"这种美学精神，以使"天地位""万物育"，构成宇宙自然和谐协调的秩序。可见"中和"既是人道，也是天道。这样，由"和"作修饰语构成的"和雅"范畴也自然涉及人生美学与文艺美学两个方面的内容。

第一节　中正平和

就人生美学来看，从"尚雅""隆雅"的审美意识出发，中国美学在人生态度与人生境界的追求上，主张中正平和、温和文雅、文质彬彬、不偏不倚。

所谓“和雅静素，寡嗜欲”（《宋书·殷琰传》）；“襟怀和雅，神清志逸”（《旧唐书·文苑传中·贺知章》）；“和雅谦谨”（袁枚:《随园诗话》）。这些句子中所提到的“和雅”，就是指温和文雅、平和淳朴。就文艺美学看，无论是“和雅之曲”还是“冲淡和雅”之诗，都要求文艺作品具有平和闲雅、温润和雅之境。因此，可以说，雅正、优雅、温雅、闲雅、温和、温厚、温润、平和、中正等中和之美本身就是“和雅”这种审美意识的具体显现。

受特定的地理环境与文化环境的影响，中国美学很早就有一种尚“中”意识。就其实质看，中就是正，雅也是正，所谓“雅者、正也”。故而，“中”与“雅”是相通的，“中”就是“雅”，就是“正”，也就是美。《周礼·地官·大司徒》云:“以五礼防万民之伪，而教之中。”贾公彦“疏”云:“使得中正也。”《尚书·盘庚》云:“各设中于乃心。”这里所谓的“中”，在顾颉刚看来，其意思就是“中正”；王世舜也认为“中”即“正道”（《尚书译注》），意指一种中正之道，即为正确的德行，也为美德。《易传》的作者正是在这一意义的基础上运用“中”，并表现出一种尚“中”审美意识的。《易传》中提到“中”的地方很多。如《文言传》有“重刚而不中”“刚健中正”；《彖传》《象传》有“中正”“正中”“得中”“时中”“刚中”“中行”“使中”“在中”“中”“中直”“大中”“积中”“中心”“中道”“行中”“刚而过中”“中无尤”“未出中”“中未大”“久中”“中不自乱”“中节”“中心为志”“中未变”“中有庆”“中心有实”“位中”“不中”“中心为正”等。高亨在解说《易传》时说得好，他指出:“中则必正，正则必中，中正二名实为一义。《易传》又认为人有正中之道德，而能实践之，则能胜利，故得中为吉利之象。”（《周易大传今注》）“中”，要求守中，即为人处事要适中而恰当，避免过与不及、狂与狷两种偏向，持中庸而不走极端，执中而不偏，以追求人与人、人与社会间人伦关系的和谐。另外，“中”还表现出一种人格的完善和“乐而不淫，哀而不伤”的美善合一的审美境界。尚“中”审美意识的根本精神就是不走极端，在人格操守、行为准则上讲求自律自守、恰到好处，并由此而克服偏激、粗野、轻率和鲁莽，做到“直而温，宽而栗，刚而无虐，简而无傲”。“中”，就是谦和、宽容、温和文雅。故而宋明理学家解释“中”说:“中者，天下之正道。”（《河南程氏遗书》卷七）“中者，不偏不倚、无过无不及之名。”（朱熹《四书章句集注》）“中只是个恰好道。”（《朱子语类》）“中之理所包甚大，存于心而不偏不倚，发于情而无过不及，以其可以常行不可易，故又谓之庸。”（薛瑄:《读书录》）这里就指出，尚“中”就是要求从人的“心”“情”，到人生的言行举止、仪表姿态等人格操守的内外都必须恰到好处。即如季札在鲁观乐时对不同乐曲所作的审美评价“勤而不怨，忧而不困，思而不惧，乐而不淫，大而婉，险而易行，思而不贰，怨而不言，曲而有直体，直而不倨，迩而不逼，远而不携，迁而不淫，复而不厌，哀而不愁，乐而不荒，周而不匮，广而不宣，施而不贵，取而不贪，处而不底，行而不流，五声和，八风平，节有度，守有序”等，以及《中庸》中所谓的“君子之道，淡而不厌，简而文，温而理”；《表记》中所谓的“君子隐而显，不矜而庄，不厉而威，不言而信”；“亲而尊、安而敬，威而爱，富而有礼，惠而能散”；“义而顺，文而静，宽而有辩”等，它们都极为生动地表述了尚“中”审美意识所推重的不偏不倚、执中守正、温厚和雅的诗学精神和人格风范。

中正和雅，首先要求在人格建构方面必须恬淡寂静、坦荡浑厚、纯真自然、温良恭俭、淳厚典雅。如《论语·乡愿》所载:“孔子于乡党，恂恂如也，似不能言者。其在宗庙朝廷，便便言，唯谨尔。”“君召使摈，色勃如也，足躩如也。揖所与立，左右手，衣前后，襜如也。趋进，翼如也。宾退，必复命曰:‘宾不顾矣。’”“执圭，鞠躬如也，如不胜。上如揖，下如授。勃如战色，足蹜蹜，如有循。享礼，有容色。私觌，愉愉如也。”作为君子、雅士的典范，孔子的一言一行、一举一止都显得文质彬彬，中规中矩，品德端庄，有礼有仪，一丝不苟。因此，“君子必佩玉，右徵角，左宫羽。趋以《采齐》行以《肆夏》；周还中规，折还中矩；进则揖之，退则扬之，然后玉锵鸣也。故君子在车则闻鸾和之声，行则鸣佩玉，是以非辟之心无自入也”。依照这种审美规范，要求“言语之美，穆穆皇皇；朝廷之美，肃肃雍雍”；人生的一切都必须中规中矩，“宫室得其度，量鼎得其象，味得其时，乐得其节，车得其式，鬼神得其飨，丧纪得其哀，辨说得其党，官得其体，政事得其施，加于身而错于前，凡众之动得其宜”；“行中规，还中矩，和鸾中《采齐》；客出以《雍》，彻以《振羽》，是故君子无物而不在礼矣”。从品德操行到体貌装饰、仪容情态、为人处世都应“得宜”“得度”“得体”“得节”“中规”“中矩”“在礼”，以达到“温柔敦厚”“疏通知远”“广博易良”“洁静精微”“进退有变”。这种“有度”“得宜”“得体”就中国美学隆“雅”审美意识来看，就是“和雅”。

具体而言，人品要高，举止要和雅适中，首先其身份地位必须“相称”“得体”，以别尊卑、雅俗。即如《荀子·荣辱》篇所指出的：“越人安越，楚人安楚，君子安雅。”行为举止、仪容体态、人格操守必须符合自己的身份。故作为君子、士人，就应与自己的身份和地位相称，不偏不激、相宜相应，以体现“雅”的审美风范。如不“得体”、不“相称”，则会走向反面，而体现为不雅、粗野、卑鄙和庸俗。因此，孔子认为“过犹不及”，推崇“无过无不及”的人生境界。对此，北宋理学家朱熹说得好：“如君止于仁，若依违牵制，懦而无断，便是过，便不是仁。臣能陈善闭邪，便是敬，若有所畏惧，而不敢正君之失，便是过，便不是敬。”（《朱子语类》卷十六）这里就指出，在人格建构方面，必须保持中庸得体、适宜合度，不然就是过仁则不仁，过敬则不敬。如刚柔二者既能使人善，也能使人恶。人如“刚”得有度，则能使自己坚持正义，保全气节，升华情操，如孟子就曾提倡“养浩然之气”，以树立“至大至刚”的精神风貌，培养自己的超越情怀和大无畏的精神与百折不挠的性格，堂堂立于天地宇宙间，“顶天立地”，上下与天地同流，浑然与万物一体，参天地，赞化育，“大行不加，穷居不损”，不淫、不移、不屈，以进入一种自强与超越的极高人生境界。但“刚”得太过，则易折，并使自己变得暴烈、凶猛。人如恰当地培养柔的性情，则会养成文雅、慈顺等品德；但若过头，则会流于胆小懦弱、优柔寡断。故而，周敦颐说：“惟中也者，和也，中节也，天下之达道也，圣人之事也。”（《通书·师》）李觏亦说：“伯夷与乡人立，其冠不正，望望焉去之，过于正者也。叔向三数伯鱼之罪，过于直者也。于陵仲子不食兄之禄，过于廉者也，鲁隐公摄位，过于让者也。徐偃王不忍斗其民，过于仁者也。尾生期女子，过于信者也。”（《复说》）这里就指出，“过正”“过直”“过廉”“过让”“过仁”“过信”，都不好。其中如徐偃王，其所统治下的徐国原本是古代淮、泗地区的大国，鼎盛时曾有三十六国来朝贡，而他却过于“仁”，面对楚国的侵略，他却因心性仁慈，“不忍斗其民”，而不加抵抗，结果遭来灭国之灾。尾生也是这样，他与所恋女子约定相会于桥下，适逢涨水而女子未到，他则坚守信用，而终被淹死于桥下。可见，仁与信尽管是人生美德，但若过度，则反而会给人带来不良后果。也正是由此，荀子要求在人格建构方面应防止过度，不走极端，尽可能地中规中矩，温文尔雅。他认为，作为温文尔雅的君子，应与人结交，但不能相互勾结；应能言善辩，但不能强辞夺理；应宽容，但不姑息养奸；应有个性、有棱角，但不刺伤他人；应不偏激、不盛气凌人，趋时而不媚俗；既要坚持自己独立的立场与人生价值取向，同时又不随波逐流，以符合《尚书·皋陶谟》所谓的“九德”——“宽而栗（庄敬、严肃），柔而立（卓立、独立不移），愿（质朴）而恭，乱（有治理才能）而敬，扰（驯服、和顺）而毅，直而温，简而廉（务大体而不轻细行）、刚而塞（性格刚正而内心充实），强而义（符合道义）”，以创建健全、完满的人格，达到“雅”的审美境界。

必须指出，所谓不偏不倚、中正温和、无过无不及、适度、得体等作为“雅”的审美规范性内容，是有原则、得度、得宜的，这种“度”“宜”“体”就是“中”，就是“正”，也就是“雅”。这种境界之所以是审美的，是因为其与那种“同于流俗，合乎污世，居之似忠信，行之似廉洁，众皆悦之”的“乡愿”(《孟子·尽心下》）不同。也正因如此，儒家哲人才主张“和而不同”“和而不流”。所谓“同”与“流”，就是媚俗。在儒家哲人看来，只有可鄙可厌的小人才趋炎附势、随波逐流、同流合污，才甘于向流俗、世俗的东西献媚，而使自己丧失独立的个性和人品操守。

同时，在前面的论述中，我们已经指出，作为审美范畴，“和”与“雅”是相通的。“和而不流”“和而不同”，就是保持“雅”人格操守而不媚俗，这里的“和”显然既指和谐、协调，又指适中、恰到好处。就“和而不同”来看，其意旨是说理想的人格建构和人生境界应与人和睦相处，以保持人与社会、人与人之间的和谐、协调关系，但却不能毫无原则地随波逐流，为取悦他人与世俗而随声附和，不断改变自己的立场、操守。这也表明，“和”具有和谐、协调与适度、得体的意思。“和”是有原则的、有度的。宋代理学家二程说得好：“世以随俗为和，非也，流徇而已矣。君子之和，和于义。”(《河南程氏粹言》卷一）在人与社会、人与他人之间营构出一种和谐、协调的氛围，和睦相处，能使个人的价值、个人的特性、个性的自由，获得更为充分地发展和实现，因为作为社会存在物，人不可能脱离社会而存在，社会不仅决定人生的一切，包括人的行为以及外部客观条件和环境，而且也是创造和改造这种环境的人的实践活动（包括审美活动在内）的本身。因此，可以说，正是包括审美活动在内的人的实践活动决定了社会与个人之间的内在本质联系，也表现了他们相互依赖、相互生成的关系。同时，也正由于人与社会、人与人和谐、自由、协调、和睦地相处，人与人之间心灵的相互沟通、融而为一，才使人生充满着审美意味。故而“和”是人类崇高精神的审美体现。可以说，也正因为这样，中国古代哲人才总是把“人和”看作人生最有价值、最可宝贵的因素。如孟子就曾指出：“天时不如地利，地利不如人和。”只有“人和”，即人与人之间和衷共济、同心同德、相亲相睦、求同存异，社会、国家、民族才能形成强大的向心力和凝聚力，才能确保社会稳定，民族团结、融合，才能保障社会的发展，才能更好地发挥人的自我的独创性、创造性和能动性，从而以实现自我、超越自我。

具体说来，“和”，就是人与人之间的相互尊重、相互理解、相互信任，有了矛盾以后相互谅解；生活上则相互关心、相互支持、相互合作；心灵上相互沟通、相互呼应、相互融合。这就要求真诚待人与自我超越，避免离群索居、抱残守缺、遁世匿迹、顾影自怜。与此同时，人要自我超越，就不能顾及流俗，这就既要趋时，又不能媚俗；要求排除从众心理，不随波逐流。孔子就既强调“和”，又反对媚俗。他曾经强调指出：“礼之用，和为贵。先王之道，斯为美。”但他又指出必须保持与他人意见和立场的“不同”。据《论语·子路》记载，有一次，子贡问孔子：“全乡的人都喜欢的人，您看怎么样？”孔子回答说：“还不能肯定。”子贡又问：“全乡的人都厌恶的，您看怎么样？”孔子仍然回答说：“还不能肯定。”最后孔子表示了他的看法：“最好的人应该是乡里的好人赞扬、喜欢他，而乡里的坏人则憎恨他。”显而易见，孔子反对那种没有独特个性、无原则的盲从与媚俗。“和”并不是简单的同一与附和，而是以尊重个人立场与承认个性为前提的。即如晏子所主张的：“君所谓可，而有否焉；臣献其否，以成其可。君所谓否，而有可焉；臣献其可，以去其否。”（《晏子春秋》）在晏子看来，即使是君臣之间，也不能君可臣亦可、君否臣亦否。臣如对君绝对服从，与君绝对同一，只能使君不听逆耳之忠言，而喜欢听迎合自己、与自己完全相同的错误主张。故君臣之间应保持“济其不及，以泄其过”的关系，这也就是“和而不同”。孔子说得好：“君子和而不同，小人同而不和。”孔子历来就反对不问是非、不讲原则、一味从众的媚俗主张。他对那些没有个人自己的立场和主见、专以迎逢为能事的媚俗之人极为鄙视，痛斥其为“乡愿”，指责其“同乎流俗，合乎污世”的媚俗行经是违背道义的。他自己所奉行的交往原则是：找不到奉行中庸之道的人和他交往，那就同“狂者”和“狷者”交往。所谓“狂者”，是指那些志向高远、看不惯流俗，采取不顾及流俗而超凡脱俗，努力追求超越、进取的人生态度，以完善自己人格操守的人；而“狷者”，则是指那些深感世俗人情的冷漠、流俗的卑污，又不羡名利地位，深知世事变化的险恶难测，不愿趋炎附势，攀龙附凤，而只想洁身自好、静心修养，不去赶时髦、追随潮流的人。前者具有进取精神，后者则保持无为自乐的人生态度。但他们都有自己的人生信念和追求，都和流俗保持距离，不媚俗、随俗。显然这和中国古代美学的隆“雅”审美意识是一致的。

可以说，正是受隆“雅”审美意识的影响，中国古代遂形成了一种崇尚“和雅”的文化传统，并影响了中国美学，使中国美学也充满着“和雅”的精神，并以“和雅”为最高审美境界，以品评人物与文艺作品。如《宋书》称殷琰“和雅静素”;《旧唐书》则称贺知章“襟怀和雅”；陈廷焯在《白雨斋词话》中也称丁飞涛“亦工为艳词，较周冰持为和雅”。在中国人的审美意识中，人与自然、人与社会，都是和谐统一的。“和”是万物生成和发展的根据，也是社会稳定和发展的要素。正如《乐记》所指出的“和故百物不失”，“和故百物皆化”。《淮南子·汜论训》也指出：“天地之气，莫大于和。和者，阴阳调、日夜分而生物。”自然万物的消息盈虚、生化运动、氤氲化育、渐化顿变，都必须依靠“和”。“和”即为“雅”。“和”是一种遍布时空，并充溢万物、社会、人体的普遍和谐关系，“和”就是“雅”。

第二节　“和雅”之境

同时，“和雅”也是中国人生美学所极力追求的一种审美境界。就中国传统人生美学价值体系的取向而言，所要努力达到的是“天人合一”“知行合一”“体用不二”的审美理想。“天人合一”强调人必须与天相认同，必须消除“心”“物”对立之感，去我去物；“知行合一”则要求超越智欲所惑，去智去欲；由此始能达到“体用不二”，使本体与现象圆融互摄，人心与天地一体，上下与天地同流，于内心达到和顺，于外物则求得通达。“和顺通达”也就是“和雅”。可见，“和雅”“中和”“雅正”实际上也可以说是一种极高的审美境界。

具体来看，中国传统人生美学所推许的“和雅”的审美理想具有以下几方面的规定性内容。

首先，“和雅”体现为宇宙自然本身的和谐美。就物与物之间的关系看，中国人生美学所主张的“和雅”，是事物诸种因素间的多样性的和谐统一关系的体现。在中国人生美学看来，作为审美对象的自然万物是和谐统一的。“万物同宇而异体”（《荀子·富国》），“万物各得其和以生”（《荀子·天论》），宇宙天地间的自然万物是丰富、开放与活跃的，而不是单一、保守和僵化的。世界万物呈现出多样性的统一，正如《淮南子·精神训》所指出的：“夫天地运而相通，万物总而为一。”而“和雅”之“和”则是万物得以生成的凭依，是万物自然间普遍存在着的和谐统一关系。所以郑国的史伯说：“和实生物，同则不继。”（《国语·郑语》）《淮南子·天文训》也说：“阴阳合和而万物生。”作为审美对象的客观世界，自然万物是千差万别、丰富多彩、千变万化的，同时，又是和谐统一的，此即所谓“物有万殊，事有万变，统之以一”（《周易程氏传》卷三）。只有这样，自然万物才能生生不息，大化流衍，不然，则只能归于灭绝。故而中国人生美学认为，“声一无听，物一无文，味一无果，物一不讲”（《国语·郑语》）。的确，宇宙天地间的自然现象是种类繁多、气象纷呈的，这些纷纭繁复、气象万千的自然万物既是一个相互联系、相互制约的系统，同时又都受美的生命本体“气”“道”的作用，从而呈现出作为审美对象的客观世界的多样与和谐、独特与一致、鲜明而生动的整体和谐的审美特性。这种审美特性，在中国人生美学看来，也就是“和雅”。审美活动则必须体现出这种“和雅”。

其次，“和雅”体现为人与自然之间关系的和谐美。就人与物之间的关系看，中国人生美学强调“天地之和”“天人之和”与生命之和，达到人与自然天地之间的和谐协调，是审美的最高境界。庄子说：“与天和者，谓之天乐。”（《庄子·天道》）“与天和”就是与“天”同一，与宇宙内在运动节奏的和谐一致。故庄子又说：“知天乐者，其生也天行，其死也物化。静而与阴同德，动而与阳同波。……以虚静推于天地，通于万物，此之谓天乐。”（同上）达到“与天和”，即与宇宙自然合一，则能从中获得天地之间的“至美至乐”，得到最大的审美愉悦。同时，作为人体之和的“和”，在中国人生美学看来，又是指人的生态和生命基质的平衡与调和，是阴阳的对应与流转、对待与交合之“和”，也就是人的生命和畅融熙，是生命的大美的体现。“和”意味着生命的活力，意味着阴阳的交感、相摩相荡与生命群体的绵绵不绝。“和者，天之正也，阴阳之平也，其气最良，物之所生也。”（董仲舒《春秋繁露·循天之道》）“和气流行，三光运，群类生”（严遵《老子指归》）。“和”则“生”，“生”即强调生殖、生命和生发。有关这一方面的审美观念，在《周易》中阐述得最为明确。“和”既是“易”的基本审美观念，又是“易”所追求的基本审美理想。“生”则是“易”之根本，此即所谓“生生之谓易”。正如王振复在《周易的美学智慧》中所指出的：“整部《周易》的卦符体系，是对宇宙生命大化历程的观念性界定，其间有常与突易、冲变与调和、不齐与均衡、虚实与动静，实际上都是以生命‘氤氲’为逻辑起点，以生命‘和兑’为人生终极的。生命‘氤氲”是大朴浑沦，生命‘和兑’是人生所追求的最高、最美境界。”[①]正是由于对生命和谐审美观念的推许，《周易·乾·彖传》认为：“乾道变化，各正性命，保合大和，乃利贞。”强调人之生命的本源在于男女的“保合大和”。“保合大和”之“和”是生命的最佳状态与最佳境界，达到这种阴阳“感而遂通”的“大和”，即“和雅”，使阴阳交感、乾与坤交合，从而才有生命的变化与人类群体生命的正固持久、繁衍昌盛。故而，在中国人生美学看来，这人之生命的“大和”或“和雅”是最崇高、最神圣、最美好的，也是审美活动所应努力追求的最高审美境界。

再次，“和雅”还体现为人与人、人与社会之间关系的和谐美。就人与人、人与社会的关系看，以儒家思想为主的中国人生美学强调“允执厥中”“允执其中”，以行事不偏不倚，“中道”“中正”“中行”“中节”，个体与社会和谐统一为最高审美准则。所谓“礼之用，和为贵，先王之道，斯为美”（《论语·学而》）。荀子云：“先王之道，仁之隆也，比中而行之。曷谓中？曰：礼义是也。道者，非天之道，非地之道，人之所以道也，君子之所道也。”（《荀子·劝学》）“和”是追求和衡量人伦关系、人格完美的审美标准与审美尺度。同时，“和”又必须“比中而行”。“中”是“礼义”的别名，因此，人们必须在礼的节制下，以实现情感与道德、人伦与人格、个体与群体的和谐统一。这样，以儒家思想为主的中国人生美学便将“中和”这一审美理想与礼结合

① 王振复：《周易的美学智慧》，湖南出版社1991年版，第2页。

在一起，形成了礼乐统一、文道结合、以礼节情、以道制欲，推重“和雅”之境的审美意识。

最后，“和雅”之境还体现出以儒家思想为主的中国人生美学对理想人格的追求。在“和雅”之境中，“中和”之美与“中庸”之善在精神实质上是相通的。“中庸”是儒家美学所推崇的理想人格的重要审美特质。孔子说：“中庸之为德也，其至矣乎，民鲜久矣。”（《论语·雍也》）《礼记·中庸》郑玄注云：“名曰中庸者，以其记中和之为用也。”朱熹也认为：“中庸之中，实兼中和之义。”又说：“中庸者，不偏不倚，无过不及，而平常之理，乃天命所当然，精微之极致也。”（《四书章句集注》）这就是说，“中和”与“中庸”相同，都是人的行为举止、人格修养等恰到好处的审美准则，其实质是指人的性情之美。孔子自己“温而不厉，威而不猛，恭而安”，就是性情达到“中和”之美的典范。在理想人格的造就上，“和雅”说强调人的心理和伦理、情感与道德、心与身、知与行、内在的善与外在的美都必须达到高度的和谐统一。只有如此，才符合“中庸”之善与“中和”之美的要求，也才是“和雅”说所推许“和雅”之境的完美实现。

以上我们大体上阐述了作为审美理想的“和雅”的几点规定性内容。总的说来，正是由于“和雅”体现了宇宙万物的和谐统一、天人之间的亲和合一、人与人之间的执中协调，以及人的生命形态的熙合调和，故而，中国美学极为强调对“和雅”的审美境界的追求，把主体与客体、人与自然、个体与社会、必然与自由所构成的和谐、均衡、稳定和有序作为最高审美理想与审美境界。“和雅”审美境界创构活动则被看作是促进人的健全发展，达到人与自然、个体与社会的和谐统一与主体自身的自我实现的重要途径。

和西方人生美学相比较，中国人生美学所标举的“和雅”这种审美理想与西方人生美学是有差异的。周来祥先生说：“中西方都以古典的和谐美为理想，但西方偏于感性形式的和谐，而中国则偏于情感与理智、心理与伦理的和谐。”[①] 这一点，特别是在儒家美学所提倡的“和雅”之境的审美理想追求中表现得最为突出。

首先，儒家“和雅”的审美理想强调美善的和谐统一。孔子所提出的“尽

① 周来祥：《论中国古典美学》，齐鲁书社1987年版，第2页。

善尽美”“温柔敦厚”“文质彬彬”等美学命题都是以美善“中和”统一为宗旨的。美总是和真与善携手同行的，没有真与善，就没有美。就审美意旨与审美表现的关系看，前者必须依靠后者得以表达。据现有文字记载，中国传统人生美学中较为明确的“善”“美”概念出现在春秋时期。从哲学意义上比较早地给“美”下定义的是春秋后期楚国的伍举。他说：“夫美也者，上下、内外、大小、远近皆无害焉。故曰美。”（《国语·楚语上》）就提出“无害为美”的命题，认为善就是美。后来的《新书·道德说》也说：“德者六美。何谓六美？有道、有仁、有义、有忠、有信、有密，此六者德之美也。”这些说法都以为美与善的含义是相同的，而忽视了美与善的差别性。换言之，即这些命题都没有揭示出美的相对独立性和美的感性显现形式，因而具有明显的局限性。墨子所提出的“非乐论”和韩非子提出的“文害德”论，就是从不同角度发展了这种局限。其时，关于“美”还有另一种说法。如《左传·桓公元年》：“曰：美而艳。”杜注云：“色美曰艳。”孔疏云：“美者言其形貌，艳者言其颜色好。”《墨子·非乐》云：“身知其安也，口知其甘也，目知其美也，耳知其乐也。”《韩非子·扬权》云：“夫香美脆味。”上述提到“美”的说法，都是着重从声、色、香、味这些审美表现方面强调了美的感性显现形式，而忽视了美的内在审美意旨，同样具有明显的局限性。儒家美学在处理美的审美表现与审美意旨的关系时，就避免了上述两种局限，既确认审美表现，强调美的感性显现形式，又注重美的内在审美意旨，指出美与善这两个范畴之间是既相互区别，又紧密联系，要求美与善的和谐统一。

儒家美学的代表人物孔子就非常注重美善的和谐统一，强调美与善牢不可破的神圣同盟，认为美离不开善的审美意旨，善更离不开美的审美表现，把文德皆备、美善统一作为文艺所应努力追求的最高审美理想。据《论语·八佾》记载：“子谓《韶》，尽美矣，又尽善也。谓《武》，尽美矣，未尽善也。”《韶》相传为虞舜时的乐曲，说是表现舜接受尧的“禅让”，继承其统业的内容，不但声音宏亮、气象阔大、旋律往复变化、音韵和谐、节奏鲜明，整个音乐形式色彩丰富、错杂成文而中律得度，其“乐音美”，而且“文德具”，故孔子赞许《韶》为尽善尽美之作，曾使其听后陶醉得“三月不知肉味”。而《武》则相传为周武王时的乐曲，表现武王伐纣建立新王朝的内容，将开国的强大生命力灌注于乐舞中，其“舞体美”，但含有发扬征伐大业的意味，“文德犹少未致太平”，故孔子称其“尽美矣，未尽善也”。显而易见，孔子的这一美学思想就是基于“中和”之美的原则，强调美善的和谐统一。但孔子所标举的“尽善尽美”，仍然是有侧重的，是以善为核心的。他把以“仁”为核心内容的伦理道德作为衡量美与不美的根本标准，重视完善的心灵和伟大人格的培育与塑造，体现出其美学思想中强烈的伦理道德色彩。正是基于其伦理美学的原则，在孔子看来，艺术审美境界的创构不仅仅是给人以美的享受，而且更应该起到净化人的心灵的审美教育作用。故而孔子提到艺术审美境界的创构，就必定把“仁”“礼”贯穿其中，认为艺术审美创作必须符合伦理道德的规范，要以美好的品德去充实人的内心世界，陶冶人的道德情操，提高人的精神境界，使人实现身心的愉悦和心灵的满足与外化。此即所谓“兴于诗，立于礼，成于乐”(《论语·泰伯》)。其中礼既是立足点，又是中心内容，诗和乐都要以礼为核心，以礼为指归，为礼服务。这样，“善”才能在一种自由的状态中得到实现，与美相融一体、和谐统一。所以，孔子强调美善的和谐统一，提出“尽善尽美”的审美理想，实质上也就是强调审美表现与审美意旨的完美统一，这在他所提出的“文质彬彬”的命题中表现得尤为突出。他说:“质胜文则野，文胜质则史，文质彬彬，然后君子。”(《论语·泰伯》)所谓“史”，在古文字中与志、诗相通，引申为“虚华无实”“多饰少实”的意思(参见皇侃疏)。文饰多于朴实，缺乏仁的品质，就会显得虚浮；朴实过于文彩则未免显得粗野，只有避免“文胜质”“质胜文”这两种片面性倾向，文质合度，两者完善统一，才能体现出“文质彬彬”的美，也才符合“中和”的审美理想。从人的角度看，这是具有高度品德情操的“君子”的心灵美与形体美的完满体现；从文艺作品的角度看，这才达到尽善尽美的审美境界，并且是真善美统一融合的完美实现。

孔子这种将美与善既相区别又相统一的审美观念，到孟子那里得到继承与进一步发展。《孟子·告子上》云:“故理义悦我心，犹刍豢之悦我口。”认为人的道德品质、精神风貌也能给人以“心悦”，带给人以诉之于心灵的审美快感，就如同声、色、味能给人以诉之于耳、目、口的审美感受一样。显然，这里已经打破了把美仅局限于感官声色的审美官能性快感的传统观念，强调人的道德精神也具有审美特性，也可以作为审美对象，给人以审美愉悦，从而发展了儒家美学关于美善和谐统一的审美观念，赋于“善”本身以审美价值，揭示了美善相互联系的内在根据。这一审美观念在孟子对“充实之谓美”这个命题的一段论述中，得到了更为明确的阐述。孟子将理想人格的标准分为六个层次：“可欲之谓善，有诸己之谓信，充实之谓美，充实而有光辉之谓大，大而化之之谓圣，圣而不可知之之谓神。”（《孟子·尽心下》）这就是说，“善”是指作为个体的人值得喜爱而不让人感受到可恶，这与孔子所说的“尽善尽美”不完全相同。孟子是针对个体人格而言的，而孔子则是针对舜乐和武乐的审美表现与审美意旨而言的。“信”是“有诸己”的意思，即诚善存在于个体人格中，并在行动中处处给人以指导，又叫作实在。相对而言，“善”与“信”是就心上说的，“美”则是就行上说的。换言之，“美”是引起精神和感情审美愉悦的外在形式。朱熹在《孟子章句集注》和《语类》中解释“美”与“善”“信”的关系时，指出“心上说”与“行上说”是相互联系、相互统一的，把“善”与“信”扩充于个体的全人格之中，“美”就是在个体的全人格中完满地实现着的实有之善，美与善、信融合一体，美就是从心里流出的同善信融洽统一的外在形式。它既包容善，又超越善。在孔子那里，美被看作善的形式，有待于与善相统一。而在孟子这里，美已经包容了善，是善和它自身相统一的外在感性形式中的完美实现。故而，和孔子相比，孟子更加深刻地发展了“尽善尽美”说，强调了美与善的内在一致性，使“和雅”审美境界创构具有了道德价值，并且使儒家美学所标举的美善和谐统一的审美理想有了更为深刻、内有的根据。

其次，儒家“和雅”的审美理想要求情理的和谐统一、适中合度。孔子所提出的“思无邪”“温柔敦厚”等有关诗歌审美创作的命题，其核心内容就是强调情与理的表现应中和适度。在审美创作活动中，情与理是一对孪生姊妹。情感之所以能上升为审美情感，是因为它具有审美理性，既包含了对客观事物的感受、理解和认识，同时也包含了主观上道德的、美的意向、要求和理想。换句话说，即美的情感不是脱离理性的抽象的存在，而是有理性参与其中的，是感性和理性的和谐统一。没有感性参与活动的情感，谈不上是美的情感。审美创作活动中的审美情感就是感性和理性的统一、感情和思想的统一、美的感情与美的意象的统一，是情理相生、情理交融、情理合一，其表现手法上则要求含蓄适中，所谓“理之于诗，如水中盐，花中蜜，体匿性存，无痕有味”[①]。

在情与理的表达方面，以孔子为代表的儒家美学就特别注重理性与情感的和谐与适度。因为儒家美学信奉的是“为人生而艺术”，这点和西方浪漫主义“为艺术而艺术”的信条不一样。儒家美学对诗、乐等艺术审美创作极为重视，但其重视的目的多半是出于“美善相乐”的教化作用，是要借助艺术的审美效应，将外在的“理”化为内在的“情”，使之成为人们遵循“仁”的意旨行动的动力。其对审美创作活动的重视仅仅出于道德教化的目的，所以要“发乎情，止乎礼义”(《毛诗序》)，以“理”节情、导情。孔子说：“《诗》三百，一言以蔽之，曰：思无邪。”(《论语·为政》) 这里所说的“思无邪”，实际上就是依据其“中和”的审美理想，强调诗歌审美创作中情理的表达应该谐和、适中、中正、和平。《论语集解》引包咸之说，解释“无邪”，就认为是“归于正”。刘宝楠《论证正义》也解释说：“论功颂德，止僻防邪，大抵皆归于正，于此一句可以当之。”所谓“正”，就是指中正和平，也就是“中和”。所以郝敬在《论语详解》中指出，“声歌之道，和动为本，过和则流，过动则荡”，故而要求“无邪”。在孔子看来，诗歌的审美情感与审美意旨必须要健康，其表达不要过分偏激，要平和适中，符合中和之美的标准。所谓“乐而不淫，哀而不伤”，乐与哀都不过分，情与理平衡适度、和谐统一，就是指审美情感与审美意旨的表达都达到了“中和”境界。故而何晏《集解》引孔安国语云：“乐不至淫，哀不至伤，言其和也。”节制、适中、和谐，就是“思无邪”，也就是“中和”的审美理想。儒家“和雅”审美理想所要求的审美境界创构情理和谐统一的思想最充分地体现在“温柔敦厚”的诗教与乐教之中。要求“性情和柔”“谐和性情”，要求文艺审美创作在审美意旨的熔铸与审美情感的表现上，必须达到高度的平和适中、和谐统一，合乎“中和”的审美理想。正如朱自清在《诗言志辨》中所指出的：“温柔敦厚，是和，是亲，也是节，是敬，是适，是中。”[②] 可见，“温柔敦厚”“和雅”就是强调审美意旨与审美情感表现上应该节制、适中、宁静、和谐。“温柔敦厚”的审美原则实际上是孔子美学所标举的“中庸之道”哲学思想和伦理道德观念在其美学思想中的运用。孔子的“中庸”原则强调理想人格的崇高德性应该不偏不

① 钱钟书：《谈艺录》(补订本)，中华书局1984年版，第305页。
② 朱自清：《诗言志辨》，华东师范大学出版社1996年版，第132页。

倚一端而执中守和，应“允执其中”，无过无不及。在性情方面，“喜怒哀乐之未发，谓之中，发而中节，谓之和”(《中庸》)。“中庸”原则运用到美学上，则要求审美创作应努力追求“和雅”的审美境界。“和雅”是真善美的和谐统一，也是情与理、感性与理性、审美与道德的和谐统一的理想境界。在发现美、感受美、认识美、追求美与创造美的审美活动中，在对现存审美关系的扬弃和改造活动中，无论是人与自然、个体与社会、主体与客体，还是身与心、心与物等各种相互对立的因素、成分都应达到和谐统一，都应遵循“和雅”审美理想的轨迹和目标。只有这样，才能通过审美活动以实现人与自然、人与社会、人与人和人与人自身的个性的和谐全面的发展。在审美创作活动中，也才能实现“耳目聪明，血气和平，移风易俗，天下皆宁”的理想，也即实现“美善相乐”的审美教化理想。

第七章　清雅

“清雅”，既是一种人格境界，又是一种艺术境界。《三国志·魏志·徐宣传》云：“清雅特立，不拘世俗。”钟嵘《诗品》卷下云：“希逸诗气候清雅，不逮于范袁。”就提出“清雅”之说。中国古人“以清为美”“以清比德”，讲求人格的高尚完美。在人生与文艺审美创作境界的营构中，则追求“清静闲雅”“清高拔俗”。《文子·九宋》篇云：“人莫鉴于流潦，而鉴于澄水，以其清且静也。”杨慎《清新庾开府》说：“清者，流丽而不浊滞。”“清雅”是对浊的升华，对俗的超越，也是一种最高“雅”境的体现。钟嵘评诗，崇尚“清雅”“清拔”。李白提倡“清真”，明确表示自己的审美理想是“垂衣贵清真”。杜甫推重“清新”，并以之赞颂庾信的诗作。司空图则标举“清奇”，以之为诗格之一。苏轼称文与可画竹“无穷出清新”。张炎以“清空”为极高审美境界，推举清雅、空灵。胡应麟更是以“清”为审美规范，要求诗歌创作必须做到调清、思清、才清，认为“格不清则凡，调不清则冗，思不清则俗”，只有“格”“调”“思”都“清”，才能达到“雅”境。同时，他还以“清”来评论诗人诗作，指出“靖节清而远，康乐清而丽，曲江清而澹，浩然清而旷，常建清而僻，王维清而秀，储光羲清而适，韦应物清而润，柳子厚清而峭，徐昌穀清而朗，高子业清而婉”。可以说，这里所提出的“清而远”“清而丽”“清而澹”“清而僻”“清而秀”“清而适”“清而润”“清而峭”“清而朗”“清而婉”就是“清雅”说的规定性内容。所谓清雅，其内涵有为人与为文两个层面，是一种生命格调在社会生活与审美活动中的生动体现。在审美创作中，这种格调主要是创作主体的人格风范与生命精神在作品中的体现，往往给人以一种超尘拔俗、冲淡质朴的审美感受。“清雅”范畴的形成与中国美学“以清比德”审美意识的促成分不开。在中国古代，清雅之“清”往往与“浊”相对，以表示清高、清介、清明、清淳、清远、清洁、清静、清幽的审美意趣与审美风范。从语义上看，“清”最早用来表示水的纯净澄明、清洁莹澈。《说文·水部》云：“清，月良也，澂水之皃。”段玉裁注云：“月良者，明也。澂而後明，故云澂水之皃。”《玉篇·水部》也云：“清，澄也，洁也。”《诗经·魏风·伐檀》云：“河水清且涟猗。”《楚辞·渔父》云：“沧浪之水清兮，可以濯我缨；沧浪之水浊兮，可以濯我足。”这都表明，“清”是形容水的澄澈、洁净，即如道教典籍《洞灵真经·全道篇第一》所说：“水之性欲清。”“清”是水的根本属性。就美学思想根源来看，老子云：“天得一以清。”（《老子》第三十九章）“天”即自然，“一”即“道”；这就是说，天（或谓自然）还原为最原初的纯构成境域，则呈现为明澈清纯的态势。后来“清”则被引进到人生美学思想中，用来表现人的品德、情操、志向的冰清玉洁、清馨出尘。如《楚辞·渔父》云：“举世皆浊我独清，众人皆醉我独醒。”王逸注云：“我独清，志洁己也。”这里的“清”就是一种迥绝尘世的人格与人生审美境界。水澄明晶莹，透澈纯清，象征着人超圣拔俗的高尚的精神品质。“清”与“雅”组合在一起，则构成“清雅”范畴，以与“庸俗”“世俗”相对，来表述清高雅洁、清雅脱俗的审美之境，如《三国志》称颂徐宣“体忠厚之行，秉直亮之性，清雅特立，不拘世俗”；李复言《续玄怪录·李卫公靖》称许李靖“神气清雅”；高启《送丁至恭河南省亲序》亦称赞丁俨“清雅和易”。

第一节　以清比德

中国古代美学史上历来就有“以清比德”之说。据《说苑·杂言》与《荀子·宥坐》篇记载，有一天，孔子“观于东流之水”，子贡问他：“君子见大水必观焉，何也？”孔子回答说：“夫水者，君子比德焉。”接着，孔子又解释说：水普遍而“无私”地给予万物，“似德”；水所到之处就有生命的成长，“似仁”；水向下流去，曲折而循其理，“似义”；浅者流行，深者不测，“似智”；

其赴百仞之谷不疑，“似勇”；不清以入，鲜洁以出，似善化；至量必平，“似正”；其万折必东，“似意”，因此，“君子见大水”必定要观赏一番。君子“乐水”，是由于水似德、似仁、似义、似正、似意、似善化，水之所以美，是由于其象征着人的各种高尚品德。显然，这对中国美学“清雅”范畴“以清比德”的美学精神是有深刻影响的。“以清比德”是因为从水的晶莹澄澈看到了人自身的超世绝尘、冰清玉洁的操守。所谓“请君看皎洁，知有淡然心”。据载，晋代书法大师王羲之辞官后和朋友游名山、泛沧海，营山水弋钓之乐，他说：“从山阴道上行，如在镜中游。”（《全晋文》卷二十七）认为浙江绍兴一带河水清澈，林木影映在光明净体之中，如镜如画，使人心灵清静、表里澄澈、一片空明，进入最高的晶莹的审美境界。这种境界，在司空图看来，即为“空潭泻春，古镜照神”，“非唯使人情开涤，亦觉日月清朗”。王献之也曾说：“镜湖澄澈，清流泻注，山川之美，使人应接不暇。”《西游记》第二十五回云：“那林里是个清雅的去处。”刘献廷《广阳杂记》卷二云：“长沙小西门外，望两岸居人，至竹篱茅屋，皆清雅淡远，绝无烟火气。”“清雅淡远”、清明空灵、光鲜灵洁的水，高洁超尘的胸襟，情景相生相融，以营构出清远幽深的审美灵境，使人洗尽尘滓，独存孤迥。

“清雅”审美范畴的形成，还与中国古代隐逸文化思想分不开。上面曾经谈到，中国古代士大夫文人“从道不从君”，中国封建社会的特点决定了士大夫文人必须具有相对独立的地位，但与此同时，中央集权制度的性质又决定了士大夫文人不可能完全凭借直接与积极的方式实现其相对独立性。为了保证自己的相对独立以达到社会机制的必需，士大夫文人只好寻找和创造了一种高度发达的间接和消极方式，这就是隐逸。所谓“通则一天下，穷则独立贵名，天不能死，地不能埋，桀、跖之世不能污”（《荀子·儒效》）。

“从道不从君”是从“道高于君”发展而来的。从其政治价值观来看，“道”是最高的政治原则的体现，君则是最高政治权势的化身。君与臣之间以道义为本，所谓君有君道，臣有臣道。就宇宙论来看，道化生自然万物，为一切生命之本，人与物都受其主宰，君王亦不能例外。因此，守道是君王治理国家的根本，君王必须遵守道义，“道高于君”。由此出发，作为臣民，士大夫则必须“以道事君”，“从道不从君”，而不能一味顺从君命。在中国古代，君王遵道是政治清明与社会安定的关键。即如《荀子·君道》所指出的，君如仪，“仪正而景正”；君如盂，“盂方而水方”；君王是源，老百姓是流，“原清则流清，原浊则流浊”。君王循道国家就会治理得很好。君王有时会失道、无道，那么，作为臣子就应该维护道，必须“以德复君”“以德调君”“以是谏非”“从道不从君”。但是现实与“有道”往往相去很远。“失道”“寡道”“无道”之君比比皆是，君与道分离是古代社会中的普遍现象。士大夫文人一心要遵循道义，尊君、忠君，以实现其政治理想，获得精神的超越。他们希望能够生逢盛世，得遇明君，君能“超然远览，穆然深思，凝然独立，反躬责己，端本澄源”。君臣上下相互沟通，融洽和谐，然而，愿望终竟不能实现，于是士大夫文人由入世转为出世，即如孔子所说“道不行，乘桴浮于海（《论语·公冶长》）”，“邦有道，则仕；邦无道，则可卷而怀之”（《论语·卫灵公》），通过隐逸以实现对自己的生命和人格理想的执着追求，并由此而获得生命价值和精神超越。向往清明的政治环境而不可得，于是回归乡里，隐逸山林，以求得环境的清洁与清静，超越俗与浊，从平淡清雅的文化氛围与质朴清闲的日常生活中获得精神的慰藉与心灵的高蹈。这种境界正如孙绰《答许询》所说，是“故以玄风，涤以清川，或步崇基，或恬蒙园，道足胸怀，神栖浩然”；又如蔡邕所说，是“心恬澹于守蒿，意无为于持盈”（《后汉书·蔡邕传》）。

魏晋时期崇尚清流的“竹林七贤”可以说是中国古代隐逸文化的代表。他们“率尔相携，观原野，极游浪之势，不计远近，或经日乃归”（《太平御览》卷四百零九引《向秀别传》），“放情肆志……欣然神解，携手入林”（《晋书·刘伶传》）。整天游浪山林、栖神浩然，在自然山水中逍遥无碍，俯仰自然，亲鱼鸟，乐林草，甘心于畎亩之中，憔悴于江海之上。所谓“何必丝与竹，山水有清音”；“清景为公有，放旷云边亭；秋赏石潭洁，夜嘉杉月清”（皎然《早秋游法华寺》）；“远水长流洁复清，雪窗高卧与云平”（薛涛《酬杨供奉》）；“高添雅兴松千尺，暗养清音竹数科”（谭用之《山中春晚》）；“掬来南漳水，清若主人心”（《翁卷《南涧寻韩仲正不遇》）。宇宙自然清远幽深的景色，滋润与陶冶着高洁、闲远与爱恋自然的胸襟，并营构成中国美学史上一个个玉洁冰清、清雅冲淡的艺术意象与艺术灵境。诗人们赞美人格的高尚，追求心灵的自由。“虽无丝与竹，玄泉有清声”（王羲之《兰亭诗》）；“清游始觉心无累，静处谁知世有机”；“登东皋以舒啸，临清流而赋诗”（陶渊明《归去来兮》），都是一些清雅冲淡的境界。这种境界既是人生理想的实现，也是审美超越的实现。“清雅”审美范畴的形成还与中国古代天人合一的宇宙意识的影响分不开。作为最高层次的一种精神现象，宇宙意识是一种最典型意义上的世界观或宇宙观。在这个问题上，中西方的看法是不同的，并且由此影响到在对人同外在世界的关系以及人通过何种审美方式以把握对象的问题上也存在不同看法。在西方，比较流行的是“心物二元论”，即本体分裂为二。所谓“此岸世界”与“彼岸世界”、物质世界与精神世界、现象与本质、内容与形式等范畴，在西方哲人看来是互相对立甚至隔着一条鸿沟。

在哲学思想史上，柏拉图有“理念世界”与“现象世界”的区分，“理念世界”绝对真实完美，“现象世界”不过是“理念世界”的虚幻的投影；亚里士多德把事物的构成归结为彼此对立的“质料因”和“形式因”；康德哲学中有“物自体”与人的主观意识的对立；黑格尔哲学体系中亦有“理念”与“自然”的对立。总之，西方人为寻求世界的本源，将整个世界做了切二分割的处理，总想以人的智力把握宇宙现象的重心，并为它安排某种秩序，这个传统一直延续至今。与之相比，中国古代哲人对宇宙、世界的看法则更多地趋向一元化。在中国古代哲人看来，天与人都有一个共同的生命本原，即“道”（气），故而，在天与人、理与气、心与物、体与用诸方面的关系上，中国古代哲人都不喜欢强为割裂，而习惯于融会贯通地加以整体把握。在人与自然、人与人的关系上，中西文化也存在着差别。中国文化比较重视人与自然、人与人之间的和谐统一的关系，西方文化比较重视人与自然、人与人之间的分别对立的关系。在中国文化看来，人与自然不是敌对的关系，而是亲密的关系，人离不开自然，自然也离不开人。“天人合一”“体用不二”，这些观念源远流长，其来有自。孟子说：“万物皆备于我矣。”（《孟子·尽心上》）庄子说：“天地与我并生，而万物与我为一。”（《庄子·齐物论》）这些都是说天地万物可以和人的生命直接沟通，合成一个整体。《左传》也从不同角度、不同方面提倡这种观念，强调人必须要与天相认同。“天人合一”在董仲舒等汉儒思想体系中更是扮演了中心角色。在古代中国人的心目中，本质与现象、主体与客体是浑然一体、不可区分的，完全不同于西方的上帝与人世、奥林匹斯山上众神与人的那种永恒而尖锐的对立关系。《庄子》用它充满浪漫主义艺术情调的语言为我们勾画了一个未经分割、表里贯通、时空混整、川流不息的本体世界："若夫藏天下于天下而不得所遁，是恒物之大情也。"（《庄子·大宗师》）在这个浑然自足的本体世界中，与自然万物始终是融汇在一起的。

这种"天人合一""体用不二"的宇宙观使古代中国人的审美活动立足在与西方人完全不同的起点上，同时，在中国人的审美感受和审美创造中，确立了一种对待人与自然关系的基本的审美态度。正是基于这种审美态度，中国古代文人在把握和体验自然万物时，往往以人为出发点和归宿，从而形成一种人对宇宙时空的依赖与人对自然万物的和谐氛围。由于在齐物顺性、物我同一中泯灭了彼此的对峙，所以，主客体之间显现出休戚与共、相依为命的关系。人对外部世界和自然万物始终保持着一种精神上的自由，在人扫尽俗欲，但存高远的冰壶澄澈、水镜渊渟、清雅精澄、虚静空明的清远心境中，自然万物与人之间可以自由地认同，人能自由地驾驭、吐纳万物自然，可以以清静、清明、高远之心去顾念万有，拥抱自然，跃身大化，实现与自然的合一、和宇宙的和谐，从而进入洒洒乎身心自适、荡荡乎神思飞扬、随云烟而缱绻、与流水而自逝的平淡清澄的境界。

既然是"天人合一"，"以类合之，天人一也"，天地人皆为同类，都出于"道"，都具有生命与同一的生命精神，天人之间是息息相通的，那么，文艺审美创作主体于忽焉俯仰之间，则能心通六气，智运九周，以使宇宙同区，万物并一；在与自然万物相互感应、相互融合的虚灵空廓的审美静观中，主体会摄物归心，客体也必然会移己就物，在主客运动中，最终臻万物于一体，达到与万物同致的境界。这种"天人合一"、"我"与"非我"的一体化，小宇宙与大宇宙的互渗互摄，表现在审美创作活动中，则形成了"情景交融""神与物游""情往似赠，兴来如答"等一系列审美意境生成的理论。主体与客体的交感、情与景的交织、心与物的交游，可以创构出多种多样虚灵空洁而又幽远深邃、清雅精澄的审美境界。所谓"天地一东篱，万古一重九"，天人合一，自然与人相类一体，相通相合，这种宇宙意识渗透到中国美学所推崇的审美活动中，人的心灵、精神、情感就成了审美关系中真正的主动者，自然万物也就理所当然地能被人们自由地驾驭和吐纳。在中国艺术家清淳明洁的心灵空间里，自然万物"舒卷取舍，如太虚片云，寒塘雁迹"（《沈灏《画麈》》。在人对自然万物的自由吐纳与审美认同中，习习清风，汩汩清流，朗朗清月，幕幕清景，都能使人精神浚发，其乐陶陶。可以说，正是获得对大自然的亲密感、认同感，视大自然为可居可游的精神家园并由此超越时空限制，以直觉的方式去接近自由生命的气韵律动，将其经验颤动的深层结构和全部幅度涵蕴在艺术审美创作的兴感触发的魅力中，人们才得以创构出清雅空灵的审美之境。

第二节 雅如清韵

就人生美学来看，“清雅”之境具体表现为超尘拔俗、穆如清风、雅如清韵的人生态度。“超尘拔俗”之“俗”，应指世俗。从语义上看，“俗”的本义是指社会风尚、习俗。即如《周礼·天官》所说：“曰礼俗，以驭其民。”又如《礼记·王制》所说：“修其教，不是其俗。”对于习俗的形成，则解说各有不同。《汉书·地理志》认为：“凡民函五常之性，而其刚柔缓急，音声不同，系水土之风气，故谓之风。好恶取舍，动静亡常，随君上之情欲，故谓之俗。”《刘子》则认为：“风者，气也；俗者，习也。土地水泉，气有缓急，声有高下，谓之风焉。人居此地，习以为性，谓之俗焉。”前者强调社会环境对习俗形成的决定作用，后者则强调习俗的形成，应取决于自然环境的作用。同时，“俗”又指粗俗、低俗、鄙俗、一般，即“不雅”。如《老子》第二十章云：“众人皆有余，而我独若遗。我愚人之心也哉！众人昭昭，我独昏昏。俗人察察，我独闷闷。澹兮其若海，飂兮若无止。众人皆有以，而我独顽且鄙。我独于人，而贵食母。”这里所谓的“贵食母”，是以守道为贵的意思，“母”，喻道；“食母”，指孕育、生成、滋养天地万物的“道”。“俗人”尽管和“众人”意思相通，但是从老子所说的“众人熙熙”“众人皆有余”“俗人昭昭”“俗人察察”“众人皆有以”来看，“众人”“俗人”的人生态度与人生追求和“我”的超然尘世、甘守淡泊，以保持人格尊严的人生态度形成鲜明对比。可见，老子所谓的“俗”就是世俗、尘俗的意思。“我”的人生态度与世俗的、一般人的价值取向不同，世俗的人，熙熙攘攘，纵情于声色货利等感性的物质追求，而“我”则超越于尘世物欲，澹然、超然，追求精神与心灵的自由与高蹈。显而易见，这里的“俗”就是超凡脱俗的“俗”，意指追荣逐利、淫放多欲的世俗观念。作为与“雅”这一审美范畴相对的，带贬抑意义的“俗”，也起源于此。

并且，就社会习俗而言，“俗”本身也包含有粗俗、恶俗的意味。它是每一民族在数代人相互承传中所逐渐形成的，与社会的发展与变化相比，本身就具有滞后性，故而，无论哪个民族，哪个时代，都必然有美俗与陋俗、恶俗存在，有新俗和旧俗之别。人生活于社会、群体之中，势必受社会习俗的影响和制约。但与此同时，人又总是不安于现状，并且，人类要文明进步、社会要发展前进，人自身则执着于真善美的追求、自我的完善与超越，这些都使人不可能事事迁就已有的陈规陋习和守旧、保守的世俗观念。这样，是趋时、附势、从俗、媚俗，还是超凡脱俗，就成了人生的一大问题，也成了中国美学雅与俗之争的现实基础。

同时，中国古代哲人认为，“礼”与“俗”是对立的。南宋理学家陆九渊就曾指出:“习俗之弊，害义违礼。”认为作为君子，应不从俗、随俗，尤其是对那些“害人违礼”的陋俗、弊俗，更应保持一种超越的态度，如“不敢少违”，那就不是“君子之道”了。的确，社会习俗中历来都有陋俗、恶俗。王阳明说:“天下之患，莫大于风俗之颓靡而不觉。譬之潦水之赴壑，漫淫泛滥，其始若无所患，而既其末也，奔驰溃决。……是以甲兵虽强，土地虽广，财赋虽盛，边境虽宁，而天下之治，终不可为，则风俗之颓靡，实有以致之。”(《山东乡试录》〈见《王阳明全集》卷二十二附）恶俗对社会的影响是恶劣的、可怕而巨大的。世俗之人往往热衷于追求时尚，趋时附势，追赶潮流，坏的习俗于是就在人们“相忘于其间而不觉”的过程中产生消极影响。因为很多东西都以其一时的新奇吸引着人们，而这些东西中有不少是为了迎合人性中卑下的欲望，以其强烈的感官效应使人心迷目眩，违背礼义。还有不少的陈腐、荒谬的东西由于“风俗之颓靡而不觉”以获得社会、历史和认识上的暂时认同，从而被涂上神圣的光彩，有如“潦水之赴壑，浸淫泛滥”，为大众膜拜、信奉、遵从，而一般的世俗之人又很难挣脱其樊笼，超越其束缚，挣脱其羁绊。

中国美学隆雅卑俗的审美观念是主张消除恶俗的。如王阳明就认为:“古人善治天下者，未尝不以风俗为首务。”（同上）这里所谓的“风俗”就特指恶俗、陋俗。在王阳明看来，恶俗对社会的消极影响是极为巨大的，如不消除，必将会使社会道德沦丧，并从而影响到社会的安宁与和平。陆九渊也认为："一人之身，善习长而恶习消，则为贤人，反是则为愚。一国之俗，善习长而恶习消，则为治国，反是则为乱。"（《陆九渊集》卷九）社会习俗之美善与丑恶，表面上看，似乎是细微琐事，无关紧要，但却有关社会的道德风范，涉及人类的精神文明，从而直接关系到社会国家的治乱兴亡。因此，中国古代哲人早就提倡"移风易俗"，并形成中国美学隆雅卑俗的思想源头。所谓"风移俗易而天下正焉"，故"明主之化，当移风使之雅，易俗使之正"（刘昼《刘子·风俗》）。这里就提出"移风使雅，易俗使正"的美学命题，并影响到"清雅"范畴的形成。

中国哲人大多具有超凡脱俗的生活态度，显示出一种"清雅"风范，其中，尤其是道家哲人表现得最为突出。如上所说，"俗"本身就有粗俗、陋俗、世俗的含义，故而，就雅与俗的对立而言，"雅"的美学精神就是超凡脱俗，而这种超凡脱俗实际上也就是"清雅"。可以说在道家无为中求至乐的审美追求中达到超然独立、雅洁冲淡之境，也就是"清雅"之境。同样是对"雅"的推崇，儒家哲人追求"孔颜乐处""曾点气象"，道家哲人则把"同于道"与"无所待"的"逍遥游"的理想境界作为人生的最高追求与一种极高的雅洁自由境界。在道家哲人看来，人生的意义与价值就在于任情适性，以求得自我生命的自由发展，回归自然，摆脱外界的客体存在对作为主体的人的束缚羁绊，以一颗无尘的心灵去营构出一种无尘的境界，超然尘世，洒脱风流，自由自在，雅洁鲜亮。

"道"既是中国哲学也是中国美学范畴系统中的一个核心范畴。在中国美学看来，"道"与"气"是宇宙万物的生命本原，也是美之本原。要在审美活动中生成并显现这种宇宙之美，就必须返朴归真，使自己"复归于婴儿""比于赤子"，保持一颗澄明空静、天真无邪、雅洁鲜亮、能法自然之心，经由这种"虚静""雅洁"的心灵以超越有限、具体的"象"，始能体悟到"道"这种宇宙大化的精深生命内涵和幽微旨意，并进入极高的自由境界。此即司空图在《诗品》中所推崇的"超以象外"，才能"得其环中"，以达宇宙生命之环的审美体验方式。因此道家哲人给我们设计的雅化境界与审美境界是超世脱俗，雪涤凡响，"返朴归真"，"逍遥无为"。

第三节 空灵雅洁

怎样做人？人应该追求什么样的人生境界？人的一生，是积极进取、自强不息，还是消极悲观、倦怠无聊？是超越流俗，不为物役，宁静淡泊，以默为守，还是趋时媚俗，随波逐流？功名利禄，权重社稷，历来就是中国哲人所关注的基本问题之一。老子认为，人生最宝贵的就是真，就是心灵的自由、高洁。故而，他把“赤子之心”“婴儿”状态作为人应该追求的最高境界。在道家美学看来，人生最大的乐趣就是清心寡欲、迥绝尘世。所谓的功名利禄、是非利害、荣辱得失，都不过是过眼云烟。只有像婴儿那样纯真，无忧无虑，无牵无挂，无是非得失，任性而为，率性而发，不做作，不矫饰，纯洁无暇，天真烂漫，才是人应该追求的最高理想境界。《老子》二十八章说：“知其雄，守其雌，为天下溪。为天下溪，常德不离，复归于婴儿。”五十五章又说：“含德之厚，比于赤子。毒虫不螫，猛兽不据，攫鸟不搏，骨弱筋柔而握固。未知牝牡之合而朘作，精之至也。终日号而不嗄，和之至也。”在老子看来，婴儿时期的人，明智未开，还没有受到世俗的污染，内心世界柔和淡泊，其心理状态天真无邪，保持着一种自然天性，能随自然的变化而变化。这样，“复归于婴儿”，就自然而然地使人超越世间的利害得失、是非好恶的私欲干扰，消弥主客观世界的区分界限，而进入无知无欲、无拘无碍、无我无物，以玄鉴天地万物，与生命本原“道”合一的最高人生境界。达到这种境界，则会如老子所指出的，感受到一种“燕处超然”，一种广远宁静，与天合一的极境，而妙不可言。老子说：“众人熙熙，如享太宰，如春登台。我独泊兮，其未兆。”（《老子》二十章）人世间那些众多的人熙熙攘攘，挤来挤去，为虚名而争，为利益而忙，就如赴国宴，享受山珍海味，咀嚼美味佳肴；又如春天里结伴游玩，登高远眺。只有超越于情欲，回归自我、体知自我和行动自我，拭净心灵尘垢，实现对真实自我的复归，保持婴儿之心，心灵恬淡，“虚怀若谷”，静如水碧，洁如霜雪，清洁莹澈，才能怡然自适。而审美体验活动中，只有通过这种心态的营构，才能臻万物于一体，达到与万物同致的光亮鲜洁，超凡脱俗之境。受“道”论的作用，以老庄为首的道家哲人把“同于道”与“无所待”的“逍遥游”这种实现自我、保持心灵自由，以达空明莹洁的理想境界作为人生的最高追求。在老子看来，“五色令人目盲，五音令人耳聋，五味令人口爽。驰骋田猎令人心发狂，难得之货令人行妨”（《老子》十二章）。“罪莫大于可欲，祸莫大于不知足，咎莫大于欲得，故知足之足，恒足矣”（《老子》四十六章）。世俗社会，人欲横流。人的欲望是没有止境的，特别是物质方面的欲望，可以说是欲壑难平，然而对物质利欲的无限追求是无益于人的身心健康，有损于人的生命发展的。它只能使人成为自身欲望的奴隶，损害人的身心生命。故而老子认为，对于物质欲望，不应该刻意去追求，而应以超然的心态去看待它。因而，老子说：“虽有荣观，燕处超然。奈何万乘之主，而以自轻天下。”（《老子》二十六章》的确，一切外在的东西、外部影响，都属于人为的范围，而一切人为的东西都只会损害人的本性，使人丧失其天真、自然、纯洁的心态，人只有“见素抱朴，少私寡欲”，保持心境的纤尘不染，澹泊恬静，超越功利，摆脱与功名利禄等私欲相关的物的诱惑，求得精神的平衡与自足，才能进入人生的最佳境界。因此，老子极为鄙薄那种“俗人昭昭”“俗人察察”“众人熙熙”，而主张“返朴归真”，“见素抱朴”。“朴”是指未经雕饰过的木头，可以说“朴”就是“清真”“清雅”。老子用“朴”来形容事物与人心所原有的天然素朴、清淳雅洁的状态。“返朴归真”“见素抱朴”就是清除后天的、非自然的、人为的种种桎梏枷锁，废除仁义礼乐，超越物质欲望，不让尘世的庸俗杂念扰乱自己恬淡、自由、纯洁、清雅的心境，自始至终保持自己得之于天地的精气，归于原初的自然无为、自由自得、清淳莹洁的心态。

的确，受道家美学的影响，中国人生美学漾溢着一种强烈的超越意识，超越俗我，使自我清淡、飘逸、空灵、洒脱、雅洁之心与自然本真浑融合一是中国古代艺术家在审美创作中所追求和向往的至高审美境界。而平居淡泊，以默为守，通过明净澄澈的心去辉映万有，神合宇宙万物，以吞饮阴阳会合的冲和之气，则是贯穿于整个审美体验活动的一种特殊心理状态，或谓审美心境。正是由此，遂熔铸成中国人生美学的“清雅”说。要进入“清雅”之境必须雪涤凡响，“澄心端思”。“澄心”又称“澄怀”，意为澄清净化心怀和心灵空间。作为营构“清雅”之境的一种心理活动，“澄心”主要是指进入“清雅”心境之前，必须洗涤心胸，澡雪灵府，以获得心灵的澄清和心怀的宁静。故而，可以说，“澄心”就是一种空明雅洁心怀的构筑，或者说是造成一种审美心理态势，其实质是通过“澄心”，清除世俗杂念，以虚廓心胸，涤荡情怀，让心灵超然于物外，进入一种和谐平静、冲淡清远的审美心境，造成无利无欲、无物无我的静态的超越心态，以能够于审美体验中“遍览物性”，能够沉潜到特定的审美对象的生命内核，体悟到蕴藏于其深处的生命意义。

“端思”则是集中心意，摆正心思，用志不分，用心不杂。“端思”又谓“凝神”“专志”。“澄心端思”，即排除外在干扰，中止其他意念活动，使意念思绪集中到一点，进入一种虚静空明、心澄神充、聚精会神的心理状态，获得“内心的解脱”。超越物欲羁绊，以使心灵纯净澄明，清澈洁净，玉洁冰清，晶莹雅洁，确实是心灵体验得以进行的首要条件。没有构筑起这种虚灵清静、神充气盈的审美心理态势，则不可能有真正的心灵体验活动。在中国美学看来，心灵体验的目的是“欲令众山皆响”，是要在胸次悠悠、上下与天地同流、与“道”为一中，进入空灵渺远、迥脱尘寰、独参造化、物我两忘，朗照万物之境。因此，审美主体在进入心灵体验活动之初必须去物去我，排除世俗杂念，使纷杂定于专一，澄神安志，意念守中，在高度入静中达到万念俱泯，一灵独存的心境，以保证心灵的自由。即如恽南田在《南田画跋》中所指出的：“川濑氤氲之气，林岚苍翠之色，正须澄怀观道，静以求之。若徒索于毫末者，离也。”

是的，“遍览物情”与“妙悟自然”的审美创作活动离不开心灵的活力与心灵的能动。心灵自由是心灵体验活动得以成功的保证，而“澄心端思”、澄怀净虑、忘知虚中、抱一守中，以构筑出空明虚静的心理空间则是对心灵的解放。只有达到虚明澄静的审美心境，审美主体才能在心灵体验中充分调动其审美能力，最大限度地发挥心灵的主动性，去“凝神遐想”，以领悟宇宙人生的生命妙谛。即如宗炳所指出的，通过“澄怀”才能“味象”“观道”（宗炳：《画山水序》）。要体味到宇宙自然间所蕴藉着的“象”与“道”这种真美、大美，审美主体要进入清澄浩渺、雅洁空明的审美心境，必须要“澄怀”，要超越凡俗，排除杂念，这是“味象”与“观道”的先决条件。如此，方能去“心游万仞”（陆机：《文赋》），让心灵尽性遨游，任意驰骋。通过“澄心端思”“用心不杂”，超越凡俗，实现心灵的自由，以“味象”“观道”，营构空灵雅洁的心境，对于心灵体验活动的重要意义及其在审美创作中的作用的体现，可以从明代文艺美学家吴宽分析唐代诗人兼画家王维的创作的一段精彩评论中得到进一步说明。他说:“至今读右丞诗者则曰有声画，观画者则曰无声诗。以余论之，右丞胸次洒脱，中无障碍，如冰壶澄澈，水镜渊停，洞鉴肌理，细现毫发，故落笔无尘俗之气，谓画诗非后辙也。”又说:“穷神尽变，自非天真烂发，牢笼物态，安能运心独妙耶？”(吴宽:《书画鉴影》)这里所谓的“胸次洒脱，中无障碍”，就是指的心灵的自由与精神的超越；而“冰壶澄澈，水镜渊停”，则是指经过“澄心端思”，澡雪精神，中断理性思维，扬弃非我，超越凡俗以达到心如止水、空明灵透、不将不迎的清淳雅洁心境。如此，在心灵体验中主体就能够“洞鉴肌理，细现毫发”，使玲珑澄澈的心灵突破“物”与“我”的界限，与自然万物中幽深远阔的宇宙意识和生命情调相互契合，妙悟人生奥秘。

第四节 静以体道

“清雅”说的蕴育与产生是多种因素作用的结果，它和地域的、社会的、文化的作用分不开。仅就中国传统文化来看，其中老子提出的虚静淡泊、返朴归真的人生理想，就起着不可低估的作用。道家哲学强调道德的自我约束与心理修炼，着重探讨人在养生实践中如何解决各种内外因素对心理的干扰和思想意识活动，以及各种官能欲求同清静养神炼气的关系问题，并提出了通过“虚静”，以修性养心的原则与方法。它讲求清心寡欲，由清净虚明、自然恬淡的心理境界中以明心性，静以体道。这种思想在中国人生美学的发展进程中，特别是在中国人生美学以心为主，应物斯感，要求主体的审美神思宛转徘徊于心物意象之交，俯仰自得于千载万里之间的独特的审美体验方式的产生与形成中，具有催化与发酵的促进作用。它丰富并完善了中国古代审美体验论的思想内容。应该说，就其对“清雅”说所主张的在审美体验与审美创作构思之初，创作主体必须构筑出虚明澄净、无欲无念的审美心境，也即“清雅”之境审美意识的影响来看，主要有以下几个方面。

首先，体道返根的思想与“清雅”说相通。道家哲学认为宇宙生成的本原是“道”。“道”也就是充斥在自然万物与一切生命体之间的一种至精至微、阴阳未分的先天元气。它大化流衍，窈窈冥冥，恍兮惚兮，似有似无，既决定和支配着宇宙万物、生命人类的存在，又将人的生命同社会自然的存在沟通、联结起来，形成一个同构的整体。审美主体只有在一种静寂入定的心理状态中，依靠心灵感悟，才能体会得到这种宇宙的真谛与生命的意味。因而，老子主张“抱一”“守中”“涤除玄鉴”，庄子则提出“心斋”“坐忘”，要求解脱外在的束缚，清净心地，使精神专一、心不旁骛，“致静笃”，清除心中的杂念，排除外部感觉世界的各种干扰，保持心灵的洁净无尘，表里澄彻，内外透莹，以创构出一种自由宁定的心境。只有这样，才能如空潭印月，映照万物，直观宇宙自然、天地万物的生命本原。后来的道家哲人整个汲取了这一美学精神，提出“泯外守中”“冥心守一”“系心守窍”等修炼功法，要求精神内聚，思想集中，抱元守一，返观内照，通过精神和意念的锻炼，以使生理和心理状态得到调节与改善。所谓“人能以气为根”（《老子河上公章句·守道章》），天地万物都是由“气”所构成。既然气是人与万物的生命之根，那么，养生健身的基本手段与法则就是清心正定，排除邪想杂念。只有澄神安体，意念守中，在高度入静中以达到万念俱泯，一灵独存的境地，这样始能内视返听，外察秋毫，感悟到人自身与宇宙自然的生命精微。此即东汉早期道教重要典籍《老子想尔注》注文所谓的“清静大要，道微所乐，天地湛然，则云起露吐，万物滋润”，“情性不动，喜怒不发，五藏皆和同相生，与道同光尘也”。收敛感官，神不外驰，在情绪与心理上实现自我控制和解脱，专诚至一，是养精炼神的基本要求。是的，在以道家美学为核心的中国美学看来，人的意念活动是最富于能动性的、高度自主的。气和心定，闲静介洁的心境，以保证意念活动的专一，有利于体内的气体过程和气的运行，也有利于人与自然之间元气的交换，因而能强化主体自身的生命运动；反之，则将会导致人体内部气机运行混乱，阻塞天人交通的渠道，从而损害自身的生命运动。故而，老庄美学认为，修炼身心的第一要旨就是清净心地，冥目静心，检情摄念，息业养神，以遵循人体生命整体观的自然规律，自觉地、能动地运用自己的意念，内而使神、气、形相抱而不离，外而与天相通，茹天地混元之气以强化自身的生命运动，变人的潜能为自为的智能，进而内外交融，天人合一，返归天道。这种专心一意，使形身精神相抱相依，合而为一，亦就是道教养生学所谓的“守一”。通过“守一”，不但能够强身健体、祛病延年，而且还可以激发人体潜在的特异功能。如《太平经》就指出：“守一复久，自生光明，昭然见四方，随明而远行。”“使得上行明彻，昭然闻四方不见之物，希声之音，出入上下，皆有法变。”达到“行天上之事，下通地理，所照见所闻，目明耳聪，远和无极去来事”；“开明洞照，可知无所不能，预知未来之事，神灵未言，预知所指”。就老庄美学来看，通过“抱中”“守一”，则能在审美体验中以洞照天地上下，人身内外，深入宇宙万物的底蕴，直观生命的本原，从而回归到混融滋蔓的生命之所。

由此，我们不难看出，以老庄美学为起源的道教美学所强调的这种通过“冥心守一”、专心专意的意念活动具有高度的集中性与明确的指向性。其从修性入手，以进行心理、精神、意识、道德等方面的“性功”修炼，进而达到“明心见性”体道返根的思想与“清雅”说所规定的内容是相通相关的。

其次，“安静闲适”的心境与“清雅”之境相似。从审美创作的视角来看，“清雅”说要求审美主体进入心灵体验活动之先应当“澄心端思”，即切断感官与外界联系，排除外在干扰，中止其他意念活动，使意识思绪集中到一点，进入一种虚静、空明的心理状态，以获得“内心的解脱”。王梦简说：“先须澄心端思，然后遍览物情。”（《诗学指南》卷四）张彦远也说：“凝神遐想，妙悟自然，物我两忘。离形去智。”（《历代名画记》）进行心灵体验活动的过程是“心”“思”“神”“想”，是心灵的契合，因此，审美主体在心灵体验活动中必须具有心灵的自由。“遍览物情”与“妙悟自然”的审美创作活动离不开心灵的活力与心灵的能动，心灵自由是心灵体验活动取得成功以进入“清淳雅洁”之境的前提，而“澄心端思”，澄怀净化，忘知虚中，以构筑出空明虚静的心理空间则是对心灵的解放。只有这样，审美主体才能在心灵体验活动中最大限度地发挥心灵的主动性，去“凝神遐想”以领悟宇宙人生的妙谛。道家美学指出：“虚者心斋也。”（《庄子·人间世》）通过“澄心端思”，可以使心神凝聚，意识集中，使自己的心境达到空明虚灵、清淳雅洁。从这里可以看出，“清雅”说所主张的“澄心端思”实际上是虚以待物、以静制动的审美态度，它是一种高度平衡的心理状态。这种心理状态相似于老庄美学所谓的通过“抱一”“守中”“心斋”“坐忘”“冥心守一”“系心守窍”以达到“安静闲适，虚融澹泊”的“自性”“本心”，也就是老子所说的“如婴儿之未孩”，“比之赤子”的归复本初，犹如初生婴儿时的心理状态。应该说，无论是炼养身心，还是心灵体验，都只有达到这种心理境界，“用心不杂”，“其天守全”，克服其主观随意性，“不牵于外物”，顺应宇宙大化的客观规律，在自然的徜徉中，逍遥无为，物我两忘，才能与造化融汇为一，直达道的本体，以获得最真确的生命存在。

故而，以老庄美学为起源的道教美学提倡“弃欲守静”，认为保持虚空明净、无欲无念的心理境界是修炼心性，启迪智慧通乎元气，直达万化生命本原，求得长寿幸福的重要途径。这种思想对古代美学“清雅”说也有很大影响。宋曾慥《道枢·坐忘篇》说：“静而生慧矣，动而生昏矣。学道之初，在于收心离境，入于虚无，则合于道焉。”这里所谓的“收心离境”，就是指涤尽心中尘埃，洗却烦忧，超脱于纷纷扰扰的世事，摆脱与功名利禄等私欲相关的物的束缚，以创构出一个明净澄澈、虚灵不昧的性灵空间。故书中又说：“《庄子》云：‘宇泰定，发乎天光。’何谓也？宇者，天光者慧也，则复归于纯静矣。”是的，养生健身，激发智能至关紧要的是要“心静”“心定”“心明”。破除烦恼，不为物欲所役使，虚静至极，始能使精、气、神得到修炼，与形相合，身心一体，形神依存，“则道居而慧生也”。因此，去物去我，使纷杂定于一，躁竞归于静，澡雪精神，“收心离境”，“复归于纯静”是道教美学所追求的炼养身心，开发智能，陶冶性情的特定的心理境界。正如南宗传人萧廷芝所说的：“寂然不动，盖刚健中正纯粹精者存。”（《金丹大成集》）扫除不洁，净化心灵，以产生一个虚灵清明、神静气通的心灵空间，从而使自己的心性、意识、精神状态复归到小孩一样无分别、平等、真率的那种纯朴、天然上来，使灵魂得到净化、情性获得陶冶、智慧受到增益、道德达到升华，真正进入真、善、美的崇高境界。

以老庄美学为起源的道教美学所注重的这种“收心离境”、归朴返真的思想与“清雅”说的规定性内涵是完全一致的。“清雅”说不但规定审美主体在进入心灵体验之必须“澄心端思”，而且还要求“澄心静怀”，以摆脱与功名利禄相干的利害计较，创造出一个清静虚明、无思无虑的心理空间。徐上瀛说：“雪其躁气，释其竞心。”（《溪山琴况》）沈宗骞也指出，在进入心灵体验活动时，主体必须要“平其竞争躁戾之气，息其机巧便利之风。……摆脱一切纷争驰逐，希荣慕势，弃时世之共好，穷理趣之独腴”（《芥舟学画编》卷一）。只有使心灵经过“澄心静怀”，屏弃奔竞浮躁、汲汲以求、生活情趣不高的意念，做到无欲无私，少思少虑，胸无一丝俗念，才能在心灵体验活动中超越自我，通过直觉观照与内心体验，以体味到宇宙自然的“大美”，感悟到审美对象中所蕴藉的深远生命内涵和人生哲理。

道教美学内炼理论所强调的“弃欲守静”与“清雅”说所要求的“澄心静怀”在观念上是相互沟通的。一是道教炼心养性中收心离境的目的与“澄心静怀”就可以沟通。道教主张通过炼精养气，修养心性以陶冶性情、增益禀赋，并获得清净无为的生活情趣与“少私寡欲，见素抱朴”、宁静平和的心理境界。“清雅”说所主张的审美创作构思中“澄心静怀”的目的亦是要使审美创作主体的内在心理境界摆脱世俗的欲念，清心净虑，以达到一种清净虚明、澄澈空灵的审美心境。进行审美创作活动必须脱俗，必须与世俗功利拉开一定的距离，在这一点上，“清雅”说与道教美学是可以相通的。道士田良逸说：“以虚无为心，和煦待物，不事浮饰，而天格清峻，人见者褊吝尽去。”（《因话录》卷四）道士徐府也说：“寂寂凝神太极初，无心应物等空虚。性修自性非求得，误解真人只是渠。”（《自咏》）超脱于纷扰的世事，摆脱功名利禄等私欲相关的物的诱惑，寄心于太极之初，使自己丰富活泼的内心世界荡涤澡雪成为空旷虚静的心灵空间，这样，去体味宇宙万物的幽微之旨，始不至于让纷繁复杂的外色物象迷乱自己的心神，以直达宇宙的底蕴，体悟到生命的本原，从而始可能获得心理上的平衡与精神上的永恒。与此相通，“清雅”说认为，审美创作活动亦是脱俗的、无功利目的，应摆脱有关衣食住行等种种烦恼和焦虑。如果在审美创作活动中搀入某种世俗欲念，则势必影响审美心境的构成，进而影响及审美创作活动的开展。故“清雅”说主张“澄心静怀”。虞世南说：“澄心运思，至微至妙之间，神应思彻。”（《笔髓论》）李日华也说：“乃知点墨落纸，大非细事，必须胸中廓然无一物，然后烟云秀色，与天地生生之气，自然凑泊，笔下幻出奇诡。若是营营世念，澡雪未尽，即日对丘壑，日摹妙迹，到头只与髹采圬墁之争巧拙于毫厘也。”（《紫桃轩杂缀》）二是从心理效应上看，道教美学要求的“收心离境”与“清雅”说强调的“澄心静怀”亦可以沟通。道教养生注重神、意、气的修炼，认为神在人的生命的整体层次上起着沟通天人的联系作用。如果人的心理状态很宁静，在神这个天人通道里很清明，人就有可能自觉地直接运用宇宙的元气，以获得超乎常人的智能。正如道士司马承祯在《坐忘记》中所指出的，修炼之始就必须收敛心志，固守元神，“要须安坐，收心离境，住无所有因，住地所有，不着一物，自入虚无，心乃合道”。这种通过“收心离境”，以恬静虚无而达到的返观守神的最好心理境界，即日本川烟受义博士所谓的“超觉静思”，它能够使人“把意识集中于一点”，“从而能够最有效地使用大脑”[①]。应该说，这对于以老庄美学为主的中国学所推崇的“清雅”说也同样适用。从现代审美心理学理论的视角来看，尽管审美创作的发生是创作主体自我实现的需要，要“感物心动”“发愤之所为作”，基于功利的需求，但是，它却不仅仅是功利需要，因为依照心理学有关神经活动的优势原则，假使功利需要成为主导需要，那么，自我实现的需要就只能处于被抑制与服从的地位，这样，创作主体当然就无从进入审美创作活动了。所以，只有当自我实现的需要成为主导需要时，才有可能实现审美创作。故创作主体在进入审美创作活动时，必须摆脱尘世俗念的干扰，从宁静平和的生活情趣中，求得神清气朗、静明清虚、晶莹洞彻的审美心境，使心灵获得一种自由、解放与活跃。只有如此，审美创作主体才能在心灵观照中，突破客观物象的束缚，和审美对象的生命本旨与内在律动融为一体，于心物合一中与审美对象进行心灵和生命的交流，荣辱俱忘，心随景化，以达到“清淳雅洁”的超越境界。

总之，老子所主张的虚静淡泊、返朴归真的人生理想，以及庄子所推崇的静以体道，游于无穷和后来在此基础上所形成的道教美学内练理论所强调的“安心澄神”与“清雅”说所规定的内容是相互沟通的。炼养身心“先定其心”，始能“慧照内发，照见万境，虚忘而融心于寂寥”（司马承祯:《坐忘篇》下）。审美创作构思中，“澄心端思”，实现心灵的自由、专一和“澄心静怀”，超越名利、好恶得失等世俗杂念，保持心灵的净化与空明，才能于心灵观照中达到与宇宙自然合一的“清淳雅洁”境界，以创作出艺术珍品。恬淡自然、透明澄澈的喜悦和解脱心态既是道教美学养心益性心理进程中关键性的第一步，亦是以老庄美学为主的中国人生美学所推许的心灵体验活动的首要前提。其思想间的相互影响也不言自明了。

---

① 王端林、冯七琴译:《健脑五法》，科学普及出版社1998年版，第19–20页。

第八章　“雅俗”之辩

可以说，从中国美学史看，不论就人生美学所主张的人格风范与人生审美境界，还是就文艺美学范围而言，雅与俗的关系都是既相互对立，又相互统一的。它们相互比较、相互存在，既相互较量，又相互渗透、相互借取，并在一定条件下相互融汇、相互转化。在文艺美学看来，俗与雅还可以通过文艺审美创作，在文艺创作主体的努力下兼融一起，达到雅俗共赏。中国传统审美意识的发展离不开雅与俗的相辅相成，当代审美意识的发展也是如此。这种观点不仅适用于说明雅与俗审美意识不可忽视的作用，也适用于说明由雅与俗审美意识必然引起的相关美学理论研究。

第一节　“雅”“俗”形态的文化构成

古字“雅”“夏”相通。而“夏”在古代就意味着中原、中国，也即正统，既然“雅”“夏”相通，“夏声”为“中原正声”，自然也就是“雅声”。“雅”即“正”，故《白虎通义》卷二《礼乐》说：“乐尚雅。雅者古正也，所以远郑声也。”“雅言”既然是“正言”，那么当然也就是典范的语言，故而具有极高的地位。由此，对“雅”的审美追求也就成了一种主导倾向，体现着以朝廷与士大夫文人审美情趣为正统的，以恪守现实文化秩序和规范为旨归的主流意识形态，和以士人意识及其独立道德人格完善为基本的美学精神导向，并形成隆雅弃俗的审美取向。这样，在中国美学史上，就有了对“雅正”审美理想的追求。“雅”为“正”，“雅言”为“正言”，“雅声”为“正声”，提升到美学理论高度，“雅”就意味着正规、正统、纯正、精纯、雅正。故而，《周礼·春官》云：“大师教六诗，曰风、曰赋、曰比、曰兴、曰雅、曰颂，以六德为之本，以六律为之音。”郑玄“注”云：“雅，正也，见今正者以为后世法。”“雅”是正统，当然也就是规范、“为后世法”。但是，后世文艺理论家对“雅”即“正”的理解却各有不同。如《毛诗序》就基于“雅”为“正”、为规范的基本意旨，将“雅”解释为一种文体，说：“故诗有六义焉，一曰风，二曰赋，三曰比，四曰兴，五曰雅，六曰颂。……上以风化下，下以风刺上，主文而谲谏，言之者无罪，闻之者是以戒，故曰风。……雅者，正也，言王政之所由废兴也。政有大小，故有小雅焉，有大雅焉。颂者，美盛德之形容，以其成功告于神明者也。是谓四始，诗之至也。”这里承袭了传统“六义”说与诗教精神，同时，又加入了新的解读，将原来的六体六用，解释为风、小雅、大雅、颂四种诗体。之后，唐代的孔颖达在《毛诗正义》中也认为“雅”是一种诗体，说：“风、雅、颂者，《诗》篇之异体，赋、比、兴者，《诗》文之异辞耳。”赋、比、兴是《诗》之所用，风、雅、颂是《诗》之成形。贾公彦《周礼疏》也认为：“风、雅、颂，是诗之名也。”宋代朱熹的看法与他们基本一致，都把风、雅、颂看作《诗经》中的一种诗体。从“风、雅、颂”都为诗体的理论生发开来，到刘勰就认为风、雅相通，都涉及作品的意蕴情性，如所谓“雅与奇反”（《体性》），“丽词雅义，符采相胜”“孟坚两都，明绚以雅赡”（《诠赋》），“颂惟典雅，辞必清铄”（《颂赞》），“雅丽黼黻，淫巧朱紫”（《体性》），“商周丽而雅”（《通变》）。并在《文心雕龙》中，多次将“风”“雅”并举。他提出“圣文之雅丽”，强调作品意蕴的雅正；在“六义”说中，又提出“风清而不杂”“文丽而不淫”，认为“风雅之兴，志思蓄愤，而吟咏情性，以讽其上”，“而后之作者，远弃风雅，近师辞赋”。在《文心雕龙·风骨》篇中他又说：“诗有六义，风冠其首，斯乃化感之本源，志气之符契也。是以怊怅述情，必始于风；沉吟铺辞，莫先于骨。”这里，刘勰显然沿袭《毛诗序》“风也，教也、化也”所提出的“风”具有风化、教化的意思，主张“风”必须体现时代精神，表现社会风气，并发挥其审美教化功能和感化作用。同时，又根据其时的审美创作实践，将曹丕“文气”论和魏晋时期品评人物与书画的神采骨力论相融汇，进而将“风”与“骨”相联，作为一个审美范畴，以要求文艺创作必须充满生气，以追求刚健完美、清新骏爽、骨力强劲的审美风貌。既然在刘勰看来，“雅”与“风”是相通的，那么，他所谓的“风雅”，即所推崇的“雅正”，自然也应是一种意蕴高尚健康、充实清新、风貌刚健、遒劲、凝练的审美追求和审美理想。显然，这对以后文艺美学所提出的“尚雅”“典雅”“和雅”“古雅”等审美范畴的形成是有直接影响的。如唐代诗论家白居易就在刘勰所提出的“雅正”理论的基础之上，进一步提出“风雅比兴”说，主张继承“雅正”传统，注重诗歌的审美教化与政教功能。在白居易看来，“风雅”是“六义”的基本精神，其核心的美学思想就是要求诗歌创作要泄导人情，补察时政，裨益教化，赈济民生。换言之，即诗歌创作必须以移风俗、助教化为最高审美目的和审美标准。显然，这种观点突出地体现出儒家传统美学所代表的主流意识和精英意识。总之，作为中国美学雅俗论中的一个重要范畴，“雅”体现着一种活泼泼的生命力，涉及艺术生命精神的核心问题，只有遵循“雅者正也”传统审美规范，才能使诗文创作跃动着永不衰竭的活力，从而取得诗文创作的成功。凡是背弃和违背“雅者正也”传统审美规范，诗文创作就会衰颓，就会丧失其所应该具有的充沛活力，而陷入泥沼，庸俗下流、粗俗低级、萎靡颓废的东西就会泛滥。从“雅者正也”审美意识出发，中国美学一方面主张隆雅重雅，崇雅尊雅，以雅为美，褒雅贬俗，尚雅卑俗，把“雅正”之境作为最高审美追求；另一方面则主张以俗为雅，以俗归雅，以俗为美，化俗为雅，借俗写雅，沿俗归雅，雅俗并陈，雅俗相通，雅俗互映，雅不避俗，俗不伤雅，同时还提出了不少有关“雅”境的审美范畴，以展现“雅”境多样的审美内涵与审美特征，其中最为主要的有高雅、文雅、典雅、淡雅、和雅、清雅、古雅、醇雅等。从语义上看，“雅”是“正”，“雅”，古代又为乐器名，又指“雅言”。作为审美形态，“雅”与“俗”最初应该由音声而生成。《诗经》原本都是乐歌，诵之在声，而歌之在音，其体分“风”“雅”“颂”，“都是由音乐的不同而得名的”[1]。“风”与“俗”通。《汉书·地理志下》云：“凡民函五常之性，而其刚柔缓急，音声不同，系水土之风气，故谓之风；好恶取食，动静亡常，随君上之情欲，故谓之俗。”应劭《风俗通义·自序》云：“风者，天下有寒暖，地形有险易，水泉有美恶，草木有

---

① 王瑶：《中国诗歌发展讲话》，中国青年出版社1982年版，第3页。

刚柔也；俗者，含血之类，像之而生，故言语歌讴异声，鼓舞动作殊形，或直或邪，或善或淫也。”《说文》云：“俗，习也。”也就是说，风系水土，俗为表征；处境而谓风，积习以成俗。从音乐的角度而言，“风”即俗乐；从言语的角度而言，“风”即方言俗语。而“雅”通于“夏”，《荀子·荣辱》“越人安越，楚人安楚，君子安雅”，同书《儒效》作“君子安夏”；《说文》：“夏，中国人也。”故梁启超云：“雅音即夏音，犹云中原声云耳。”[①] 也就是说，当时作为政治、经济、文化中心的中原（中国），其音即是雅音，其乐即是雅乐，其言即是雅言。

显然，以音声作为区分标准的“雅”与“俗”不是民族性概念，也不是地域性概念，而是政治性概念，尽管其中包含民族的和地域的因素。《左传·襄公二十九年》“为之歌小雅”疏云：“小雅、大雅，皆天子之诗也。立政所以正天下，故《诗序》训雅为正，又以政解之。天子以政教齐正天下，故民述天子之政，还以齐正而为名，故谓之雅。”[②] 因此，《诗经》的“风”“雅”所反映的就不仅仅是音声的差别，更是政治的差别。按《毛诗序》的说法：“是以一国之事，系一人之本，谓之风；言天下之事，形四方之风，谓之雅。雅者，正也，言王政之所由废兴也。政有大小，故有小雅焉，有大雅焉。”按郑樵的说法：“风土之音曰风，朝廷之音曰雅。”[③]《诗经》的“十五国风”都是限于时地、具有浓郁地方特色的“风土之音”，而大雅、小雅乃言天下之事、致天子之治的“朝廷之音”。

雅与俗，应是中国美学史上一对既古老又弥新的范畴。雅、俗之分，原本是指文化教养的程度，是周代政治建构在社会意识形态中的反映。《荀子·儒效》云：“不学问，无正义，以富利为隆，是俗人者也。”故就社会文化层面来看，“雅”意指文人雅士、风雅之士；“俗”则指世俗之人，百姓民众。如《老子》云：“俗人昭昭，我独昏昏；俗人察察，我独闷闷。”（二十章）上升到人生美学，“雅”则体现着人的仪表姿态闲雅得体、雅正庄重、儒雅端庄；言行举止温文尔雅、雅厚纯正、意趣富雅，不落俗套，雅正超俗；人格操守

① 梁启超：《释四诗名义》，《饮冰室合集》专集之七十四，中华书局1989年版，第95页。
② 孔颖达：《春秋左传正义》卷39，影印阮元刻《十三经注疏》本，中华书局1980年版，第2007页。
③ 郑樵：《昆虫草木略·序》，《通志》卷75，中华书局1987年版。

高尚、精神境界超凡脱俗、雅洁莹然、迥然独立、超脱尘世。“俗”则表现为平庸、低下，格调不高，善于趋炎附势、追名逐利、庸俗陋劣、同流合污、一味媚俗。就文艺美学而言，其含义有广义与狭义、褒义与贬义之分。广义上看，雅与俗之间包含着等级的划分，“雅”属于统治者、士大夫精英文化层面，是正统的，雅正的；“俗”则属于被统治者、平民百姓大众文化层面的，是世俗、俚俗与浅俗、粗朴的。狭义看，雅与俗，意指审美意趣与审美境界上的高雅别致、典雅庄重、超凡脱俗与通俗浅显、质朴粗犷、自然本色等。雅与俗，无论广义还是狭义都为褒义。贬义的“俗”则为下流、低级、庸俗、粗俗。从其美学思想的发展来看，雅与俗之间又存在着相互矛盾、相互转化、相互吻合、相互为用的辩证统一关系。这里，我们先来探讨一下广义上雅俗之争所生成的文化根源。

第二节 “雅”与“俗”的分野

作为审美范畴，“雅”与“俗”其语义本身就是相对的，蕴藉着极为浓重的褒贬意味，表现出价值体系和社会群体的差异。如雅正与鄙俗、正统与淫俗、雅致与浅俗、文雅与粗野、典雅与庸俗等高低、精粗之分，就鲜明地体现出“雅”与“俗”的对立与褒贬。

就价值体系的差异而言，“雅”与“俗”的区别首先表现为主流文化与精英审美意识和大众审美意识之间的疏离与对抗。在中国古代，长时期之内，“雅”都是士大夫阶层的审美追求，而“俗”则属于平民百姓的、下层的。因此，“雅”的审美追求与审美意趣包含着对“俗”的审美情趣的批判，和“俗”对“雅”的抗拒。就文艺思想来看，“雅”“俗”之别与雅俗分野主要源于儒家美学思想的作用，并由此而使雅俗之间的疏离与对抗表现出强烈的伦理与政治教化倾向。

故而，在历史上，“俗”是不能登大雅之堂的，文人士大夫对它多持轻视态度；由于历代“俗”文艺创作者和接受者多为缺少优裕生活条件与更高文化素养的下层民众，因而有关“俗”文艺及相关美学理论在中国古代的发展更为艰难曲折。但是，无论是审美创作，还是审美情趣与审美追求中，一些比较重视甚至推崇“俗”文艺的中上层士大夫文人，或者沦落下层而有一定美学修养的“俗”文艺的作者与理论家，都为后人留下了大量的有关“俗”文艺的美学思想，以形成中国古代“俗”文艺审美意识，它们和“雅”的美学思想相互补充，体现着人们在文艺创作中的不同审美取向。

有了“雅”与“俗”的分野，自然也就形成“雅”与“俗”的冲突和对抗，这种冲突和对抗最早体现在诗歌和音乐艺术门类之中。

如前所述，和“雅”相对，作为一种文艺品类，“俗”在中国古代一直被用来指代平民百姓的审美取向与审美情趣。所谓“俗”文艺以及有关“俗”文艺的美学思想在先秦就已经滥觞。中国古代早就有“饥者歌其食，劳者歌其事”（何休:《春秋公羊传·宣公十五年解诂》）的说法和对“俗乐”的理性认识。《诗经》中的许多诗句实质上是从审美追求、审美创作、审美欣赏的视角对“俗乐”审美经验的描述。如《魏风·园有桃》中的“心之忧矣，我歌且谣”、《魏风·葛屦》中的“维是褊心，是以为刺”，就是表明创作“俗乐”的动机的。《小雅·正月》对语言在交往中表现的不同审美效用和如何建构成有艺术魅力的诗歌作品的结构做了理论意义的表述。诗中不但指出“好言自口，莠言自口”，还指出自己将义愤表现到诗篇中是“维号斯言，有伦有脊”，可以把自己的遭遇和情志表现得具体形象，生动感人。《大雅·板》中的“辞之辑矣，民之洽矣；辞之怿矣，民之莫矣”则用明显带有“俗”的审美主张来批评“雅化”给作品带来的僵化结果。前面已经论及，在周代前期所采集的诗歌数以千计，到孔子加以删改并编订时，选编了300多篇。周王朝和诸侯在多种场合要演唱这些诗篇，从而将诗乐合称，分为“雅乐”与“俗乐”，就其文词而言，也就是“雅”诗与“俗”诗。实质上，这也就是根据审美理想的“雅”“俗”差异而区分的“雅乐”与“俗乐”，分别代表着“雅”与“俗”审美追求的最初形态。

在漫长的美学思想发展史中，受中国传统礼乐文化的影响，“雅”与“俗”审美观念的对峙突出地体现为阶级的分野。“雅”的，属于统治阶级贵族、士大夫阶层；“俗”的，则属于被统治阶级、平民百姓的，表现出一种道德与政治教化的对峙。就文艺审美要求而言，“雅”与“俗”的区别既有语言风格、艺术格调方面的内容，也有意蕴方面的内容。但总的来讲，从言志缘情的艺术本质而言，《尚书·舜典》中的“诗言志，歌永言，声依永，律和声，八音克谐，无相夺伦，神人以和”，既是对“雅乐”“俗乐”总的审美规范，也是对雅俗文艺创作共有审美特性的认识。对伦、和、谐、序的审美要求在先秦典籍中多有体现。《诗经·小雅》提倡“出言有章”，《周易》提倡“言有序”。《周易》一书中吸收民间歌谣与吉凶谚语甚多。它的“立象以尽意”的表达方式与评断吉凶的文辞，对“雅”与“俗”审美观念的形成和发展产生了深远的影响。《周礼》中不但记述有三《易》演变的过程，而且在《大师》一则中记述先秦如何“教六诗”，列举了风、赋、比、兴、雅、颂。后来孔颖达在为《诗大序》作疏时说：“赋、比、兴是诗之所用，风、雅、颂是诗之成形。是故同称为义，非别有篇卷也。”形与用既相区别，又相联系，这就为了解《诗经》《周易》《周礼》所包含的文艺审美创作思想的特殊性与共同性提供了一个基础要求。

在中国美学发展史上，雅、俗之争可以追溯到先秦时期礼乐制度的建立。西周初年，武王去世，康王年幼，其叔父周公旦摄政七年，制礼作乐，使文礼隆盛、文章炳蔚。所谓“制礼作乐”，就是将“礼”“乐”制度化。而这种礼乐制度的核心，则在于辨别、规定等级区分，使人与人之间的等级关系有序化，并要求人们自觉遵守等级秩序，自觉尊重他人的等级地位。这就是所谓“分”“别”“序”，即“别尊卑，异贵贱”，严格区分君臣上下，富贵贫贱、长幼尊卑。《管子·五辅》云：“上下有义，贵贱有分，长幼有序，贫富有度，凡此八者，礼之经也。”《荀子·富国》云：“礼者，贵贱有等，长幼有差，贫富轻重皆有称者也。故天子朱衮衣冕，诸侯玄衮衣冕，大夫裨冕，士皮弁服。德必称位，位必称禄，禄必称用。由士以上则以礼乐节之，众庶百姓则必以法数制之。”在中国古代，这种礼乐制度与规范几乎遍及社会生活的方方面面，所谓“饮食有量，衣服有制，宫室有度”（《管子·立政》）；“衣服有制，宫室有度，人徒有数，丧祭械用，皆有等宜”（《荀子·王制》）。从衣服来看，凡颜色、花纹、质料、饰物；从宫室来看，凡间架、梁栋、绘饰、房阶、门钉；从婚丧礼仪来看，礼品、祭品的规格等，都有严格的等级标准，不准逾越。社会生活中必须遵循特定的行为规范，以体现尊卑、贵贱、长幼等级制度。正如《荀子·修身》所说：“容貌、态度、进退、趋行，由礼则雅，不由礼则夷固僻违，庸众而野。”推及到文化艺术活动也应如此，必须符合礼义，遵守尊卑、贵贱、雅俗等等级关系。因此，在中国古代哲人看来，圣人立乐和制礼一样，都是为了“管乎人心”。这点我们可以从其时的文艺活动现象看出。如艺术，就音乐艺术来看，中国古代包括乐悬、舞列、用乐等，都有等级森严的规定，不允许僭越。这些规定，一方面贯彻在由大司乐进行的国子教育中，一方面则体现在祭祀、燕享等雅乐活动中。所谓“国子”，指“公卿大夫之子弟”，即贵族子弟，是相对于“国人”，也即平民百姓而言的。中国重乐的传统非常悠久。即如《吕氏春秋·古乐》所说：“乐之所由来者尚矣，非独一世之所造也。”上古时期的朱襄氏、葛天氏、陶唐氏、黄帝、颛顼、帝喾、尧、舜都有乐。舜时，就以夔为乐官，“以乐传教于天下”(《察传》)。据《周礼》记载，周初对“国子”进行以“六艺”为内容的礼乐教化，其中就包括“乐德”教育：“以乐德教国子，中、和、祗、庸、孝、友，以乐语教国子，兴、道、讽、颂、言、语；以乐舞教国子，舞《云门》《大卷》《大咸》《大磬》《大夏》《大濩》《大武》；以六律、六同、五声、八音、六舞大合乐，以致鬼神示，以和邦国，以谐万民，以安宾客，以说远人、以作动物。乃分乐而序之，以祭、以享、以祀。”此即所谓“以乐造士”，“礼非乐不履”；而“分乐而序”则体现了等级制度的森严。同时，不同场合、不同对象，所演奏的音乐是不同的。据《左传》隐公六年载：“九月，考仲子之宫，将万焉。公问羽数于众仲。对曰：‘天子用八，诸侯用六，大夫四，士二。夫舞，所以节八音而行八风，故自八以下。’公从之。”所谓“非礼勿视，非礼勿听，非礼勿言，非礼勿动”。《荀子·王制》云：“声则凡非雅声者举废，色则凡非旧文者举息，械用则凡非旧器者举毁。是王者之制也。”又云：“审诗商，禁淫声，以时顺修，使夷俗邪音不敢乱雅，大师之事也。”在中国古代哲人看来，“乐与政通”和“礼”密不可分，体现着尊卑、贵贱的身份和等级关系，有雅正淫奢之分，“夷俗邪音”不能“乱雅”。

就“乐”本身而言，是无所谓“雅正淫奢”的。所谓“乐者，乐也，人情之所必不免也，故人不能无乐。乐则必发于声音，形于动静，而人之道声音动静性术之变尽是矣，故人不能不乐”(《荀子·乐论》。人生来就有对“乐”的需求。审美是人的本质与天生需求，正是为审美的需要，才发而为声音，并形诸舞泳，这也就是音乐、舞蹈、诗歌合一的“乐”。人不能不乐，也不能无乐。人不能离开艺术审美活动，好美是人的天性。即如《孟子·告子上》所云：“耳之于声也，有同听焉；目之于色也，有同美焉。”又如《孟子·尽心下》所云：“口之于味也，目之于色也，耳之于声也，鼻之于臭也，四肢之于安佚也，性也。”然而人又是属于社会的，社会性是人的直接本质和现实本质。人“有夫妇之别，父子兄弟之序。……有君臣之分，尊卑之节”。《荀子·王制》云：“夫火有气而无生，草木有生而无知，禽兽有知而无义。人有气，有生，有知，亦且有义，故最为天下贵也。”人进行着各种活动，不但进行着物质生产、社会关系的生产，而且还进行着人类自身的生产和精神生产，正是通过这四种生产组合而成的人类社会生产活动，人才得以不断发展、实现和确证自己的本质特性。而审美活动就是人所进行的全部社会生产活动中最能体现人的本质和本性的一种特殊形态。人的身心统一体的需要，即“气”“生”“知”“义”的需要是审美活动的目的和动力。审美活动的发生与对“雅”的审美境界的追求既是人体验自我、改善自我、发挥自我、实现自我的需要，也是人本质特性的一种最高表现形式。只有这样，才能说人“最为天下贵”。人“最为天下贵”，具有社会性，“有君臣之分、尊卑之节”，故而，作为人艺术审美需要的“乐”也是有区别的，有“雅乐”和“俗乐”、“先王之乐”和“世俗之乐”、“雅颂之声”和“郑卫之声”、“阳春白雪”和“下里巴人”等。同时，正由于“乐”有区别，有“雅乐”“俗乐”，才有了“雅”与“俗”不同的审美意趣和审美追求，也才有了对“雅”与“俗”的褒贬意识。

第三节 “雅乐”与“隆雅崇雅”的审美意识

所谓“雅乐”又称“先王之乐”，是指正统的音乐，即无论是从审美意蕴看，还是从审美表达看，都符合礼乐规范，能体现儒家所极力称颂、和士大夫政治文化精神一脉相承的政治伦理教化审美观念的宫廷音乐。这种音乐一般都在祭祀活动和朝会仪礼中采用。“雅乐”的起源和周代的礼乐制度分不开。“礼非乐不履”，据《礼记·明堂位》记载，早在周初，周公就“制礼作乐”，以用于郊社、宗庙、朝会、燕飨、宾客、射乡等祭祀和宫廷仪礼，以及军事上的大典活动。

“乐”原本是乐舞、乐曲、乐歌的统称。根据周代的礼乐制度，等级不同的贵族在礼典仪式中所采用的乐舞、乐曲、乐歌以及乐器的类型、数量、型制等都有严格的规定，这些规定是不允许僭越的。在祭祀礼仪和相见礼仪中歌唱的诗也有规定，包括其意旨和意蕴，都应与所祭祀的对象、祭祀仪礼的主持者和祭祀活动的参加者的等级地位相符。如果“乐”的使用不符合规定，那么就如同礼仪与规定的不相符合一样，要被指责为“非礼”。故而，实际上这里的“乐”，就是“雅乐”。

“雅乐”的作用是辅助礼，与礼“相成”“相济”，以增进社会的和谐。但就“礼”与“乐”的关系来看，两者之间是既有区别，又相互统一的。分开来看，则“礼”“乐”各一；合起来看，则“礼”中有乐，以礼为主，以乐为辅。“乐”与“礼”的作用是相辅相成的。《礼记·乐记》说：“乐统同，礼别异。”又说：“乐者为同，礼者为异；同则相亲，异则相敬，乐胜则流，礼胜则离。合情饰貌者，礼乐之事也。礼义立，则贵贱等矣；乐文同，则上下和矣。”从这里可以看出，“乐”与“礼”一样，都是维护宗法性等级秩序和等级文化体系的。但是，“礼”作为“人道之大者”，是把人按血缘谱系的不同而划分为等级差别，以达到亲亲、尊尊、长长、男女有别，使贵贱有序、长幼有差、贫富有轻重，“由礼而雅”。这种区分的主要特征显然是“别”，即“别异”。但如果“礼胜”，即礼仪特别地“敬慎重正”“敬慎威仪”，那么，在宗法性等级体系内部就会产生疏离与冲突，以至造成人与人关系的紧张和离散，故而说“礼胜则离”。而“乐”，则是为了缓和这种紧张与冲突的。故称“乐统同”“乐者为同”“乐胜则流”。通过“乐”，使等级制度所造成的人与人之间的矛盾得以消解，并由此而增益了亲和关系，所以说，礼主异，乐主同。通过别异，以促进尊尊、亲亲、长长，达到尊祖敬宗的效果，增强宗族内部的凝聚力和向心力；通过合同，以增强亲和意识，风化道德、稳定人心。也就是说，“礼”与“乐”是相配相合、相辅相成的，“礼”的主要作用是区别尊卑贵贱，使卑者敬尊，贱者敬贵，下者敬上，但不能使卑者亲尊、贱者亲贵、下者亲上；“乐”则能善化人心，移风易俗，使尊卑、贵贱、上下之间相亲相爱、和睦共处，以维护社会和谐，“故先王导之以礼乐而民和睦”（《荀子·乐论》）。

同时，从所起作用的着眼点来看，“礼”更多地表现为对人的行为的规范，而“雅乐”则更多地是对人内心思想情感的陶冶，故《礼记·乐记》说：“乐由中出，礼由外作。乐由中出，故静；礼由外作，故文。大乐必易，大礼必简。乐至则无怨，礼至则不争。揖让而治天下者，礼乐之谓也。”《礼记·文王世子》也说：“凡三王教世子，必以礼乐。乐所以修内也，礼所以修外也。”显而易见，这里所说的“中”与“内”，是指人的精神或心理，即思想情感；而所谓的“外”，则指人的行为。的确，作为一种规范，“礼”更多是针对人的外在行为而言，如人的言行举止、情貌音容，通过礼仪教化，以作到文饰有度；而“乐”则主要作用于人的心灵，通过对人心灵的陶冶，以净化人的情感，感发人的志意，并由此而使人获得心灵的和谐，使人不再受到外在规范“礼”的制约，而免除争斗之心，由知礼而恭敬，由恭敬而尊让，安于自己的等级地位，并尊重他人的等级地位；同时，更由于内心情感的和谐而无怨无恨，从而使得“少长贵贱不相逾越”，“乱不生而想不作”，这样，社会自然安定和谐。因此，儒家哲人极力主张“乐教”，提倡用“雅乐”来“感发人之善心”（《礼记·乐记》），认为“雅乐”“之入人也深，其化人也速”（《荀子·乐论》）。在儒家哲人看来，“雅乐”是“天地之和”“与天地同和”。“雅乐”的核心美学精神就是“和”。即如荀子所说：“调和，乐也。”（《荀子·臣道》）所谓“和”，即平和、调和、和谐、和雅。儒家哲人认为，“雅乐”的音调、节奏协调完美、自由和谐、纯正温雅，因此，“乐教”可以使人的心灵得到陶冶，从而“血气平和”，过分的物质欲望得以合理的节制而保持适度，停止追求外物而返归自身，“返朴归真”，以保持内心的宁静与和平，追求更高的、超越流俗的高雅之境。总之，“礼”是通过各种规范以制约人外在的行为，而“乐”则是通过感染、熏陶以启发人内心的自觉。“礼”能培养人良好的道德行为，而“乐”则能熔铸人高尚的品德情操，“礼”的作用是使尊卑、贵贱有别有序，而“乐”的作用则在于使不平等的等级关系趋于和谐，故而，只有“礼乐交错”，内外结合，才能使人“志清”“行成”“上下和顺”，人与人之间“和教”“和乐”“和平”“和谐”。

由此可见，先秦时期的“隆雅”“尚雅”审美意识中含有极为浓重的政治伦理意味。对此，我们还可以从“雅乐”与“俗乐”的对峙中看到。

第四节　“俗乐”与“化俗为雅”的审美观念

与“雅乐”相对的是“俗乐”。“俗乐”有泛称和特称。泛称的“俗乐”，指古代各种民间音乐，又称“世俗之乐”，与“先王之乐”相对。《孟子·梁惠王》云：“寡人非能好先王之乐也，直好世俗之乐也。”远古时期，属于娱乐形式的“乐”是没有雅俗之分的。这点，从先民的审美需求也可看出。就语义上看，许慎《说文解字》云：“美，甘也。从羊从大。”这就是说，最初所谓的美只是一种肯定性的味觉评价，是中国先民解决了起码的生存需要后对生活质量的一种追求。同时也表明了中国先民生活中的审美追求是以饮食之乐为基础，并由此而发展起来的。因此《管子·侈靡》云：“饮食者，侈乐者也。”可见，从先民最初的审美观念来看，美的存在意义，首先是作为饮食活动中的享乐价值而出现的，基于人类对口味之美的关注与爱好，其中的“乐”是相同的，无所谓尊卑高下、雅俗不同。故而，墨子说：“目之所美，耳之所乐，口之所甘，身体之所安。”（《墨子·非乐》）荀子说：“人之情，口好味而臭味莫美焉；耳好声而声乐莫大焉；目好色而文章致繁妇女莫众焉；形体好佚而安重闲静莫愉焉；心好利而谷禄莫厚焉。”（《荀子·王霸》）庄子说：“夫天下之……所乐者，身安厚味美服好色音声也。”（《庄子·至乐》）进入阶级社会以后，“先王耻其乱，故制雅颂之声以道之”（《乐记·乐化》），使“贵贱等”“上下和”（《乐记·乐论》）、“天尊地卑，君臣定矣；卑高已陈，贵贱位矣；动静有常，小大殊矣；方以类聚，物以群分”（《乐记·乐礼》）。随着“统治者”与“被统治者”尊卑上下的分化，人在物质生活基础上对精神生活的追求成为不可避免的历史现象。统治者为促进社会繁荣、稳定社会秩序，于是制礼作乐，而雅乐兴焉。即如《荀子·乐论》所云：“是王者之始也。乐姚冶以险，则民流僈鄙贱矣。流僈则乱，鄙贱则争。乱争则兵弱城犯，敌国危之，如是，则百姓不安其处，不乐其乡，不足其上矣。故礼乐废而邪音起者，危则侮辱之本也，故先王贵礼乐而贱邪音。”这里所谓的“礼乐”之“乐”，就是“雅乐”。这些宫庭乐舞，有的是对属于“俗”文艺的原始乐舞的加工提高；有的是为歌功颂德制作的新乐。春秋时期流行的《云门》《大卷》（黄帝时代的乐舞），《大咸》（唐尧时代的乐舞），《大磬》（虞舜乐，即《韶》）属于前者；禹乐《大夏》，商汤乐《大濩》《大武》，周乐《大武》属于后者，总称“六乐”或“先王之乐”，是“雅乐”的典范，体现统治者的政治、社会理想，是“治世之音”。与之相应，那些长期流行于民间的音乐，它在形式和内容上不符合“雅正”的要求，或不遵循五声音阶的规定，或声不中律。即如

《乐记》所说:“郑卫之音，乱世之音也，比于慢矣。”(《乐本篇》)“五者皆乱，迭相陵，谓之慢。”这里所说的“慢”就是不中律，不符合“雅正”的审美要求。这些“比于慢”的“乐”也就自然成为“俗乐”，而作为“雅乐”的对立面，不断地兴起于民间了。如果说“雅乐”的出现在一定时期是符合历史要求的，起过推进审美意识和乐舞发展的作用，但到了后来，当人们的审美意识已随西周末年以后社会的大动荡而发生巨大变化的时候，还坚持过去的审美标准就显然不合时宜了。因此，我们必须指出，“俗乐”的兴起既是文艺发展的必然，也是社会发展所决定的，是不可避免的。在阶级社会出现后，虽然审美和艺术成为统治者享受的特权，但百姓大众的审美和艺术创造并没有间断。相反，统治者的审美享受还要依靠百姓大众的审美创造，包括乐工、舞女、艺术工匠……这也是“俗乐”得以生成和发展的根本原因。从艺术发展的规律看，当审美意识随着时代变化时，往往总是先在作为“俗”文艺的民间歌谣中体现出来，然后再影响到其他艺术领域。从历史事实来看，从西周末年到春秋战国的社会大变革，是我国文化发展的重要时期，其时是诸侯异政，百家异说。在整个社会政治、经济、文化发生巨变的情况下，人的内心世界、思想情感、审美意识也必然随之发生变化。这种变化不可能首先在“雅乐”中体现出来，而是在“俗乐”中以突破“雅正”的形式表现出来。《吕氏春秋》指出:“乱世之乐，为木革之声则若雷，为金石之声则若霆，为丝竹歌舞之声则如噪，以此骇心气，动耳目，摇荡生则可矣，以此为乐则不乐。”(《仲夏纪》)在这些若雷、若霆的“俗乐”中，就有一部分刚健激越的乐曲，反映了百姓大众的愤怒情绪和斗争意志。它不是那么温柔敦厚，而是“怨以怒”，甚至有“杀伐之声”，是君主专政的乱世之音，亡国之音。这对养尊处优的统治者来说，当然是不爱听的。

在这些“俗乐”中，除表现激昂愤怒情感的作品外，也不乏缠绵悱恻、哀伤悲凉的曲调，其中有受压迫者的呻吟，有颠沛流离者的痛苦，也有对故国和亲人的怀念。其音悲怆哀痛，缠绵真切，婉转动听，“兴、观、群、怨”都有，对丰富和扩展人们审美感受的范围，提升审美意趣，促进艺术的发展是十分有益的。

在“俗乐”之中，有不少是表达男女爱情的。这些“俗乐”曲调轻快活泼，发自内心深处，情感真挚，与庄严肃穆、平和迟缓的雅颂之声大相径庭，其中就包括传统的所谓郑、卫之音。《春秋公羊传·宣公十五年》何休《解诂》说:“男女有所怨恨，相从而歌。”朱熹《集传》说:“郑卫之乐，皆为淫声，然以诗考之，卫诗三十有九，而淫奔之诗才四之一，郑诗二十有一，而淫奔之诗已不翅七之五。卫犹为男悦女之辞，而郑皆为女惑男之语，卫人犹多刺讥惩创之意，而郑人几于荡然无复羞愧悔悟之萌，是则郑声之淫，有甚于卫矣。故夫子论为邦，独以郑声为戒，而不及卫，盖举重而言。”朱熹的这段议论，除反对诗歌表现男女相悦的爱情外，尤恶“女惑男”，是宋代理学家封建意识的典型。但它也从一个侧面说明，春秋时期的“俗乐”大多表达男女相悦的内容，所抒发的是对美好爱情的追求，表现的是纯真、深挚的感情和获得爱情的欢愉，具有反对奴隶制伦理观念的社会意义，是历史和审美意识的进步。具有艺术生命力、生机勃勃的“俗乐”的兴起，给诗歌艺术带来新的活力，它对“雅正”的审美观念和“雅乐”是一个巨大的冲击。这些或若雷若霆的金石木革之声，或哀婉缠绵的“郑卫之乐”，即男女相恋的情歌，都是人类美好心灵和自由本性的抒发。可以说正是“俗乐”中所表现的庶民大众的这些真实情感，成为推动审美追求和艺术发展的巨大动力。

从西周末年到春秋，以审美和艺术实践活动为基础，在礼乐教化观念与以天人合一的和谐意识为基本内容的审美意趣和审美理想导引下所形成的以“尚雅”精神为主流的美学思想，为中国美学雅俗观的形成奠定了基础。在此基础上，随着“俗乐”的兴起，“雅俗”审美意识与审美情趣共存的文艺发展状况，促使一些思想家提倡“雅俗并举”。如孟子就认为“世俗之乐犹先王之乐”(《孟子·梁惠王下》)。故而，可以说，这一时期雅俗观的特征是强调雅与俗对立面的和谐统一，并把雅与俗的和谐与自然、社会的普遍规律联系起来，从而形成一种系统的雅俗观念体系。随着历史的变革和审美意识的发展，出现了“俗乐”新声，这是社会经济、文化发展的必然结果，它在表现情感和艺术水平上都超过了传统的“雅乐”，成为拥有广大世俗民众的艺术形式。如齐国临淄的市民，大都会演奏器乐，楚都郢城盛行唱和的风习。乐舞也成为一种职业，如韩国的韩娥就是当时著名的民间歌唱家，她特别擅长演唱哀婉的歌曲，使老幼闻之，无不为之悲泣(见《列子·汤问》)。所谓“余音绕梁”，最早就是用来赞美她的歌艺的。当时的楚声、郑声、秦声都具有各自的地方特色。民间音乐的感人魅力也征服了当时的统治者，齐宣王就说:“寡人非能好先王之乐也，直好世俗之乐耳。”（《孟子·梁惠王下》）春秋时期，礼乐崩坏，新乐兴起，魏文侯“端冕而听古乐，则唯恐卧，听郑卫之音，则不知倦”（《乐记·魏文侯》）。这说明审美和艺术随时代发展的历史必然性。以上所谈的情况，虽然已是战国时期的事了，但“俗乐”新声作为一种新的审美和艺术潮流，早在孔子之前就兴起了。隋唐时期，又称用于宫廷宴享的“俗乐”为“燕乐”。杜佑《通典》卷一四六“坐、立部伎”篇，就将唐初九部、十部乐及坐、立部伎统称为“燕乐”。沈括《梦溪笔谈》说：“先王之乐为雅乐，前世新声为新乐，合胡部为燕乐。”就指出，隋唐时期宫廷中演奏的“燕乐”是与“雅乐”相对而言的，还指出“燕乐”是以“清乐”为主体的汉族“俗乐”和境内各民族及外来俗乐（“胡部”）的总称。欧阳修《新唐书·礼乐志》云：“凡所谓俗乐者，二十有八调。”这里的“俗乐”，实际上指的是隋唐燕乐。特指的“俗乐”，即所谓“郑卫之音”，又称“郑声”。原本指春秋战国时期流传于郑、卫等地区（即今河南省新郑、滑县一带）的民间音乐。我们这里所说的与“雅乐”相对峙的“俗乐”即指此。作为“俗乐”的“郑声”在中国古代一再受到诽谤和攻讦，特别是在春秋末期。

第五节 “尚雅贬俗”的审美取向

孔子尚雅贬俗。他极为重视“雅乐”的审美教育作用，指斥“郑声淫”，主张“放郑声”，用“雅乐”来“感动人之善心”。其时，在“礼崩乐坏”的社会背景下，周礼所代表的文化传统日渐没落，“郑卫之音”的影响日益扩大，并有逐渐取代“雅乐”的趋势。对此，以孔子为代表的、重视礼乐教化作用的儒家哲人深感痛心。孔子崇尚“雅乐”，即使被困于陈蔡时，仍然“弦歌不衰”。为了重建传统的等级秩序，他强调必须让礼乐重新获得其原有的社会功能，主张“乐则《韶》《武》，放郑声，远佞人。郑声淫，佞人殆”（《论语·卫灵公》）。他曾表示自己推崇“雅乐”而贬斥“郑声”，“恶郑声之乱雅乐”。后来的儒家哲人则继承和发展了孔子的尚雅贬俗审美观，并将其与政治教化紧密地联系在一起。《荀子·乐论》云：“乱世之征：其服组，其容妇，其俗淫，其志利，其行杂，其声乐险，其文章匿而采，其养生无度，其送死瘠墨，贱礼义而贵勇力，贫则为盗，富则为贼。”这就是说，如果社会动乱，就会出现服饰华侈、男人打扮成女人、民风淫奢、唯利是图、行为混乱、音乐淫乱为靡靡之音，文章内容邪恶且多浮饰等怪异的征兆，因此，在荀子看来，必须对“乐”进行审美规范，使其符合先王圣人的“立乐之道”和“立乐之术”，也即符合“雅乐”规范。他在《荀子·乐论》中指出：“乐则不能无形，形而不为道（导），则不能不乱。先王恶其乱也，故制雅颂之声以导之，使其声足以乐而不流，使其文足以辨而不语諰，使其曲直、繁省、廉肉、节奏，足以感人之善心，使夫邪污之气无由得接焉，是先王立乐之方也。”先王之所以制定“雅乐”，其目的就是为了感发人们的善心，因为“雅乐”的审美特质就在于其“中和”，可以“善民心”，并且“其移风易俗易，故先王导之以礼乐而民和睦”。正是为了“善民心”“管乎民心”，圣人才制礼立乐。《荀子·乐论》云：“乐也者，和之不可变者也；礼也者，理之不可易者也。乐合同，礼别异，礼乐之统，管乎人心矣。”“乐”就是“和”，“礼”就是“理”。就表面现象看，乐与礼似乎是有区别的，“乐合同，礼别异”，然而就其实质而言，则两者的作用是一致的，都是“管乎人心”。

应该说，儒家哲人所推崇的运用“乐德”“乐教”的“礼乐”之“乐”，就是“雅乐”。“乐”和“礼”之间，既相互区别，又相互一致。“礼乐”并举，突出地表现出隆雅、尚雅、重雅的审美教化意识。如前所说，在儒家哲人看来，“乐者，通伦理者也”，“声音之道与政通矣”。“雅乐”体现着道德伦理、政治教化的精神。即如《国语·周语下》所说：“政象（表现）乐。”也正因为这样，儒家哲人才认为“治世之音安以乐”“乱世之音怨以怒”“亡国之音哀以思”。“安以乐”的“乐”，自然只能是“雅乐”，也即“治世之音”；而“乱世之音”“亡国之音”则显然是“俗乐”。《乐记·乐本》云：“郑卫之音，乱世之音也，比于慢矣。桑间濮上之音，亡国之音也，其政散，其民流，诬上行私而不可止也。”“俗乐”会“乱世”，并导致“亡国”。《乐记·魏文侯》云：“今夫古乐，进旅退旅，和正以广；弦匏笙簧，会守拊鼓。始奏以文，复乱以武，治乱以相，讯疾以雅。君子于是语，于是道古，修身及家，平均天下。此古乐之发也。”又云：“今夫新乐，进俯退俯，奸声以滥，溺而不止；及优侏儒，獶杂子女，不知父子。乐终，不可以语，不可以道古。此新乐之发也。”这里所谓的“古乐”，就是“雅乐”，而所谓“新乐”，则为“俗乐”。“古乐”，

“和正以广”“讯疾以雅”；“新乐”，“奸声以滥，溺而不止”，鲜明地表现了其尚雅卑俗、褒雅贬俗、隆雅鄙俗的审美意识。

“雅乐”“和正以广”，故而儒家哲人推崇“雅乐”，重视“雅乐”的审美教化作用。《荀子·乐论》云：“凡奸声感人而逆气应之，逆气成象而乱生焉；正声感人而顺气应之，顺气成象而治生焉。唱和有应，善恶相象。”所谓“奸声”即“俗乐”，“正声”即“雅乐”。荀子认为，社会风气的邪正与人心有着对应的关系。受邪恶的社会风气感染，人心与邪恶之气相通相应，奸邪之气表现在“乐”中，那么这就是“淫乱之乐”，即“俗乐”；乐淫乱，“俗乐”盛行，则天下混乱。受雅正的社会风气的感染，人心就会与顺和之气相应，顺和之气表现于“乐”中，就是“雅正之乐”；乐雅正，则社会安定和平。正因如此，所以先王制雅乐。

符合于正道，能“感动人之善心”的乐，就是“礼乐”“古乐”“正声”“德音”“先王之乐”，也即“雅乐”；不符合于道、礼，“使人心淫”的乐，就是“邪音”“淫声”“郑卫之音”“桑间濮上之声”，也即“俗乐”。“雅乐”是美与善的高度统一。孔子认为，《武》“尽美矣，未尽善也”，还有些美中不足、雅化不够，只有《韶》乐，“尽美矣，又尽善矣”，才是他所推崇的“雅乐”典范。“雅乐”最基本的审美特征是“和”，即“乐而不淫，哀而不伤”，后来的“典雅”“和雅”“温雅”“文雅”等审美范畴都源于此。

同时，儒家推崇“雅乐”“古乐”，排斥“郑声”，重视“正乐”，“放郑声”，“禁淫声”，褒雅贬俗，尚雅卑俗，影响了中国美学史上的雅俗审美观，造成雅俗对峙，雅俗分野，雅俗冲突。很长时期，一部分文艺美学家都主张隆雅鄙俗，认为“俗”的东西有伤大雅，不能登大雅之堂，贬俗斥俗。同时，从“雅乐”与“俗乐”的严重对立中，我们还可以看到，早期的雅俗审美意识中带有浓烈的政治伦理教化色彩，这也就是一说到“雅”就意味着“正统”，一说到“俗”就意味“邪僻”的文化思想根源。

第六节 雅俗相通的审美构成

必须指出，在中国美学史上，雅与俗是既相互对立，同时又相互统一的。

就文艺美学来看，“雅”文艺最初都是由“俗”文艺而来的。如《诗经》中的绝大多数诗篇，最早都来自民歌民谣，是“王者所以观风俗，知得失”，而派“采诗之官”到民间搜集而来的。如“国风”“周南”“召南”中的《关雎》《采蘩》等诗篇，就原本是民间乡乐，后来在宫廷中被采用为房中乐，同时也用于宫廷中低于大飨一级的燕饮活动，在宫廷外也有卿大夫用于宴享士庶的。周代郊、庙、燕、射之乐，原本没有统一的名称，到春秋、战国时期才开始被称为“雅乐”或“雅颂之声”。据《论语·子罕》记载，孔子曾说：“吾自卫返鲁，然后乐正，雅颂各得其所。”可见，孔子曾对《诗经》中所收集的民歌民谣进行整理，以化俗为雅、以俗为雅，而“雅乐”则是从雅、俗的对立、对举，以及“先王之乐”与“郑卫之音”的对峙中而得名的。这点还可以从“雅颂之声”的称谓起于《诗经》编辑成书以后得到证明。

秦、汉以后，所谓的“雅乐”，也包含源于民间的俗乐。当时的“雅乐”，特别是开国之初，不能歌颂前代功德，故而必须重新创作。其余则多取旧乐改名、填词，用作本朝的“雅乐”。例如，秦代改称《武》乐为《五行》，汉代改称《韶》乐为《文始》等。但由于历经改朝换代的长期动乱，旧有的“雅乐”多已遗失，汉代据传仅存周代的《韶》《武》二曲，所以只能收集新的民歌民谣，以重新整理创作。这样，其时所谓的“雅乐”中，大多为吸取与改编整理过的民间音乐，是化俗为雅，以俗为雅的结果。如汉初就采用《大风歌》和《巴渝舞》入“雅乐”；南北朝的“雅乐”是“陈、梁旧乐，杂用吴、楚之音；周、齐旧乐，多涉胡戎之伎”（《旧唐书·音乐志》）；隋初，曹妙达受命所教习的“雅乐”，以及其时迎神用的《元基曲》，献奠登基用的《倾杯曲》，都源自民间俗乐。的确，就艺术意味的精纯、艺术魅力的厚重和艺术水平的高低而言，“雅”文艺远远地超过“俗”文艺。因为，“诗以言志”“画以立意”“乐以象德”“文以载道”“书以如情”，文艺创作是主体心灵的观照与物态化的过程，是创作主体根据一定的精神需要和审美需要，从个体的审美心理特征出发，含英咀华，去选取那些深深烙印着自己心灵意蕴的东西，以发现最能适应主体意识的审美对象的精神内涵和恰如其分的表现审美意蕴的符号载体的过程。是“以至敏之才，做至纯功夫”（朱熹语），需要“内极才情，外周物理”（王夫之语）。故而，创作主体必须“才”“识”“胆”“力”超人，既有天赋之才，又有丰富的知识和审美经验，应有“独闻之听，独见之明”，对宇宙万物“洞彻无碍”，能从微尘中见出大千，一瞬间见出永恒，能通过自然万物的色彩、线条、声音、结构、形体、姿态等直达宇宙的生命本原，以领悟到其内部生命意蕴，捕捉到艺术的精灵、美的意旨，并将其艺术表现出来。由此，可以说，士大夫文人出身的文艺家所创作的文艺作品，往往较一般民歌民谣更为高级、特殊、典雅，其艺术水平自然也高于民间“俗”文艺。

但与此同时，我们也必须看到，生活才是艺术的根本源泉，离开了生活，艺术的生命力必定会枯萎。故而，真正具有新鲜活力的往往是“俗”文艺。“雅”文艺离开了“俗”文艺的滋养，必定会丧失其充沛的艺术生命，而走向纤弱、雕琢和僵化，并由此而萎靡、没落。正是由于看到“雅”“俗”之间的这种对立统一关系，认识到“雅”与“俗”既相互对立，又相互转化，所以，历来有见识的文艺理论家都“雅”“俗”对举，既尚雅，也重俗。以俗为美观念得到增强的突出体现是被称为稗官之笔的小说的出现。《汉书·艺文志》特列小说15家，计1380篇，对由先秦杂述、传说演进而成的小说首次做了较有系统的论述，指出：“小说家者流，盖出于稗官。街谈巷语，道听途说者之所造也。孔子曰：‘虽小道，必有可观者焉。致远恐泥，是以君子弗为也。’然亦弗灭也。”这里的“小说”尽管与今人所理解的小说内涵有所不同，但它指来自民间之“道听途说”，进而被“小说家”加工成为广泛流行的叙事作品，虽被文人学者视为“小道”，“然亦弗灭也”。孔子认为“小说”为“小道”“君子弗为”，表明其尚雅卑俗。而他又认为“小说”“必有可观者焉”，这之中又流露出其以俗为美、以俗为雅的审美意识，而《汉书·艺文志》的论述则表明了小说作为“俗”文学作品具有强大生命力，同时也表述了其以俗为美的审美观念。

正由于雅俗相通、雅俗互化、俗可化雅、雅俗共赏，故不少文艺家主张审美创作语言表述应通俗易懂、雅俗兼顾、雅俗并重、既雅也俗、不雅不俗。如魏晋南北朝时期的萧子显就主张不俗不雅，雅俗结合。他说：“三体之外，请试妄谈：若夫委自天机，参之史传，应思悱来，勿先构聚。言尚易了，文憎过意，吐石含金，滋润婉切。杂以风谣，轻唇利吻，不雅不俗，独中胸怀。轮扁斫轮，言之未尽，文人谈士，罕或兼工。非唯识有不周，道实相妨。谈家所习，理胜其辞，就此求文，终然翳夺。故兼之者鲜矣。”（《南齐书·文学传论》）所谓“言尚易了”，就是指创作主体在艺术表达方面要易识、易懂，要使用当代的常用词语。这之前，沈约也曾指出："文章当从三易：易见事，一也；易识字，二也；易读诵，三也。"显然，这是针对宋齐时期一些士大夫文人，在诗文创作中为了追求"雅化"，故意堆砌难懂、冷僻的字词，脱离实际的文风而发的。萧子显总结创作实践经验，主张明白浅显、易识、易懂的文风，要求审美创作应更好地传情达意。"文憎过意"，就是强调文艺创作要恰当地传达情意。而为了达到审美目的，就需要充分发挥文艺创作的诸因素。萧子显着重提出了四个要素。

第一，要音律和谐。音韵谐美是诗文创作中最重要的因素之一。萧子显用形象化的语言予以描述，"吐石含金，滋润婉切"。又说"属文之道，事出神思，感召无象，变化不穷。俱五声之音响，而出言异句"（同上）。

第二，要化俗为雅。民间歌谣以清新、通晓、易于上口的语言风格特色见长。萧子显提倡化俗为雅，向民歌学习，并把民歌中的表现风格特色化入"雅正"的诗文创作中。他指出诗文创作要"杂以风谣，轻唇利吻"，要有利于增强诗文创作的表现力和生命力，使诗歌音韵谐和、流畅圆转、易于上口。

第三，要不雅不俗。雅和俗、雅语和俗语，历来是文人诗文创作和民间歌谣在风格风貌和艺术表现上的主要区别特征。萧子显提出"不雅不俗"，是要求两者结合。他认为，能真正做到这一点的人不多。

第四，要独抒胸怀。萧子显特别强调作家个性，认为诗文创作应抒发个性化的情思志趣。实际上，个性化艺术风格的形成来自作家个人的独自胸怀，他人是无法模仿的。

从其不雅不俗的雅俗论出发，萧子显对当时的诗文创作进行批评，说："今之文章，作者虽众，总而为论，略有三体：一则启心闲绎，托辞华旷，虽存巧绮，终致迂回，宜登公宴，本非准的，而缓慢阐缓，膏肓之病，典正可采，酷不入情。此体之源，出灵运而成也。次则缉事比类，非对不发，博物可嘉，职成拘制，或全借古语，用申今情，崎岖牵引，直为偶说，唯睹事例，顿失清采。此则傅咸《五经》，应璩《指事》，虽不全似，可以类从。次则发唱惊挺，操调险急，雕藻淫艳，倾炫心魂，亦犹五色之有红紫，八音之有郑卫，斯鲍照之遣烈也。"（《南齐书・文学传论》）萧子显这里所说的"三体"，是指当时比较有代表性的三种风格流派及其主要作者。在萧氏看来，这"三体"都不符合其"雅俗"论的要求。第一种"启心闲绎，托辞华旷"，虽然"巧绮”，但却缺乏真实的感情；第二种“缉事比类，非对不发”，实质上是堆砌事类，且“全借古语，用申今情”，厚古薄今，摹拟雕琢，这样一来只会使文艺创作受到大的限制，把丰富多采的辞语搞得“顿失清采”；第三种“雕藻淫艳，倾炫心魂”，在萧氏看来，这种尽管和前两种不同，“倾炫心魂”，足以动人，但“犹五色之有红紫，八音有郑卫”，仍然不符合“雅正”的传统审美规范。

必须承认，萧氏对当时诗文创作的风气所做的品评还是比较客观的。在萧氏看来，能在多方面都做得好的作家屈指可数。故而，他说：“窃以为属文之体，鲜有周备……深乎文者兼而善之，能使典而不野，远而不放，丽而不淫，约而不俭，独擅众美，斯文在斯。”(《昭明太子集序》)所谓“典而不野，远而不放，丽而不淫，约而不俭”，就是儒家美学所提倡的“雅正”审美规范，由此可见，萧氏的“雅俗”观还是以尚雅为核心。

第七节 “雅正”的诗学精神

从语义上看，“雅”是“正”，“雅”又指“雅言”①，即“夏言”。“雅言”是当时的京话与官话，就是其时中原一带诸夏的标准语，以用来实现各地区人们之间的交际，也用来规范各地的方言。《汉书·艺文志》“《尔雅》三卷二十篇”下的注引张晏语云：“尔，近也。雅，正也。”刘熙《释名》卷六《释典艺》说：“《尔雅》：尔，昵也；昵，近也。雅，义也；义，正也。五方之言不同，皆以近正为主也。”这里就表明，“雅言”，是用来作不同地区的方言的标准语的。故《荀子·正名》云：“散名之加于万物者，则从诸夏之成俗曲期。远方异俗之乡，则因之而为通。”宇宙间世界万事万物各有不同，但必须要有统一的认识和规范性命名，应纠正各种习俗的差异，以中原的“雅言”为准，以有助于不同地区间人们的交往。显然，荀子的这种看法，与我们所指出的“雅言”的作用是一致的。孔子就追求雅正，讲学不用鲁语，而用雅言。故《论语·述而》云：“子所雅言，《诗》《书》执礼，皆雅言也。”《毛诗序》亦云：“雅者，正也。”朱自清指出：“雅是纯正不染。”余冠英在《诗经选注》中也曾

① 雅：古代又为乐器名。参见《周礼·春官》“笙师掌教吹竽、笙、埙、籥、箫、篪、笛、管、舂、牍、应、雅，以教裓乐”条及郑司农注。

强调指出："雅是正的意思，周人所认为的正声叫雅乐，正如周人的官话叫做雅言。雅字也就是'夏'字，也许是从地名或族名来的。"据章炳麟考证："甲曰：《诗谱》云'迄及商王，不《风》不《雅》。'然则称'雅'者放自周。周秦同地。李斯曰：'击瓮叩缶，弹筝搏髀，而呼乌乌快乐耳者，真秦声也。'杨恽曰：'家本秦也，能为秦声。酒后耳热，仰天拊缶而呼乌乌。'《说文》：'雅，楚乌也。'雅乌古同声，若雁与，凫与鹜矣。《大小疋》者，其初秦声乌乌，虽文以节族，不变其名。作疋者，非其本也。应之曰：斯各一义，闳通则无害尔。……颂与风得函数义。疋之为足迹，声近雅故为乌乌，声近夏故为夏声，一言而函数义可也。"所谓"声近夏"，王引之在《读书杂志》中解释《荀子·荣辱》篇"譬之越人安越，楚人安楚，君子安雅"的"雅"字时也认为"夏""雅"二字相通，说："雅读为夏，夏谓中国也，故与楚、越对文。《儒效篇》'居楚而楚，居越而越，居夏而夏'是其证。古者夏、雅二字互通，故《左传》齐大夫子雅，《韩子·外储说右篇》作子夏。"对此，梁启超在《释四诗名义》中也指出："《伪毛序》说：'雅者正也。'这个解释大致不错。……依我看，《大小雅》所合的音乐，当时谓之正声，故名曰《雅》。……然则正声为什么叫做'雅'呢？'雅'与'夏'古字相通。……荀氏《申鉴》、左氏《三都赋》皆云'昔有楚夏'，说的是音有楚音夏音之别。然则《风》《雅》之'雅'，其本字当作'夏'无疑。《说文》：'夏，中国之人也。'雅音即夏音，犹言中原正声云尔。"这就是说，"雅"之所以为"正"，是由于古字"雅""夏"相通。而"夏"，在古代就意味着中原、中国，也即正统，既然"雅""夏"相通，"夏声"为"中原正声"，自然也就是"雅声"，"雅"即"正"。

第八节　"风雅"审美规范

据《左传》襄公二十九年记载，季札访鲁国观周乐，当时的"雅乐"就分风、雅、颂三体，并具有"思而不贰，怨而不言"，"直而不倨，曲而不屈，迩而不逼，远而不携，迁而不淫，复而不厌，哀而不愁，乐而不荒，用而不匮，广而不宣，施而不费，取而不贪，处而不底，行而不流。五声和，八风平，节有度，守有序，盛德之所同也"等审美特征。后来孔子正是在此基础上，整理编辑《诗》，使“乐正”，“雅、颂各得其所”。所谓“乐正”，也就是使诗歌雅化。到汉代，《诗》成为经典，《诗经》也就一直作为正统、典范之作，规范着后来的诗歌创作。而其“风雅”政治伦理诗教传统则被后世文艺理论家奉为最高审美标准。《诗大序》的作者继承先秦儒家哲人尚雅贬俗的审美意识推尚“雅乐”，认为“诗者，志之所之也，在心为志，发言为诗”。这里所谓的“志”，指严格遵循礼乐教化，符合政治伦理道德规范的志向。在《诗大序》看来，“情”与“志”是可以统一的，但“情”又要受“礼义”的规范：“发乎情，止乎礼义。发乎情，民之性也；止乎礼义，先王之泽也。”“发乎情，民之性也”，说明抒情是人的本性，“情”是心理的自然表露，当然也是文学艺术的基本审美特征，不可能硬性遏制或禁止；同时“情”又应当“止乎礼义”，也就是说“情”的抒发要框定在先王制定的礼义范围内，必须符合“雅乐”的审美规范。

当然，实际上《诗大序》主张的“在心为志，发言为诗”的审美观，对雅、俗文艺都很适用。同时，《诗大序》还对“风雅”诗的品格做了反复论述，认为“风”是“以一国之事，系一人之本”，“雅”是“言天下之事，形四方之风”。“风”的可贵就是“下以风刺上”，“雅”的必要就是“上以风化下”。又说：“风，风也，教也；风以动之，教以化之。”采集变风变雅体诗足以“吟咏情性，以讽其上，达于事变而怀其旧俗者也。故变风发乎情，止乎礼义”，奠定了“风雅”审美范畴生成的思想基础。如史学家班固在《汉书》中就据此认为汉赋“或以抒下情而通讽谕，或以宣上德而尽忠孝，雍容揄扬，著于后嗣，抑亦雅颂之亚也”。赋论家扬雄也据此认为“诗人之赋丽以则，辞人之赋丽以淫”，并斥之为“童子雕虫篆刻”。据《西京杂记》载，司马相如认为“赋家之心，包括宇宙，总揽人物”，突出强调《诗经》所倡导的“风雅”传统。赋的方法源自以“风雅”诗为代表的民间歌谣的创作方法，也包括屈原吸取楚歌而形成色彩斑斓的骚赋的审美经验。可以说，“风雅”传统及汉代以前的有关雅、俗的表述，对后来“雅正”审美意识的发展具有极为重要的意义。

与刘勰同时的钟嵘在其《诗品》中显然也继承了“风雅”美学精神，并以之为审美标准，品评诗人诗作。如其评议曹植及其诗作，认为“其源出于‘小雅’，骨气奇高，词彩华茂，情兼雅怨，体被文质，粲溢今古，卓尔不群”；品评阮籍的诗作“源出于‘小雅’，无雕虫之功。而咏怀之作，可以陶性灵，发幽思。言在耳目之内，情寄八荒之表，洋洋乎会于风雅，使人忘其鄙近，自致远大。颇多感慨之词，厥旨渊放，归趣难求”等。将“风雅”与“鄙近”对举，可见其尚雅鄙俗的“雅俗”审美观。同时，与刘勰的“风雅”审美观相似，钟嵘主张尚雅隆雅，并通过对众多诗人品第高下的评议来表述自己的隆雅鄙俗与主张化俗为雅的审美意识。他反对“庸音杂体”，推崇《诗经》和屈原作品开创的“风雅”“风骚”美学精神。钟嵘还在总结汉代乐府诗和建安诗歌审美创作实践经验的基础上，进一步提出“汉魏风骨”或谓“汉魏风力”的美学范畴，强调诗歌创作必须表现高尚的品德情操和审美意旨，必须表达充实清新、健康活泼、富有生命力的审美意蕴，给人以刚健遒劲、凝炼有力的审美风貌，达到“风雅”教化的审美目的。初唐时期，诗歌革新旗手陈子昂在继承与发展“风雅”传统美学精神的基础上，感叹“汉魏风骨，晋宋莫传”，“齐梁间诗，彩丽竞繁，而兴寄都绝”，“思古人常恐逦迤颓靡，风雅不作”，而大声疾呼，主张诗歌创作应鄙弃“淫丽”“浮靡”的庸俗化倾向，尚雅、隆雅，追求“骨气端翔，音情顿挫，光英朗练，有金石声”的审美风貌，上承风雅，力追汉魏，彻底革除六朝以来的浮华鄙俗文风。大诗人李白更是以其诗歌审美创作实践，标举“风雅”，提倡恢复“古道”。他在《古风》诗中说：“大雅久不作，吾衰竟谁陈。王风委蔓草，战国多荆榛。龙虎相啖食，兵戈逮狂秦。正声何微茫，哀怨起骚人。扬马激颓波，开流荡无垠。废兴虽万变，宪章亦已沦。自从建安来，绮丽不足珍。圣代复元古，垂衣贵清真。群才属休明，乘运共跃鳞，文质相炳焕，众星罗秋旻。我志在删述，垂辉映千春。希圣如有立，绝笔于获麟。”李白反对庸俗、鄙俗的文风，尚雅隆雅，痛斥齐梁浮艳浅陋的文风，认为“自从建安来，绮丽不足珍”。他以弘扬“风雅”传统自命，说：“梁、陈以来，艳薄斯极，沈休文又尚以声律。将复古道，非我而谁。”显然，他所谓的“复元古”“复古道”，绝对不是墨守成规、一成不变、僵化保守的复古主义，而是对《诗经》“正声”，即“雅声”的张扬，对“风雅”传统的发展。故而他主张诗歌创作应追求“清真”“自然”“文质相炳焕”的审美境界。

诗圣杜甫也隆雅重雅，推崇“雅”的审美境界。在人品建构方面，杜甫标举“风流儒雅”“文雅”“雅量”，认为作为诗人，必须要有“雅才”；在审美创作社会效用方面，则主张继承“风雅”传统；在诗歌艺术表达方面，则推崇雅语，追求“清词丽句”“佳句”“秀句”。诗歌是语言的艺术。杜甫不仅重视诗歌反映现实的社会功能，而且也十分重视诗歌语言的艺术特征。他要求在用词炼句等方面要千锤百炼，以达到“语不惊人死不休”的审美境界。

杜甫主张“亲风雅”。他在《戏为六绝句》中说：“不薄今人爱古人，清词丽句必为邻，窃攀屈、宋宜方驾，恐与齐梁作后尘。”“未及前贤更勿疑，递相祖述复先谁？别裁伪体亲风雅，转益多师是汝师。”这里就提出“别裁伪体亲风雅，转益多师是汝师”，鲜明地表白自己追求“风雅”审美理想，强调指出“亲风雅”是自己诗歌创作的要旨和美学精神，认为诗歌创作应继承“风雅”的传统，包括遣词炼句、声律与和意境创构等，要批判地继承和创新，同时要善于汲取前人优秀之作的营养，兼取众长。他曾宣称“李陵苏武是吾师”（《解闷十二首·其五》），又说“诗堪子建亲”（《奉赠韦左丞丈二十二韵》），并表明自己之所以“去国哀王粲”（《久客》），是因为“汉魏近风骚”。而他之所以推崇陈子昂，则是因为陈氏“有才继骚雅”（《陈拾遗故宅》）。正是由于主张“亲风雅”，所以他赞扬当代诗作“文雅涉风骚”（《题柏大兄弟山居室壁》）的诗人。从其诗歌创作实践看，杜甫对《诗经》《楚辞》等前代或同时代的作品、作家，都能领会其美学精神，善于向不同流派、不同诗人虚心学习、继承、发展、创造，甚至善于吸取民间俗语谚语的营养，化俗为雅，真正做到“亲风雅”“转益多师”。正因为杜甫有如此博大的胸怀、宏伟的气魄，善于采百花而酿佳蜜，汇细流而成大海，自觉地继承“风雅”传统美学精神，而不是自视高傲，目空一切，所以他才具有高超的艺术表达能力，从而创作出大量的优秀诗篇，成为伟大的诗人。元稹称赞杜甫：“上薄风骚，下该沈宋，古傍苏李，气夺曹刘，掩颜谢之孤高，杂徐庾之流丽。”（《唐故工部员外部杜君墓系铭并序》）也正是由于这样，杜甫的诗作才被后人推尊为“千古操觚之准绳”（史炳《杜诗琐证》）。

可以说，正是对“风雅”美学精神的张扬，才使杜甫的诗“上薄风、骚，下该沈、宋，言夺苏、李，气吞曹、刘，掩颜、谢之孤高，杂陈、庾之流丽，尽得古今之体势，而兼人人之所独专矣”。的确，正是由于李白、杜甫大力主张“风雅”传统美学精神，并加以审美创作实践，从而才使“风雅”传统得到进一步弘扬，并影响了中唐的元白、韩柳以及宋代的梅尧臣、苏轼、陆游，延及至今。

作为新乐府运动的领袖人物，元稹和白居易共同标举“风雅比兴”。元稹在《乐府古题序》中指出：“自风雅至于乐流，莫非讽兴当时之事，以贻后世之人。”由此出发，他主张诗歌创作应“感事”而发，以“风雅”为最高审美标准，标榜自己“为诗意如何？六义互铺陈。风雅比兴外，未尝著空文”。如前所说，白居易更是高扬“风雅”美学精神，并且身体力行，创作了不少的新乐府诗，“篇篇无空文，句句必尽规”，“不务文字奇，惟歌生民病”（《寄唐生》）。这里所谓的“无空文”“必尽规”，就是奉行“风雅”审美规范，提倡“风雅”的审美教化功效。中唐时期，韩愈与柳宗元发起“古文运动”，“文起八代之衰”。其基本的美学精神，也是高扬“风雅”，鄙弃萎靡、臃肿、僵化的庸俗文风。所谓“八代之衰”，就是指魏晋南北朝以来，文章写作日渐骈丽化、文风绮丽、淫靡，形式僵化，缺乏艺术应具有的充沛活力，有如生命衰竭的重病患者。要救治这样的“病人”，“起衰”，韩愈主张“学古道”，柳宗元则在此基础上，明确提出“文以明道”。他们提谓的“道”均为儒家伦理道德规范，为道统之道。不过韩愈之“道”偏重于古道理义，而柳宗元之“道”则倾向于济世、补时，为“利于人，备于事”，“辅时及物”之“道”。柳氏推举“风雅”，他说：“文有二道，辞令褒贬，本乎著述者也；导扬讽喻，本乎比兴者也。……比兴者流，盖出于虞、夏之咏歌，殷、周之风雅，其要在于丽则清越，言畅而意美，谓宜流于谣诵也。”又说：“文之用，辞令褒贬，导扬讽喻而已。虽其言鄙野，足以备于用，然而阙其文采，因不足以竦动时听，夸示后学，立言而朽，君子不由也。”这里就充分肯定“风雅”传统，推重“丽则清越”“言畅意美”的艺术表现手法，反对缺乏文采，“其言鄙野”，内容空虚、萎靡、“立言而朽”的庸俗之作，鲜明地表述了他尚雅卑俗的美学主张。

宋代诗人梅尧臣论诗也主张“风雅”美学精神，他说：“圣人于诗言，曾不专其中，因事有所激，因物兴以通。自下而磨上，是之谓国风。雅章与颂篇，刺美亦道同。”他不但在理论上崇尚并提倡“风雅”，而且在诗歌创作实践中也奉行“风雅”审美宗旨，故而，刘克庄在《后村诗话》中说：“本朝诗惟宛陵为开山祖师。宛陵出，然后桑濮之哇淫稍熄，风雅之气脉复续。”这里就称颂梅尧臣尚雅卑俗的审美主张，指出其对“风雅”传统精神的继承和弘扬。作为南宋诗坛的卓越代表，陆游所标举美学精神也为“风雅”，这点可以从他对李白、杜甫的尊崇中看出来。宋代诗人，包括江西诗派，都极为推重杜甫，标榜由杜甫继承并弘扬的“风雅”传统，并由此形成宋诗托物寄兴、清新俊逸、雅正真率的审美特征。而宋代的诗文革新运动能继唐代古文运动以完成散文创作的改革，继承和发展自然平易、流畅婉转、质文并重的创作文风，显然也与“风雅”传统美学精神的影响分不开。

清代王夫之也主张诗文创作应符合“雅正”审美规范。他认为，特别是“文”，必须运用孔子那个时期的“雅言”，这样才能做到与圣人声气相符相合。因此，他指出要掌握这种“雅言”必须“多读古人文字，以沐浴而膏润之”；“以心入古文中，则得其精髓；若以古文填入心中，而亟求吐出，则所谓道听而途说者也”(《夕堂永日绪论外编》)。由此出发，他极为反对诗文创作语言不“雅正”。他说:“隆、万之际，一变而愈之于弱靡，以语录代古文，以填词为实讲，以杜撰为清新，以俚语为调度，以挑撮为工巧……语录者，先儒随口应问，通俗易晓之语，其门人不欲润色失真，非自以为可传之章句也。以此为文，而更以浮屠半吞不吐之语参之，求文之不芜秽也得乎？”（同上）他坚决反对以口语入文，反对生造词，反对口语词，强调书面语言的规范性。在他看来，口语词为“秽语”，作为“代圣贤立言”的八股时文，应坚持其语言“雅正”，风格谐调一致，摒弃口语以求其雅。显然，这种崇尚“雅正”的观点和中国美学的“雅正”精神与“风雅”传统是一脉相承的。

第九章　名家论“雅”

就其所包容的具体的审美意蕴来看，作为一对相反相成的范畴，“雅”与“俗”均涉及人生与艺术两个层面，人们不但喜欢用这对范畴来品评文艺创作主体人品、作品品格、欣赏者品味的层次高下，而且经常运用这对范畴来评介人生境界与人格修养的高低，因此，要较为深刻地认识这对范畴，就必须从文艺美学与人生美学这两个层面切入。就文艺美学来看，雅与俗的区别还涉及艺术表达与文体方面的内容，由此而扩展到人生与艺术以及思想文化层面。对雅与俗审美观念，历来看法不同，一直争论至今，从而形成隆雅卑俗、雅俗并举、化俗为雅和以俗为雅、雅俗共赏等雅俗之辨、雅俗之争的历史。

但必须指出，中国人生美学对“雅”的推崇，更多地还是表现在对主体品德情操、气质个性、思想情感、志气意趣等人格境界的标举。作为人类最高的精神产品，审美活动需要主体在血气、情意、品格、才性、识见等诸方面，都要有极高的条件和素养。对此，历代哲人与文艺美学家都有自己的认识与主张，其基本的美学精神都着重在人生层面，特别是其对待人生的态度，是趋时媚俗，还是超越世俗、脱迹尘纷，是趋炎附势、追名逐利、随波逐流、同流合污，还是志存高洁、通脱飘逸、返朴归真，以求得心灵的冰清玉洁、旷达超迈，获得心灵的自由与高蹈和人格的庄严高尚。功名利禄使人趣味低下、庸俗，阻碍人的精神向最高的审美境界的升华，只有超越功名利禄、超越世俗杂念，人的心灵才能获得真正的自由，而实现与自然万物的合一，发生与宇宙生命的和谐共振，以构成圆融无碍、浑化无迹、生气氤氲流荡审美极境。下面，我们就结合人生和文艺美学两个方面进行评述。

第一节　老子论“超越俗我”与“守道为贵”

从人生美学来看，在中国古代雅与俗审美观念的发展史上，道家的雅俗观是值得我们重视的。道家崇尚自然无为，提倡“少私寡欲”“返朴归真”“清虚淡泊”的人生态度，认为超然达观、淡泊虚静的心境就是雅化的人生追求，也即雅的审美境界。老子说：“五色令人目盲，五音令人耳聋，五味令人口爽。驰骋田猎令人心发狂，难得之货令人行妨。”[①]（《老子》十六章）又说：“罪莫大于可欲，祸莫大于不知足，咎莫大于欲得。”（《老子》十二章）人们对物质欲望的追求是无限的，没有止境。这种对物质利欲的追求对人的身心发展是毫无帮助的，只能使人成为自身欲望的奴隶，损害人的身心生命。因此，老子认为世人物欲横流，奉养过度只会伤身，本来可以长寿的人结果不免于早夭，其原因就在于“生生之厚”，一心只想保全性命，而“善摄生者，陆行不遇兕虎，入军不被甲兵。兕无所投其角，虎无所用其爪，兵无所用其刃”，养尊处优、骄奢淫逸只会使人自蹈死地，而“善摄生”者清心寡欲、纯任自然，“以其无死地”。消解一切功利欲望，就能消灾避祸，不为外物所伤。在生活态度方面，老子主张“见素抱朴”，澹泊恬静，保持心境的纤尘不染，强调“治人事天，莫若啬”（《老子》五十九章），“啬”即节俭，爱惜财力物力，“夫唯啬，是谓早服。早服谓之重积德，重积德则无不克，无不克则莫知其极，可以有国。有国之母，可以长久。是谓深根固柢，长生久视之道”（《老子》五十九章）。节俭，也只有节俭，才能“深根固柢，长生久视”。

老子极为鄙视贪得无厌的庸俗世风，倡导无为、虚静、不争、处下、啬等自然之雅道，对那些贪慕富贵、迷恋荣利的世人进行规劝。面对浅薄、鄙陋、与自己格格不入的世俗庸众，老子从心底发出这样的叹息：“吾言甚易知，甚易行。天下莫能知，莫能行。言有宗，事有君。夫惟无知，是以不我知。知我者希，则我者贵。是以圣人被褐怀玉。”（《老子》七十章）世俗庸

① 朱谦之：《老子校释》，中华书局1984年版。

众对于高雅之境是“莫能知”“莫能行”的，俗人恋慕虚华的外表，迷于荣利，欲进心竞；雅人和世俗庸众之间，有着完全不同的生活态度及价值取向。在老子看来，尘世是污浊的，只有超然尘世，保持人格的独立，获取精神的自由，才是人生最高雅境。他说：“俗人昭昭，我独昏昏。俗人察察，我独闷闷。澹兮其若海，飂兮若无止。众人皆有以，而我独顽且鄙。我独异于人，而贵食母。”(《老子》二十章)这里所谓的“俗”与《周礼·大宰》“六曰礼俗，以驭其民”及《礼记·王制》“修其教，不易其俗”之“俗”不同，具有贬斥的意思。在《老子》一书中“俗人”虽与“众人”通用，但从“众人熙熙”“众人皆有余”“俗人昭昭”“俗人察察”“众人皆有以”等说法来看，老子已经鲜明地表现出对众人、俗人的鄙薄、贬斥之意。“俗”以人格化形态，即“俗人”出现，其义为淫放多欲、追名逐利、奢侈狡诈、巧取豪夺、尔虞我诈等。“俗”作为人生美学中带贬抑意义的重要范畴，即源于此。由“俗”而逐渐衍化出雅与俗的对立范畴。

老子人生美学的真谛，在于阐明自我与自我价值至高无上；在人生境界的创构方面，提倡因性而行，顺性而动，不淫其性，自然无为，法天贵真；强调对人自然纯真本性的追求和对世俗羁绊的超越，强调“绝圣弃智”“绝仁弃义”“绝巧弃利”，提倡见素抱朴、少私寡欲、为而不争、居上谦下、虚怀若谷的人生态度。

第二节　庄子论“隆雅绝俗”与“超迈旷达”精神

庄子超迈旷达的人生境界，提倡逍遥自在，无拘无束，对雅与俗审美范畴的形成也具有很大影响。可以说他对人生困境的超越和对超现实精神自由的追求，是雅俗观念形成的哲学基础。庄子曾在《人间世》中表露其隆雅卑俗的审美观，他说：“实熟则剥，剥则辱，大枝折，小枝泄。此以其能苦其生者也，故不终其天年而中道夭，自掊击于世俗者也。”在他看来“以其能苦其生”，是他与其他隆雅卑俗之士的共同命运，原因乃在于超尘绝俗的人生态度与“世俗”之人的追求相反。在庄子看来，追名逐利，一生劳碌奔波，心为物役，是“以身为殉”，既伤身又伤心。只有超越物欲杂念，才能获得身心的自由与高蹈。然而他的这种人生理想与人生价值设计不但不为世俗之人所接受，反而遭受世俗之人的“摈击”。

庄子隆雅绝俗的审美观突出地表现在他蔑视权贵、愤世嫉俗、拒绝为统治者效力的思想与行为中。《庄子·秋水》云：“庄子钓于濮水，楚王使大夫二人往先焉。曰：‘愿以境内累矣！’庄子持竿不顾，曰：‘吾闻楚有神龟，死已三千岁矣，王以巾笥而藏之庙堂之上。此龟者，宁其死为留骨而贵乎？宁其生而曳尾涂中。’二大夫曰：‘宁生而曳尾涂中。’庄子曰：‘往矣！吾将曳尾于涂中。’”又云：“惠子相梁，庄子往见之。或谓惠子曰：‘庄子来，欲代子相。’于是惠子恐，搜于国中三日三夜。庄子往见之，曰：‘南方有鸟，其名为鹓鸰，发于南海而飞于北海，非梧桐不止，非练实不食，非醴泉不饮。于是鸱得腐鼠，鹓鸰过之。仰而视之，曰：吓！今子欲以子之梁国而吓我邪！’”所谓“鹓鸰”，古时指和凤凰一类的鸟，凤凰鸟在传说中可以浴火重生，经过神圣的洗礼，便可化羽而去，可喻为人格高雅、品德高尚的人。《庄子·列御寇》也云：“或聘于庄子。庄子应其使曰：‘子见夫牺牛乎？衣以文绣，食以刍菽，及其牵而入于大庙，虽欲为孤犊，其可得乎！’”庄子超凡脱俗，厌恶俗世，其旷达超迈、志存高洁，不追名逐利、随波逐流的人生态度是其尚雅卑俗审美观的生动体现。他孤高自傲，自恣自适；不卑身事人，拒绝接受“嗟来之食”。可以说，正是由于淡泊名利，不求仕宦，一心追求人格独立、精神自由，他的一生才总是处于贫穷的人生困境之中。

他家境贫困、处境窘迫，然而绝不出卖自己的人格。从其尚雅崇格的审美观念出发，他对俗世的卑污丑恶、士人的种种丑态进行了强烈的抨击。据《庄子·列御寇》载：“宋人有曹商者，为宋王使秦。其往也，得车数乘；王说之，益车百乘。反于宋，见庄子，曰：‘夫处穷闾厄巷，困窘织屦，槁项黄馘者，商之所短也；一悟万乘之主而从车百乘者，商之所长也。’庄子曰：‘秦王有病召医，破痈溃痤者得车一乘，舐痔者得车五乘。所治愈下，得车愈多。子岂治其痔邪？何得车之多也？子行矣！’[①]”所谓“屦”，为用麻、葛等制成的一种鞋。而“织屦”，即采用麻、草、丝、革等为材料编织鞋子。这显然不算好生计，所以“处穷闾厄巷”而“槁项黄馘”。由于贫穷、困窘，不仅

① 郭庆藩：《庄子集释》，中华书局1961年版。

形象和住处很糟，服饰自然也不会好，庄子穿的是破衣烂衫。据《庄子·山木》篇记载，庄子衣大布而补之，正緳系履而过魏王。魏王曰："何先生之惫邪？"庄子曰："贫也，非惫也。士有道德不能行，惫也；衣弊履穿，贫也，非惫也，此所谓非遭时也。王独不见夫腾猿乎？其得楠、梓、豫、章也，揽蔓其枝而王长其间，虽羿、蓬蒙不能眄睨也。及其得柘、棘、枳、枸之间也，危行侧视，振动悼慄，此筋骨非有加急而不柔也，处势不便，未足以逞其能也。今处昏上乱相之间，而欲无惫，奚可得邪？此比干之见剖心征也夫！"所谓"大布"就是粗布，不仅粗布而且还打了补丁，就这么去见魏王了，或者这是因为庄子实在没有更好的衣服可以多少装饰一下了，或者他根本就不拿见魏王这件事当回事儿，当然更好的理解是两者兼而有之吧。虽然从这些情形可以清楚地看出庄子过着困窘不堪的生活，然而他并未丧失自己的生活尊严，而且对有损有辱自己的言行丝毫不假辞色。曹商为宋出使秦国荣归后的得意，受到庄子无情而苛狠的讽刺。而对魏王所形容的"惫"，庄子坚持说自己这般形象只是因为"贫"即贫穷。坚持自己的生活信念，"辞相"，体现了其"隆雅"的精神取向，在污浊的世间坚持自己高洁的精神情操，超越当下的世俗攀求而守护自己本真自然的生存态。

庄子尚雅崇格的审美观念还表现在他对个体有限生命的超越。他深知生死存亡是不以人的意志为转移的。他说："未生不可忌，已死不可徂。死生非远也，理不可睹。"[①]（《则阳》）"人生天地之间，若白驹之过隙，忽然而已。注然勃然，莫不出焉；油然漻然，莫不入焉。已化而生，又化而死，生物哀之，人类悲之。解其天弢，堕其天袠，纷乎宛乎，魂魄将往，乃身从之，乃大归乎！不形之形，形之不形，是人之所同知也。"（《知北游》）成玄英疏云："弢，囊藏也。"唐顺之《祭丘思庵文》云："盖庄生所云蒿目而忧世，决性命以饕富贵，此两者皆谓之天弢，而子皆解之。"这就是说，通过对生死现象的深入思考，庄子提出了自己的人生价值观，"不见其成功""不知其所归"，不死奚益？活着又有什么意义？除了形体，人还有精神，如果精神也随着形体的消亡而消亡，那更是莫大的悲哀。体现了他对人生价值的追求、对精神自由的渴望。这样忘物忘我，超物欲、忘利害，不计是非得失，泯灭人我和自我，

---

① 郭庆藩：《庄子集释》，中华书局1961年版。

于“忘物忘我”的“心斋”心态中构成“齐万物”，“一死生”的心灵自由之境，便成了庄子的审美追求，而成为“神人、至人、真人”，以保持精神的绝对自由，则成为庄子为之神往的“雅”的人生境界之构成。

追求人的个体价值，追求绝对、无限、永恒的心灵自由，故而庄子反对用世俗礼义来桎梏人自然纯真的本性，限制人性的发展。体现了庄子与儒学完全不同的价值取向。

对孔子崇尚之“礼”，庄子更认为是世俗所为，他鲜明地表述自己“法天贵真”，反对人为物役，不为权贵礼法所拘，追求个体身心自由的人生态度，说：“彼方且与造物者为人，而游乎天地之一气……假于异物，托于同体；忘其肝胆，遗其耳目，反覆终始，不知端倪；茫然傍徨乎尘垢之外，逍遥乎无为之业。彼又恶能愦愦然为世俗之礼，以观众人之耳目哉！”（《大宗师》）又说：“处丧以哀，无问其礼矣。礼者，世俗之所为也；真者，所以受于天也。自然不可易也。故圣人法天贵真，不拘于俗。愚者反此。不能法天，而恤于人；不知贵真，禄禄而受变于俗，故不足。”（《渔父》）庄子不但认为仁、礼等儒家道德规范是世俗所为，对当时社会的诸多生活内容也做了猛烈的抨击和贬斥，说：“儒以诗礼发冢。”（《外物》）又说：“彼窃钩者诛，窃国者为诸侯。诸侯之门而仁义存焉。”（《胠箧》）还说：“彼其所殉仁义也，则俗谓之君子；其所殉货财也，则俗谓之小人。其殉一也，则有君子焉，有小人焉。若其残生损性，则盗跖、伯夷已，又恶取君子小人于其间哉！”（《骈拇》）儒家尊奉黄帝、尧、舜等为圣人，而庄子却认为他们“明乎礼义而陋于知人心”（《田子方》），称“黄帝始以仁义撄人之心”（《在宥》），断言“圣人生而大盗起”“圣人不死，大盗不止”（《胠箧》）。对儒家的至圣先师孔子，庄子更极尽贬抑、讥嘲、挖苦之能事：“是黄帝之所听荧也，而丘也何足以知之！”（《齐物论》）“博学以拟圣，於于以盖众，独弦哀歌，以卖名声于天下者。”（《天地》）除了斥责曹商等人的寡廉鲜耻、卑己求禄外，庄子还对世态人情做了深刻剖析，其中尤以对士人人格形态的剖析最为精到。他认为，世俗之人有为求取功名利禄而丧失本性者：“百年之木，破为牺樽，青黄而文之，其断在沟中。比牺樽于沟中之断，则美恶有间矣，其于失性一也。桀、跖与曾、史，行义有间矣，然其失性均也。”（《天地》）“自三代以下者，天下莫不以物易其性矣。小人则以身殉利，士则以身殉名，大夫则以身殉家，圣人则以身殉天下。故此数子者，事业不同，名声异号，其于伤性以身为殉，一也。”（《骈拇》）世俗之人中还有囿于物欲而不自知者：“知士无思虑之变则不乐，辩士无谈说之序则不乐，察士无凌谇之事则不乐，皆囿于物者也。”“招世之士兴朝，中民之士荣官，筋力之士矜难，勇敢之士奋患，兵革之士乐战，枯槁之士宿名，法律之士广治，礼教之士敬容，仁义之士贵际。农夫无草莱之事则不比，商贾无市井之事则不比。庶人有旦暮之业则劝，百工有器械之巧则壮。钱财不积则贪者忧，权势不尤则夸者悲。势物之徒乐变，遭时有所用，不能无为也。此皆顺比于岁，不易于物者也。驰其形性，潜之万物，终身不反，悲夫！”（《徐无鬼》）还有追求感官刺激，沉溺于侈奢淫乐之中而不能自拔者：“夫天下之所尊者，富贵寿善也；所乐者，身安厚味美服好色音声也；所下者，贫贱夭恶也；所苦者，身不得安逸，口不得厚味，形不得美服，目不得好色，耳不得音声。若不得者，则大忧以惧，其为形也，亦愚哉！”（《至乐》）有媚世媚俗而不自知其愚者：“世俗之所谓然而然之，所谓善而善之，则不谓之道谀之人也……谓己道人，则勃然作色；谓己谀人，则拂然作色。而终身道人也，终身谀人也，合譬饰辞聚众也，是终始本末不相罪坐。垂衣裳，设采色，动容貌，以媚一世，而不自谓道谀；与夫人之为徒，通是非，而不自谓众人，愚之至也。”（《天地》）他还借南伯子綦之口，对包括国君在内“世俗之人”的自我迷失进行了愤激的斥责：“吾尝居山穴之中矣。当是时也，田禾（按：即齐太公）一睹我，而齐国之众三贺之。我必先之，彼故知之；我必卖之，彼故鬻之。若我而不有之，彼恶得而知之？若我而不卖之，彼恶得而鬻之？嗟乎！我悲人之自丧者，吾又悲夫悲人者，吾又悲夫悲人之悲者。”（《徐无鬼》）在对世俗中的人情世态进行了淋漓尽致的揭露和猛烈的抨击之后，从其超越凡俗、尚雅卑俗的审美意识出发，庄子对世俗庸众表示了极大的鄙薄与蔑视，他说：“大声不入于里耳，《折杨》《皇荂》，则嗑然而笑。是故高言不止于众人之心，至言不出，俗言胜也。”（《天地》）又说：“神人恶众至，众至则不比，不比则不利也。”（《徐无鬼》）他不但认为庸俗之人是不会接纳高言的，自己超脱欲念，自恃清高，必然会导致那些沉溺于物欲之中而难以自拔之人的不满，而引发对自己“不利”之事的发生，还用极尖刻的语言，将俗不可耐的名利之徒与猪相提并论：“祝宗人玄端以临牢柙，说彘曰：‘汝奚恶死？吾将三月豢汝，十日戒，三日斋，藉白茅，加汝肩尻乎雕俎之上，则汝为之乎？’为彘谋，曰：‘不如食以糠糟而错之牢栅之中’，自为谋，则苟生有轩冕之尊，死得於腞楯篆之上、聚偻之中则为之。为彘谋则去之，自为谋则取之，所异彘者何也？”（《达生》）对世俗之人的“好知”，他也有其独到的见解。在他看来，人的生命是有限的，而对事物的认识是无限的，“以有涯随无涯，殆矣”（《秋水》）。在《胠箧》一文中，他以世俗之人为防盗贼而殚精竭虑，结果却为盗贼席卷财货创造条件为例，说明“向之所谓知者，不乃为大盗积者也”。于是，庄子便推断“上诚好知而无道，则天下大乱矣”，“故天下每每大乱，罪于好知”。世俗之人好知，往往执一家之偏见，心存是非成见，且好辩说。庄子用入木三分的笔触，刻画世俗之人的情态是“大知闲闲，小知间间；大言炎炎，小言詹詹。其寐也魂交，其觉也形开，与接为构，日以心斗。缦者，窖者，密者。小恐惴惴，大恐缦缦。其发若机栝，其司是非之谓也；其留如诅盟，其守胜之谓也”（《齐物论》）。这种勾心斗角、矜其小知的争辩，所出言皆机心所发，并无是非胜负，“自我观之，仁义之端，是非之途，樊然淆乱，吾恶能知其辩”（《齐物论》）。世俗之人只图争执结怨，徒然扰乱人心，与心灵自由之境是水火不相容的。庄子认为，“天地有大美而不言，四时有明法而不议，万物有成理而不说”（《知北游》），“大道不称，大辩不言”（《齐物论》）。“道”的超然品格是不能言说的，“道物之极，言默不足以载；非言非默，议有所极”（《则阳》），议论的极致就在言说与沉默之间。

庄子尚雅卑俗，对世人的贬损、厌弃还体现在他对今、今人、今世之人，众、众人、世、世人、世俗之人等的鄙弃上。在庄子看来，这些人都是和浅薄、鄙俗、贪恋财货名位、趋炎附势、见利忘义、好知好辩等联系在一起的。“今则不然，匿为物而过不识，大为难而罪不敢，重为任而罚不胜，远其途而诛不至”（《则阳》）；“今人之治其形，理其心，多有似封人之所谓，遁其天，离其性，灭其情，忘其神，以众为”（《则阳》）；“今之人也，是蜩与学鸠同之相类也”（《庚桑楚》）；“今世人之居高官尊爵者，皆重失之，见利轻亡其身，岂不惑哉！”（《让王》）“今世俗之君子，多危身弃生以殉物，岂不悲哉！”（《让王》）在《庄子》一书中，与“俗”相提并论的则往往是与世俗欲求有关的“物”，如“今世俗之君子，多危身弃生以殉物，岂不悲哉！”（《让王》）“墨子真天下之好也……不累于俗，不饰于物。”（《天下》）“丧己于物、失性于俗者，谓之倒置之民。”（《缮性》）而与世“俗”相互对立的，则为

“道”“天”“性”“真”等:“故天下大器也，而不以易生，此有道者之所以异乎俗者也。”(《让王》)“世丧道矣，道丧世矣，世与道交相丧也。”(《缮性》)“曲士不可以语于道者，束于教也。”(《秋水》)“以道观之，物无贵贱；以物观之，自贵而相贱；以俗观之，贵贱不在己。”(《秋水》)“法天贵真，不拘于俗。”(《渔父》)“缮性于俗学，以求复其初……谓之蔽蒙之民。”(《缮性》)由于“道”的超越凡俗，卓然独立，通过“心斋”“坐忘”、泯灭俗我，追求“天地与我并生，而万物与我为一”(《齐物论》)以构成与“道”合一的境界便成了庄子自觉的人生追求。

从尚雅卑俗的审美观出发，庄子猛烈抨击现实的暴虐、鄙弃世俗价值的浅薄低俗。他的人生追求与审美理想就在于“体”“道”以进入“一天人”“齐物我”“外死生”的人生境界，实现心灵的自由。

从其旷达超迈、超凡脱俗的人生态度出发，庄子尚雅卑俗，提倡超越世俗物欲，以体“道”为指归，故而他经常将“道”与“俗”对举:“吾愿君去国捐俗，与道相辅而行。”(《山木》)“故天下大器也，而不以易生，此有道者之所以异乎俗者也。”(《让王》)“吾愿去君之累，除君之忧，而独与道游于大莫之国。”(《山木》)“道”是庄子人生美学中的核心范畴，其内涵极为丰富。“道”超越世俗价值，是人与宇宙万物的生命本原，而与“道”合一则是人的心灵自由的最高境界，是庄子人生美学的最高范畴。庄子所说的“道通为一”(《齐物论》)、“道者，万物之所由也”(《渔父》)、“道兼于天”(《天地》)“道不渝”(《天运》)，即是就此“最高范畴”所构成的最高境界而言。

庄子说，“夫道，有情有信，无为无形，可传而不可受，可得而不可见”(《大宗师》)“道不可闻，闻而非也；道不可见，见而非也；道不可言，言而非也”“道不当名”“道无问，问无应”(《知北游》)。能够体道，即体验、认同这种不可闻、不可见、不可言之“道”，并与之合一，正是庄子所极力追求并崇尚的人生雅境。他说“夫体道者，天下之君子所系焉。今于道，秋毫之端万分未得处一焉，而犹知藏其狂言而死，又况夫体道者乎。”(《知北游》)

“体道”的层面有两种，第一层面是先“心斋”“坐忘”，超越“体道”的种种障碍，外天下、外物、外生，去除世俗杂念，使心灵从俗情杂念的团团困围中超脱出来，拓展个体的心灵空间，从外物和生命的限度中超脱出来，展现自我的超越精神，这就要有所舍弃，甚至做无限的舍弃——无限地舍弃俗世的牵系，无限地舍弃俗世的价值。此即所谓“天人合一”与“死生一如”的“体道”之境。第二层面为四种悟解：一悟为“朝彻”，指心境清明朗彻；二悟为“见独”，即体认“道”的卓然独立的生命真体；三悟为“无古今”；四悟为“不死不生”。“四悟”实际指“体道”中的心灵自由状态，是在万物生死成毁的纷纭烦乱中保持宁静的心境，以进入“体道”的终极境界。

要“体道”，以获取心灵的安泰宁静，就必须超越俗世的羁绊，消除扰乱人心的种种世俗物欲，要“彻志之勃，解心之谬，去德之累，达道之塞”（《庚桑楚》）。在庄子看来，“贵富显严名利六者，勃志也；容动色理气意六者，谬心也；恶欲喜怒哀乐六者，累德也；去就取与知能六者，塞道也”（同上）。权势财货名利等悖乱人的心志，容色举止辞理等制约人的心灵，七情六欲牵累人的德性，取舍知能滞碍人之体道。如果这些扰乱因素不荡乱人心，“胸中则正，正则静，静则明，明则虚，虚则无为而无不为也”（同上），“无为而无不为”，这就是极高的心灵自由境界。

庄子极为推崇超凡脱俗的人生态度。他主张“游”。“游”是对“宇宙精神”和“无穷开放的精神空间”（陈鼓应语）的渴望，是对无待、无所牵累、物我同一的心灵自由境界的追求。所谓“若夫乘天地之正，而御六气之辩，以游无穷者”（《逍遥游》），“游乎四海之外”（同上），“游无何有之乡”（《应帝王》），“游乎尘垢之外”（《齐物论》），“以游无极之野”“游乎九州”“以游无端”“以游逍遥之虚”“采真之游”“游乎万物之所终始”“独与道游于大莫之国”“游于六合之外”“上与造物者游”等。这些“游”的共同审美特征是：超越物欲羁绊，心灵自由翱翔，其空间广袤无垠，浩瀚无边。无穷、四海之外、无何有之乡、无极之野、大莫之国、六合之外等，都是无边无际、无限延展的空间概念。在这样广袤的空间中，在这种心灵自由“遨游”中，庄子给我们“描述一种透脱的心境——一种优游自在、徜徉自适的心境”，“表达了一个独特的人生态度，树立了一个新颖的价值位准，人的活动从自我中心的局限性中超拔出来，从宇宙的巨视中去把握人的存在，从宇宙的规模中去展现人生的意义”（陈鼓应《〈逍遥游〉：开放心灵与价值重估》）。这个“新颖的价值位准”，便是对世俗的以自我为中心的价值观念的超越。

庄子也常常使用“游心”来表述其所主张的超凡脱俗、高雅绝尘的人生境界和审美追求。他说：“不知耳目之所宜，而游心乎德之和。”（《德充符》）

"游心于淡，合气于漠，顺物自然，而无容私焉，而天下治矣。"(《应帝王》)"老聃曰：吾游心于物之初。"(《田子方》)这里的"游心"，指人的心灵毫无挂碍、毫无牵累、自为自在地自由驰骋，它与天地精神往来，与道同行。"游心"的体验便是对"道"的体验，是通过"体道"以构成超越时空约束、超凡脱俗、高雅绝尘的人生审美境界。

庄子追求心灵自由，要求彻底摆脱世俗的羁绊，反对人为物役，反对权贵礼法，主张虚静淡泊、寂寞无为、逍遥自在、无拘无束，注重心灵的自由之境，即一种无待、无负累、超越世俗羁绊的空明心境，一种绝对自由的心灵境界。因而庄子笔下的至人、神人、真人、天人、大人等，他们的人格境界最鲜明的特点便是超逸尘俗，即对俗世的超脱与高蹈，他们能洞见天地间"物量无穷，时无止，分无常，终始无故"的真谛，悟解万物变化不居，无穷无尽，时序无始无终，贫贱富贵无定无常。他们追求"无待"即无世俗牵累的绝对精神。这些世俗牵累，包含俗世、俗人、俗事、俗情等诸多方面，如有限狭逼的生存空间，险恶的世事，俗世的功名利禄、富贵荣华，由"成心""我执"带来的知性，纷攘的俗世俗人，生死大限引起的情绪烦扰等。他们"游乎尘垢之外"(《齐物论》)，"独与天地精神往来"(《天下》)，能"免乎内外之刑"(《列御寇》)，是对人的自然本性的体悟与复归。这样的超越，"是一种内省的工夫"，是身处困境者的自我解脱，是灵魂的净化与升华。唯其体现的是对心灵自由的追求，因而富于诗意，带有强烈的浪漫色彩。庄子的人生美学就是要超越一切世俗负累，法天贵真，以获得心灵的绝对自由和安适。庄子酷爱自由，始终执着于生活、生命的快乐与自由，尤其钟情于自我的心灵感受即自适、自乐、自得。显而易见，庄子对心灵自由的追求，已经具有强烈的超越世俗的高雅品格。

第三节　荀子论"雅儒""俗儒"

荀子的"雅俗"论主要在人生美学方面。荀子是战国末期的儒学大师，一生遍游齐、燕、秦、赵、楚诸国。他学于孔门，上承孔、孟，旁收法、道诸家，下开"战国、秦汉间之新儒家"，为稷下大师。儒家、法家、道家思想对其思想体系的形成有重大影响。由于荀子所处时代的暴虐及个人际遇的坎坷，庄子的愤世嫉俗及对现实的批判精神在荀子身上留下了深深的印记。即如司马迁所指出的：“荀卿嫉浊世之政，亡国乱君相属，不遂大道而营于巫祝，信禨祥，鄙儒小拘，如庄周等又滑稽乱俗，于是推儒、墨道德之行事兴坏，序列著数万言而卒，因葬兰陵。”（《史记·孟子荀卿列传》）正是嫉“浊世之政”“乱国之君，乱家之人”，欲正本清源，寻求富国强兵之道，才形成了荀子的雅俗观。

荀子对其时的社会生活有极为深刻的认识，对统治者的横征暴敛、玩弄权术、肮脏暴乱非常不满。他说：“今之世而不然：厚刀布之敛以夺之财，重田野之税以夺之食，苛关市之征以难其事。不然而已矣，有掎挈伺诈，权谋倾覆，以相颠倒，以靡蔽之，百姓晓然皆知其污漫暴乱而将大危亡也。是以臣或弑其君，下或杀其上，粥其城，倍其节，而不死其事者，无它故焉，人主自取之也。”（《富国》）他尖锐地指出，其时的社会状况与古代正好相反：“上以无法使，下以无度行，知者不得虑，能者不得治，贤者不得使。若是，则上失天性，下失地利，中失人和；故百事废，财物诎，而祸乱起。王公则病不足于上，庶人则冻馁羸瘠于下；于是焉桀纣群居而盗贼击夺以危上矣。安禽兽行，虎狼贪，故脯巨人而炙婴儿矣。”（《正论》）对这种如禽兽虎狼的暴政，荀子给予猛烈的抨击。他认为，其时的社会现实是“天地易位，四时易乡。列星殒坠，旦暮晦盲。幽暗登昭，日月下藏。公正无私，见谓从横；志爱公利，重楼疏堂；无私罪人，憼革贰兵。道德纯备，谗口将将。仁人绌约，敖暴擅强”（《赋》）。在《成相》一文中，荀子愤慨地指斥，“曷谓罢？国多私，比周还主党与施。远贤近谗，忠臣蔽塞主势移”“主之孽，谗人达，贤能遁逃国乃蹷。愚以重愚、暗以重暗成为桀”“世之灾，妒贤能”“世之衰，谗人归”“世之祸，恶贤士”“世之愚，恶大儒”。其时刑赏不公，诛连家族。对此，荀子强调指出：“刑罚怒罪，爵赏逾德，以族论罪，以世举贤。”“虽欲无乱，得乎哉！”（《君子》）在他看来，国家祸乱的根源，就是不依国法，而是根据家族定罪，按照门第选拔贤能。

荀子认为，人“最为天下贵”。他说：“水火有气而无生，草木有生而无知，禽兽有知而无义；人有气、有生、有知亦且有义，故最为天下贵也。”（《荀子·王制）同时，荀子还认为人能“制天命而用之”（《天论》）。在天道与人道的关系上，荀子认为天道是“必然”，人道是“当然”。他说：“天行有常，不为尧存，不为桀亡。”人应当“明于天人之分”，应具有积极有为的精神，要“积学”(《劝学》)。只有通过努力学习，注重积累，才能使人达到与天地万物并立的境界。

荀子认为人性恶。在他看来，人的天赋本能乃“人之所常生而有也，是无待而然者也”(《荣辱》)，是与生俱来的。又认为“人为性恶，其善者伪也”，其原因在于“今人之性，生而有好利焉，顺是，故争夺生而辞让亡焉；生而有疾恶焉，顺是，故残贼生而忠信亡焉；生而有耳目之欲，有好声色焉，顺是，故淫乱生而礼义文理亡焉。然则从人之性，顺人之情，必出于争夺，合于犯分乱理而归于暴”(《性恶》)。他认为，人的天性是邪恶的，所谓“善”，是“伪”，即后天环境影响及教化的作用。“性”之“伪”有区别，即“性伪之分”，“性”与“伪”又是统一的，即“性伪合”，只要有良好的后天环境，努力学习，加强自身修养，便可以化恶为善，即“化性起伪”。

从其“人性恶”与“化性起伪”的人性论出发，荀子提出了“明分使群”的重要命题。在他看来，人具有社会性，人与动物的根本区别在于“人能群，彼不能群”(《王制》)，而“人何以能群？曰：‘分。’”(《王制》)，即人的“能群”，关键在于人有明确的等级关系，“有贫、富、贵、贱之等”(同上)，因为“人之生，不能无群，群而无分则争，争则乱，乱则穷矣。故无分者，人之大害也；有分者，天下之本利也；而人君者，所以管分之枢要也”(《富国》)。至于人与人之间等级的划分，“分莫大于礼”(《非相》)，“制礼义以分之”(《礼论》)，其标准就是社会的礼义法度，所谓“圣王在上，分义行乎下，则士大夫无流淫之行，百吏官人无怠慢之事，众庶百姓无奸怪之俗、无盗贼之罪。莫敢犯上之禁”(《君子》)。荀子愤世疾俗，对“浊世”“鄙儒”极为憎恶。同时，荀子认为人最为天下贵，又认为人天性邪恶，只有通过后天的“礼义”的学习，才能化恶为善。正是基于以上思想，荀子才形成其褒雅贬俗的审美意识，提出儒者也有雅俗之分，有雅儒，也有俗儒。可以说，中国雅俗观的形成中，所谓雅儒、俗儒的提出，就来自荀子。《荀子》有《正名》一篇。正名之说，源自孔子。孔子曰：“名不正则言不顺，言不顺则事不成。”(《论语·子路》)强调“以名正实”。荀子说：“今圣王没，名守慢，奇辞起，名实乱，是非之形不名，则虽守法之吏、诵数之儒，亦皆乱也。若有王者起，必将有循于旧名，有作于新名。”（《正名》）可见，荀子提倡“制名以指实”，让“名定而实辨”。他明确指出：“名无固宜，约之以命，约定俗成谓之宜，异于约则谓之不宜。名无固实，约之以命实，约定俗成谓之实名。”（《正名》）这就是说，事物的名称是约定俗成的，“稽实定数”，考察事物的实际情况确定制定事物名称的法度，“此制名之枢要也”。雅儒、俗儒等名称的制定也就由此而来。

荀子言“分”的目的是“相兼临”“养天下”，“以养人之欲，给人之求”（《礼论》），正名的目的是强调名分，确定君臣、父子、兄弟、夫妇的社会伦常秩序，“与天地同理，与万世同久，夫是之谓大本”（《王制》）。由于“分”与“正名”，客观上便形成了不同的人格等级，和“雅”“俗”等作为人格等级之名。荀子说：“有通士者，有公士者，有直士者，有悫士者，有小人者。”（《不苟》）又说：“有小人之辩者，有士君子之辩者，有圣人之辩者。”（《非相》）还说：“以从俗为善，以货财为宝，以养生为己至道，是民德也……可谓劲士矣……可谓笃厚君子矣……可谓圣人矣。”（《儒效》）再说：“多言而类，圣人也；少言而法，君子也；多言无法，而流湎然，虽辩，小人也。”（《大略》）在《儒效》篇中，荀子提出了“雅”“俗”范畴，并详细论述了“雅”与“俗”的差异。他认为，尽管同为儒者，也有“雅”“俗”之分。“俗儒”与“雅儒”的划分形成了“俗”与“雅”的对立。同时，由于“俗”有“俗人”“俗儒”的不同，而“雅儒”之上又还有人格境界更高的“大儒”，故“俗”与“雅”并不是处于极端的对立状态，其相互间的差异程度还不算严重。

荀子严于“分”，注重礼义，强调等级差别，推重人格等级的划分，但同时又认为君子与小人之间、雅与俗之间的关系是既相互对立，又相互转化的。他说：“材性知能，君子、小人一也。好荣恶辱，好利恶害，是君子、小人之所同也，若其所以求之之道则异矣。……故熟察小人之知能，足以知其有余可以为君子之所为也，譬之越人安越，楚人安楚，君子安雅，是非知能才性然也，是注错习俗之节异也。”（《荣辱》）又说：“凡人之性者，尧、舜之与桀、跖，其性一也；君子之与小人，其性一也。今将以仁义积伪为人之性邪？然则有曷贵尧、舜，曷贵君子矣哉！”还说：“途之人可以为禹。”又说：“小人君子者，未尝不可以相为也；然而不相为者，可以而不可使也。”（《性恶》）在荀子看来，君子、小人的材性知能“一也”，即不管君子还是小人，对利、情、欲的追求都是无止境的。君子与小人的差别在于能否“化性起伪”。只要有良好的社会环境，虚心向学，加强自身修养，就能矫正人本身所有的恶行，改变人的自然属性，这样，就人人都能够成为君子，成为圣贤。在“化性起伪”上，最重要的是礼义法度，“古者圣王以人之性恶，以为偏险而不正、悖乱而不治，是以为之起礼义，制法度，以矫饰人之情性而正之，以扰化人之情性而导之也，使皆出于治，合于道者也”（《性恶》）。以“化性起伪”为思想基础，荀子形成其尚雅贬俗观，追求进入尧、舜、禹那样的圣人境界。荀子对圣人推崇备至，认为圣人是智慧和才能的化身。他说：“神固之谓圣人。圣人也者，道之管也。”又说：“天下者，至重也，非至强莫之能任；至大也，非至辨莫之能分；至众也，非至明莫之能和。此三至者，非圣人莫之能尽，故非圣人莫之能王。”（《正论》）

荀子所称颂的圣人不但有过人的才智，而且还是礼法的通晓者和实行者，他说：“修百王之法，若辨白黑；应当时之变，若数一二；行礼要节而安之，若生四枝；要时立功之巧，若诏四时；平正和民之善，亿万之众而抟若一人；如是，则可谓圣人矣。”（《儒效》）有时，荀子又称“圣人”为“大儒”。他说：“因天下之和，遂文武之业，明枝主之义，抑亦变化矣，天下厌然犹一也。非圣人莫之能为，夫是之谓大儒之效。”又说：“彼大儒者，虽隐于穷阎漏屋，无置锥之地，而王公不能与之争名；用百里之地，而千里之国莫能与之争胜；笞棰暴国，齐一天下，而莫能倾也：是大儒之征也……通则一天下，穷则独立贵名。天不能死，地不能埋，桀、纣之世不能污，非大儒莫不能立，仲尼、子弓是也”（同上）。这样的圣人、大儒，并非生而知之，乃后天的积学涵养所至，“故圣人也者，人之所积也”“积善而全尽谓之圣人”，只要做到“不知则问，不能则学”，学至于行，言行一致，表里如一，就能达到大儒、圣人之境。

和大儒、圣人相比，雅儒的人格层次略逊一等。在《荀子》一书中，“雅”就是指正、正道、正确等。如所谓“法二后王谓之不雅”（《儒效》）、“君子安雅”（《荣辱》）。这些“雅”都可以解释为“正”。雅正和被荀子称为“法之大分”“类之纲纪”的“礼”有极为密切的关系，荀子曰：“容貌、态度、进退、趋行，由礼则雅，不由礼则夷固僻违，庸众而野。故人无礼则不生，事无礼则不成，国家无礼则不宁。”（《修身》）在这里，荀子推重的是合乎外在伦理道德规范要求的“雅”，合乎正道的“雅”。他推崇雅儒，鄙弃俗儒。他所崇尚的“雅”，以法后王为主要特质，其以正为雅、“由礼则雅”的雅俗观，是汉儒及后世独尊儒术、以雅为正的重要思想来源。

第四节　屈原之“超越世俗、洁身自好”的“尚雅”精神

“雅俗”范畴的思想源头、人生美学基础是道家尤其是庄子的学说。而屈原鄙薄俗世、洁身自好，决不与卑污小人同流合污的“尚雅”精神对雅俗审美意识的衍化也具有极为重要的作用。以道家超凡绝俗美学精神为思想源头的“雅俗”范畴，其内涵及其衍化的痕迹，在屈赋中清晰可寻。在屈原的骚赋中，对俗、浊世、世俗、时俗等的贬斥精神强烈鲜明，始终一贯。如“委厥美以从俗兮，苟得列乎群芳”（《离骚》）；“世并举而好朋兮，夫何茕独而不予听”（《离骚》）；“世溷浊而不分兮，好蔽美而嫉妒”（《离骚》）；“謇吾法夫前修兮，非世俗之所服”（《离骚》）；“謇时俗之工巧兮，偭规矩而改错”（《离骚》）；“吾不能变心而从俗兮，固将愁苦而终穷”（《涉江》）；“安能以皓皓之白，而蒙世俗之尘埃乎？”（《渔父》）等。在这些诗句中，屈原鲜明地表述了自己尚“美”崇雅的决心，反对“从俗”媚俗，对世俗之人朋党比周、贪图物欲、鲜廉寡耻的卑劣行径进行了痛斥。如果说，庄子对“俗”的鄙弃是为了超越人生困境，追求心灵境界的绝对自由，那么，曾身为朝廷重臣、革新主将，以富国强兵为己任的屈原，其笔下的俗、浊世、世俗、时俗等概念，便具有与庄子所卑之“俗”不同的内涵，其自处与处世之道也与庄子截然不同。屈原对世俗的鄙弃，并不以自我内在的超越为指归，而是始终与其政治主张密切相关，与其忠君爱国、希望通过修明政治以谋求富强之美政思想息息相关。

俗、时俗、世、世俗、众、众人等话语在屈原的诗赋中出现的频率较高，与屈原所处的特殊历史环境及其坎坷的人生遭遇分不开。屈赋中的“俗”有其特定的内涵，那就是指与屈原信守不渝的革新精神尖锐对立的楚旧贵族统治集团，包括楚王、楚宗室、元老重臣、佞幸之人等，有时甚至还可指具体的人，如怀王、顷襄王、靳尚、郑袖、子兰等。

屈原所处的时代是中国社会制度急剧变化的时代，改革是大势所趋，这

是任何旧势力也阻挡不了的。改革者所奉行的立法从令、举贤授能以期富国强兵的基本国策，与旧贵族的既得利益格格不入。这就造成对旧贵族特权的触动乃至剥夺，从而使得旧贵族为维护原有的特权而朋比为奸，对改革极尽阻挠、破坏之能事。据记载，楚庄王时的变革内容之一是“楚邦之法，禄臣再世而收地”（《淮南子·人间》），而吴起变法的内容有“封君之子孙三世而收爵禄”（《韩非子·和氏》），“卑减大臣之威重，罢无能，废无用”（《史记·范雎蔡泽列传》），“令贵人往实广虚之地”（《吕氏春秋·贵卒》）等。而“商君治秦，法令至行，公平无私，罚不讳强大，赏不私亲近，法及太子，黥劓其傅”（《战国策·秦策一》）。从这些改革措施中可以看出，取缔旧贵族世代享有的种种特权是其时社会制度改革的主要内容之一。因而，改革者和旧贵族集团之间存在着不可调和的矛盾。

作为“世俗”之人的代表，旧贵族们贪婪、偷乐、干进务入，主张心治，反对法治。为了逃避改革带来的灭顶之灾，他们拉帮结派，结党营私，被屈原怒斥为“党人”。禁朋党是进步的改革家所共同奉行的政治主张，也是其所实行的重要的革新措施。怀有美政理想的屈原，对朋比为奸、危及国家政局的“党人”深恶痛绝，对其破坏政治改革的卑劣行径更是愤怒谴责。尽管屈原曾一再斥责党人“嫉贤”“蔽美”之丑行，说“众女嫉余之蛾眉兮，谣诼谓余以善淫”（《离骚》），但他也清醒地认识到，他与“党人”之间的尖锐斗争并非由个人恩怨引发，而是关系到国家命运、前途的严峻的政治斗争。“鸷鸟之不群兮，自前世而固然。何方圜之能周兮，夫孰异道而相安”，“不量凿而正枘兮，固前修以菹醢”（《离骚》），“余将董道而不豫兮，固将重昏而终身”（《涉江》），以改革为己任，恪守正道，正是屈原与“党人”不能“相安”的根本原因。

屈原被疏、见放都是由于被“众女”淫诼、谗毁而致。对那些混淆是非、颠倒黑白的谄毁之言，楚王竟然深信不疑，可见“党人”心计之深及手段之卑劣。对谗毁为害之烈，屈原有极为深刻的感受，深恶痛绝。其诗篇的字里行间，时时流露出对谗佞之人的愤恨：“众皆竞进以贪婪兮，凭不厌乎求索。羌内恕己以量人兮，各兴心而嫉妒。”（《离骚》）“心纯庬而不泄兮，遭谗人而嫉之。”（《惜往日》）“纷逢尤以离谤兮，謇不可释；情沉郁而不达兮，又蔽而莫之白。”（《惜诵》）“君可思而不可恃，故众口其铄金兮。”（同上）群小对屈原的谗毁，表面上是妒贤嫉能，即对屈原个人才干、地位的妒嫉，实际上则是雅俗正邪之间的较量，“世溷浊而嫉贤兮，好蔽美而称恶”（《离骚》）。对此，屈原一方面加以愤怒谴责，另一方面又对自己不为人所理解，“信而见疑”，“忠而被谤”感到不平。“莫余知”“莫吾知”“孰云察余之中情”，就深深地流露出一种孤愤之情。当然，从中也可以体会出屈原对社会的腐败、黑暗，世俗的卑劣的厌恶。

除了党人的谗毁、政局的蔽壅使屈原痛心疾首外，以子兰为首的屈原弟子的变节更让屈原对“世俗”之人的丑恶陋鄙有了更深刻的认识。屈原曾精心培养了子兰等人，对他们的未来寄予很高的期望，“余既滋兰之九畹兮，又树蕙之百亩”“冀枝叶之峻茂兮，愿俟时乎吾将刈”（《离骚》）。然而事与愿违，子兰等的所作所为使屈原大失所望。子兰曾力主怀王入秦，后怀王竟死于秦。顷襄王即位后，子兰又使上官大夫谗毁屈原，屈原因此被放逐。在极度失望之余，屈原深深地慨叹说：“兰芷变而不芳兮，荃蕙化而为茅，何昔日之芳草兮，今直为此萧艾也？岂其有他故兮，莫好修之害也！余以兰为可恃兮，羌无实而容长。委厥美以从俗兮，苟得列夫群芳！”（同上）不能坚贞自守，媚俗从流，见风使舵，这正是屈原所极力鄙弃的。同时，必须指出，屈原这里的“世俗”，与“吾”“余”“我”“美”等概念相对立，往往用以指楚旧贵族一类“世俗”之人，带有浓烈的政治色彩。屈原所追求的理想人格与“美”的人生境界，与庄子所追求的超凡脱俗甚至具神异色彩的真人、神人等境界不同，屈原超越人生困境的途径不是追求虚静、自由的心灵境界，而是恪守节操，为实现其美政理想献身。“俗”这一源于道家雅俗观的重要范畴，由于战国时代诸子美学精神的渗透、融合，其内涵的演化痕迹已非常清晰。屈原用生命塑造的与世俗尖锐对立的完美的人格形象，具有深刻的悲剧含义，也为后世志士仁人树立了不朽的、“高雅”的人格典范。

第五节　宋玉之“尚雅”“隆雅”审美观

宋玉，姓子，以宋为氏，楚籍宋人。据《通志·氏族略二》记载：“宋氏，子姓，商之裔也。”这就是说，宋氏是殷商的后代，为贵族出身。《元和姓纂》

也记载云："宋、子姓，殷王帝乙长子微子启，周武王封于宋，传国三十六世，至君偃为楚所灭，子孙以国为氏。楚有宋玉、宋义、宋昌。"（卷八）又据《史记·殷本纪》和《宋微子世家》记载，公元前1039年，周成王把商朝旧都商丘一带的地方封给了微子启，建立宋国，国都商丘。由此，微子启因而也称为宋微子。公元前286年宋国被齐国、楚国所灭，其地被齐、楚、魏三国分占。宋国灭亡后，宋国公族子孙便以国名为氏，称为宋氏。宋微子是殷王的后代，宋玉是宋微子的后代，可以叫宋玉子，或子宋玉。公族子孙用以表示不忘来历，不过，公族以外的诸人是没有资格以国为姓的。

而宋玉之"玉"则与远古之人的"尚玉"意识有关。在远古之人看来，"玉"精美高贵，为道德高尚的表征。同时，在上古"玉"又通"巫"，为祭祀鬼神的礼器。所以，用"玉"命名，一则表示其人不凡，品行高雅，心慧性灵，具有美的德行，脱俗。宋玉天资聪颖，善于巧辩，精通音律，师承屈原，才华出众，具有正义感与高雅清纯的人格，并且颜值高，是历史上著名的美男子。因而，古代笔记、小说、戏曲、话本中往往以"美如宋玉，貌若潘安"形容男子之俊美。但宋玉仕途坎坷，终不得意，仅在楚襄王时期做过文学侍从、大夫之类的小官，后遭诋毁，被襄王疏远，悲愤满腔，抑郁而亡。

宋玉以玉为名，表征出古人崇拜玉、以玉为美的审美诉求。据传宋玉字子渊，号鹿溪子。其字可能来自孔子弟子颜回的字，表明他崇尚孔颜人格与儒家"尚雅隆雅"精神。古人名与字互为表里。宋玉名玉乃以玉"比德"，字子渊乃追求道德的渊深高尚。鹿溪子大约是他晚年退隐江湖时所起的号。应该说，宋玉以玉为名，还与上古的玉崇拜有关。大玉，国之瑰宝也。中国美学"天人合一"的审美意识赋予玉以超自然与"雅"的美学意义。"登昆仑兮食玉英，与天地兮比寿，与日月兮齐光。"玉石之于和谐，和谐至玉，天地合一。这对宋玉的"尚雅隆雅"审美意识显然有深刻影响。

宋玉在辞赋创作方面成就很高，在中国文学史上占有相当显著的地位。战国诗人，除屈原外，就是宋玉。他承先启后，为楚辞的殿军、汉赋的创始人。《汉书·艺文志》著录其辞赋作品十六篇，现在尚存有《九辩》《招魂》《风赋》《高唐赋》《神女赋》《登徒子好色赋》《笛赋》《大言赋》《小言赋》《讽赋》《钓赋》《舞赋》《对楚王问》十三篇。《九辩》是他的代表作。以比对、夸饰、双声、迭韵等独特艺术表现手法影响后世。而其辞赋中的"阳春白雪""曲高和寡”“巫山云雨”等精彩词句则为历代文人喜欢引用的典故。历代诗人、作家对宋玉十分尊崇，将他与屈原同称为“辞赋之祖”。刘勰在《文心雕龙·杂文》篇中说：“宋玉含才，颇亦负俗，始造对问。”还说：“自对问以后，东方塑效而广之，名为《客难》。托古慰老，疏而有辩。”（《杂文篇》）还说：“相如好书，师范屈宋。”（《才篇》）对宋玉评价极高。唐代诗人杜甫更称宋玉“风流儒雅”，认为宋玉文采华丽潇洒，学养深厚渊博，人品高雅。

宋玉尚雅崇雅。他在《九辩》的开始即云：“坎廪兮，贫士失职而志不平。廓落兮，羁旅而无友生。惆怅兮，而私自怜。”表明这篇辞赋是文人雅士遭遇穷困失志而抒发其愤懑不平、惆怅自怜的情志。显然，这种观点和屈原的“发愤”“抒情”“陈志”写诗动机说相同，都是对中国诗学“诗言志”说的继承与发展。班固《汉书·艺文志》说：“古者诸侯卿大夫，交接邻国，以微言相感，当揖让之时，必称诗以论其志，盖以别贤不肖而观盛衰也。故孔子曰‘不学诗，无以言’也。春秋之后，周道寖，聘问歌咏，不行于列国。学诗之士，逸在布衣，而贤人失志之赋作矣。”这也说明屈、宋之作标志着诗赋成为文人雅士个人诗歌创作的正式开始。《九辩》云：“独耿介而不随兮，愿慕先圣之遗教。处浊世而显荣兮，非余心之所乐。与其无义而有名兮，宁穷处而守高。食不媮而为饱兮，衣不苟而为温。窃慕诗人之遗风兮，愿托志乎素餐。”表示自己坚持耿介操守，决不媚俗，不随和同流于浊世以求禄食。显然，这种超凡脱俗的人格操守应该是对屈原志尚的继承。而所谓“窃慕诗人之遗风，愿托志乎素餐”，则直接表现了诗人对《诗经》中所追求的审美理想的向往，并举出《伐檀》“彼君子兮，不素餐兮”作为自己追求的人生境界。杜甫《过宋玉宅》云：“摇落深知宋玉悲，风流儒雅亦吾师。”表现了其对宋玉高雅人格的推崇。

相传为宋玉所作的《对楚王问》中有“曲高和寡”之说。中国雅俗史上所谓的《阳春》《白雪》和《下里》《巴人》之说，即由此而长久流传：“楚襄王问于宋玉曰：‘先生其有遗行与？何士民众庶不誉之甚也。’宋玉对曰：‘唯，然！有之。愿大王宽其罪，使得毕其辞。客有歌于郢中者，其始曰《下里》《巴人》，国中属而和者数千人；其为《阳阿》《薤露》，国中属而和者数百人；其为《阳春》《白雪》，国中属而和者不过数十人；引商刻羽，杂以流徵，国中属而和者不过数人而已。是其曲弥高，其和弥寡。……夫圣人瑰意琦行，超然独处，夫世俗之民又安知臣之所为哉！’”《文选》李周翰注云：“《下里》

《巴人》，下曲名也；《阳春》《白雪》，高曲名也。”可见“下里”原指乡里、乡下，以此作为歌名，应指属于“俗”文艺的里巷歌谣、民间俗曲。“巴”，古族名，也是国名，主要分布于今川东、鄂西一带，春秋时与楚交往频繁，后并于秦，族人有南移至湘西、鄂东的。故《巴人》应该是产生于该族的民间通俗歌曲，后来又流行于楚地的。《阳春》《白雪》相传是春秋时期晋国的乐师师旷所作。据说宋玉所作的《笛赋》云：“师旷将为《阳春》《北鄙》《白雪》之曲，假涂南国，至于北山。”明朱权“屡加校正，用心非一日”所撰辑《神奇秘谱》称：“张华谓天帝使素女鼓五弦之琴，奏《阳春》《白雪》之曲，故师旷法之而制是曲。《阳春》，宫调也；《白雪》，商调也。《阳春》取万物知春、和风澹荡之意，《白雪》取凛然清洁、雪竹琳琅之音。因有《白雪》，始制《阳春》之曲。宋玉所谓《阳春》《白雪》，曲弥高而和弥寡，其此也夫！”从前文所引宋玉对话看，两曲应当有歌辞。后代则以《阳春》《白雪》为高雅文艺的代称。陆机《文赋》云：“缀《下里》于《白雪》，吾亦济夫所伟。”李善《文选》注云：“言以此庸音而偶彼嘉句，譬以《下里》鄙曲，缀于《白雪》之高唱，吾虽知美恶不伦，然且以益夫所伟也。”岑参《和贾至舍人早朝大明宫之作》云：“独有凤凰池上客，《阳春》一曲和皆难。”以《阳春》来比喻贾至诗歌创作所达艺术境界的高妙难及；宋赵闻礼、元杨朝英则分别以《阳春白雪》作为所选辑词、曲的书名，其美学精神都渊源于相传的宋玉之对。《阳阿》或即《扬荷》。《招魂》中以与《涉江》《采菱》同举为“新歌”。《文选》李善注云：“楚人歌曲也。”《薤露》，《乐府相和曲》名，相传原是齐国挽歌，也来自民间。所谓“引商刻羽，杂以流徵”，则意指音律高深精妙、变化多端。古代宫、商、角、徵、羽加变徵、变羽为七声，由宫至高宫形成八度。

从现今的接受美学看，接受者社会文化程度存在差别，“俗”文艺容易为百姓大众所接受，而高曲雅调则必须要有相当文化修养的人才能接受。尽管所传宋玉的对话中，流露出某种高自矜许、孤芳独赏而卑视一般百姓大众的态度，但这里揭示了雅俗不同的文艺适应于不同层次人们的接受与欣赏的规律，涉及文艺创作雅与俗、阳春白雪与下里巴人、精英文艺与大众文化的关系。在雅俗审美意识发展史上的影响是值得我们注意的。

宋玉的“尚雅”审美意识与儒家“雅俗”观的影响分不开。其《笛赋》云：“夫奇曲雅乐，所以禁淫也；锦绣黼黻，所以御寒也，缛则泰过。是以檀卿刺郑声，周人伤北里也。乱曰：芳林皓干，有奇宝兮；博人通明，乐斯道兮。般衍澜漫，终不老兮；双枝闲丽，貌甚好兮。八音和调，成禀受兮；善善不衰，为世保兮。绝郑之遗，离南楚兮；美风洋洋，而畅茂兮。嘉乐悠长，俟贤士兮；鹿鸣萋萋，思我友兮。安心隐志，可长久兮。”[①]。这里就极力推崇“雅乐”。所谓“郑声”，指春秋时代郑国的音乐。郑国音乐多表现爱情，因而被儒家看作淫荡的音乐。孔子就反对“郑声”，说：“放郑声，远佞人。郑声淫，佞人殆。”

孔子还反对“《北鄙》之声”。《北鄙》，又名《北里》，古舞曲名，是靡靡之音。《史记·殷本纪》记载云：“于是使师涓作新淫声，《北里》之舞，靡靡之乐。”《尔雅·释言》云：“里，邑也。”《史记·周本纪》云：“北望岳鄙。”《索隐》引杜预云：“鄙，都鄙，谓近岳之邑。”《释名·释州国》：“鄙，否也。小邑不能远通也。”因此，“北鄙”和“北里”均为“北邑”，即“邶”。《汉书·地理志》记载云：“河内本殷之旧都，周既灭殷，分其畿内为三国，《诗·风》邶、鄘、卫国是也。”《史记·乐书》云：“纣为朝歌北鄙之音，身死国亡。”《淮南子·泰族训》云：“师涓为平公鼓朝歌《北鄙》之音。师旷曰，此亡国之乐也。”《淮南子·原道训》云：“耳听朝歌《北鄙》靡靡之乐。”高诱注曰：“纣使师涓作鄙邑靡靡之乐也。”殷纣王沉溺于《北里》之音，最后为周所灭，身死国亡，所以周人为之哀伤。孔子曾因自己的学生子路弹奏《北鄙》之音而发了一番有名的感慨。据《孔子家语·辩乐解》记载云：“子路鼓琴，孔子闻之，谓冉有曰：‘甚矣由之不才也！夫先王之制音也，奏中声以为节，入于南，不归于北。南者生育之乡；北者，杀伐之域。故君子之音温柔居中，以象生育之气，忧愁之戚不加于心也，暴厉之动不在于体也，夫然者乃所谓治安之风也。小人之风则不然，亢厉微末以象杀伐之气，中和之感不载于心，温和之动不存于体，夫然者乃所以为乱之风。今由也匹夫之徒，曾无意于先王之制，而习亡国之声，乌能保其六七尺之体也哉？’”这里就说，子路鼓瑟，有《北鄙》之声，孔子就指责其“不合雅颂”。“《北鄙》之声”之所以“不合雅颂”，按照刘向在《说苑》中的说法，是因为其乃为“杀伐之声”。皇侃则称子路鼓瑟“有壮气”。朱熹则同意刘向的说法。《孔子家语》云：“杀伐之气，小人之风，

① 宋代章樵在对《笛赋》作的注释中说这首赋乃古之知音者（见《古文苑注》）。

亡国之声，而且不能保全其自身性命。”孔子认为：“夫先王之制音也，奏中声，为中节；流入于南，不归于北。南者生育之乡，北者杀伐之域；故君子执中以为本，务生以为基，故其音温和而居中，以象生育之气也。忧哀悲痛之感不加乎心，暴厉淫荒之动不在乎体，夫然者，乃治存之风，安乐之为也。彼小人则不然，执末以论本，务刚以为基，故其音湫厉而微末，以象杀伐之气。和节中正之感不加乎心，温俨恭庄之动不存乎体，夫杀者乃乱亡之风，奔北之为也。昔舜造南风之声，其兴也勃焉，至今王公述无不释；纣为北鄙之声，其废也忽焉，至今王公以为笑。彼舜以匹夫，积正合仁，履中行善，而卒以兴，纣以天子，好慢淫荒，刚厉暴贼，而卒以灭。今由也匹夫之徒，布衣之丑也，既无意乎先王之制，而又有亡国之声，岂能保七尺之身哉？”冉有将孔子的话告诉子路。子路曰：“由之罪也，小人不能耳陷而入于斯。宜矣，夫子之言也。”遂自悔，不食，七日而骨立焉。孔子曰：“由之改过矣。”

《孔子家语·辨乐篇》也有类似记载。不难看出，宋玉赞美奇曲雅乐，反对淫靡之音，都是对孔子“崇雅尚雅”，主张“尽善尽美”，推崇音乐应该“和节中正”审美意识的一种接受与体现。他在《笛赋》中就明确表示自己遵“雅乐”，而反对“郑音”，强调指出：“绝郑之造，离南楚兮。美风洋洋，而畅茂兮。嘉乐悠长，俟贤士兮。鹿鸣萋萋，思我友兮。”他赞美“雅乐”，斥责“郑声”，渴望明主招揽贤士，尚雅遵雅。这种“尚雅隆雅”的审美取向无一不是来源于儒家美学。如前所说，孔子就推重“雅乐”，贵雅崇雅。据《论语·泰伯》记载：“子曰：‘师挚之始，《关雎》之乱，洋洋乎盈耳哉！’”这里所谓的“乱”，乃是音乐结束时候的合奏。又据《论语·八佾》记载：“子曰：《关雎》乐而不淫，哀而不伤。”所谓“《关雎》之乐”，据《诗序》解释，正有哀窈窕、思贤才之意。宋玉受儒家美学思想的影响颇深。孔子爱好《易》，宋玉也喜好《易》。据《论语·述而》记载，孔子曾经感慨说：“加我数年，五十以学易，可以无大过矣。”《史记·孔子世家》也记载云：“子晚而喜《易》，序《彖》《系》《说卦》《文言》，读《易》，韦编三绝。曰：‘假我数年若是，我于《易》则彬彬矣。’”这些地方的记载都表明，孔子晚年对《周易》极其爱好，并且自己撰成《易传》。又据1973年底在长沙马王堆三号汉墓出十的帛书《周易》，该文献有经有传，传文部分有一篇题为《要》，其中有一章记载孔子晚年研究《周易》的情况，云：“夫子老而好《易》，居则在席，行则在囊。”这就是说，孔子老了越发爱好《易》，无论是居还是行，都随身携带，从不离身。《要》中还记载孔子说过这样的话：“后世之士疑丘者，或《易》乎？”据《孟子·滕文公上》记载，孟子曾经说：“世衰道微，邪说暴行有作，臣弑其君者有之，子弑其父者有之，孔子惧，作春秋。春秋，天子之事也。是故孔子曰：‘知我者其惟春秋乎，罪我者其惟春秋乎？’”关于这点，据帛书《要》，孔子曾经感慨说：“后世之士疑丘者，或以《易》乎？吾求其德而已，吾与史巫同涂而殊归者也。君子德行焉求福，故祭祀而寡也；仁义焉求吉，故卜筮而希也。祝巫卜筮其后乎。”这与孟子所说“知我者，其惟《春秋》乎！罪我者，其惟《春秋》乎”的口气极为相似。既然《春秋》是孔子作的，那么孔子与《易》的关系是显而易见的。又据《史记·仲尼弟子列传》记载，孔子曾经传《易》于商瞿，商瞿传于楚人轩臂子弓。子弓，据汉代应劭说是子复门人，当为七十子弟子，是战国中期人。因此，最迟在战国中期，孔门《易》学已在楚国流传。战国后期久居楚地的荀卿也多讲述《易》学，且以子弓为圣人、大儒。同样的，宋玉赋中也对孔门《易》学思想有所表现。《小言赋》中载：“阴阳，道之所贵；小往大来，剥、复之类也。是故卑高相配而天地位，三光并照则大小备。能高不能下，非兼通也。能粗而不能细，非妙上也。”这里“一阴一阳，道之所贵”两句，显然本于《系辞上》：“一阴一阳之谓道，继之者善也，成之者性也。仁者见之谓之仁，知者见之谓之知，百姓日用而不知，故君子之道鲜矣。”按照这个说法，继承一阴一阳之道就会美好，实现一阴一阳之道就会有活力，故云一阴一阳乃道之所贵。小往大束，是《泰卦》的卦辞：泰，小往大来，吉亨。所谓“小往大来，吉亨”，则是天地交而万物通，上下交而其志同也。泰卦天在下而地在上，天地交合，象征通泰，故《序卦传》电说：泰者，通也。与之相对的否卦，则地在下而天在上，故卦辞称大往小来。赋中提到的剥和复，那是《易经》六十四卦中的两个卦名。《序卦传》云：“剥者，剥也。物不可以终尽，剥穷上反下，敝受之以《复》。”《剥》卦是下坤上艮，穷上反下，转变为《复》卦后则是下震上坤，也可说是“小往大来，剥复之类”。意思就是说，剥、复这两个卦就象阴和阳、否和泰一样，既完全矛盾对立，又能互相转化、互生互存。这完全体现了阴阳协调及和谐的思想。《小言赋》中的“卑高相配而天地位”之所谓“卑”“高”，其说也源于《周易·系辞上》的“天尊地卑，乾坤定矣。卑高以陈，贵贱位矣”

等意思。“高”即是“天与万物之在上者”，为乾、为阳，主动而扩张；“卑”即是“地与万物之在下者”，为坤、为阴，主静而收敛。赋中的“卑高相配而天地位”就是说，只有纯阳至健的乾与纯阴至顺的坤互依互存、互相交感，才会有万物生成的天地宇宙，“相配”即体现了融合、协调及和谐。然而，正如上节所言，“和谐”是与“中正”相提并论、紧密联系的，因为“和”即调和不同、以达到和谐的统一，也就是说，只有各种不同的，甚至矛盾的“异”合在一起形成统一时，才有“和”，但是要达到“和”，合在一起的各种“异”都要按照恰当的比例，这就是“中”。所以，“中”的作用是为了达到“和”，和《说卦传》的天地定位。又如其《小言赋》云：“楚襄王既登阳云之台，令诸大夫景差、唐勒、宋玉等并造大言赋，赋毕而宋玉受赏。王曰：‘此赋之迂诞则极巨伟矣，抑未备也。且一阴一阳，道之所贵；小往大来，剥复之类也。是故卑高相配而天地位，三光并照则小大备。能高而不能下，非兼通也；能粗而不能细，非妙工也。然则上坐者未足明赏，贤人有能为小言赋者，赐之云梦之田。’”这里所谓的“能高而不能下，非兼通也；能粗而不能细，非妙工也”，即能高能下，才能算兼通；能粗能细，才能算妙工。这种思想和《系辞上》所谓的“一阖一辟谓之变，往来不穷谓之通”，其思路应该是一脉相承的。因此《小言赋》这几句话的基本思路来自《易传》，是没有问题的。尽管这几句话出自楚襄王之口，但作者宋玉肯定也受过孔门《易》学思想的影响，不然他转述得不会如此精确。

儒家认为人类道德修养最高的人是“圣人”。宋玉也将“圣人”作为极高的人格诉求。据《讽赋》记载，唐勒向楚襄王进谗言，说宋玉有三个方面的问题，其中之一是“口多微词”，宋玉反驳说，自己“口多微词”，乃是“闻之圣人”，遂使对方对此无法再进行指责。在《对楚王问》中，楚襄王问于宋玉曰：“先生其有遗行与？何士民众庶不誉之甚也？”宋玉对曰：“唯。然，有之。愿大王宽其罪，使得毕其辞。客有歌于郢中者，其始曰《下里巴人》，国中属而和者数千人；其为《阳阿》《薤露》，国中属而和者数百人；其为《阳春》《白雪》，国中属而和者不过数十人；引商刻羽，杂以流徵，国中属而和者，不过数人而已。是其曲弥高，其和弥寡。故鸟有凤而鱼有鲲，凤凰上击九千里，绝云霓，负苍天，翱翔乎杳冥之上；夫蕃篱之鷃，岂能与之料天地之高哉？鲲鱼朝发昆仑之墟，暴鬐于碣石，暮宿于孟诸；夫尺泽之鲵，岂能与之量江海之大哉？故非独鸟有凤而鱼有鲲也，士亦有之。夫圣人瑰意琦行，超然独处；夫世俗之民，又安知臣之所为哉？”在这里，宋玉以音乐中的《阳春》《白雪》，鸟类中的凤，鱼类中的鲲自比，说：“夫圣人瑰意琦行，超然独处，夫世俗之民，又安知其之所为哉？”将自己称作圣人。

孔子提出了“雅”人格建构的原则，认为君子喻于义，小人喻于利。主张一个人要有理想，有抱负，努力提高精神境界，而不要过分地追求个人的物质享受，认为正是物质欲望的膨胀造成了道德的堕落。因此他说：士志于道而耻恶衣恶食者，未是与议也。孟子追求大丈丈的理想人格，大丈夫富贵不能淫，贫贱不能移，威武不能屈！宋玉尽管仕途坎坷，但“贫士失职而志不平”（《九辩》），生活艰辛，但坚持“食不媮而为饱兮，衣不苟而为温。窃慕诗人之遗风兮，原讬志乎素餐。蹇充倔而无端兮，泊莽莽而无垠。无衣裘以御冬兮，恐溘死不得见乎阳春。靓杪秋之遥夜兮，心缭悷而有哀。春秋逴逴而日高兮，然惆怅而自悲。四时递来而卒岁兮，阴阳不可与俪偕。白日晼晚其将入兮，明月销铄而减毁。岁忽忽而遒尽兮，老冉冉而愈弛”。其“无义而有名兮，宁穷处而守高”（《九辩》）的人格操守与儒家孔孟的主张是完全一致的。宋玉《神女赋》写的是一个带有传奇色彩的人神相恋的神话传说故事。楚襄王梦遇高唐神女，因被其丽姿妙质所吸引而产生爱慕之情。但高唐神女是一位虽有荡逸之情，但终能以礼自持的女性，从而致使楚襄王重温父王云雨梦的强烈欲望化为泡影。《神女赋》着力表现了高唐神女内心世界中情与礼的矛盾与冲突，她既美丽、多情，又矜持、庄重，发乎情，止乎礼，是一位光耀千古的女神形象。宋玉完全是按照儒家的伦理道德标准来塑造这位女神形象的。高唐神女能在情与礼的矛盾冲突中最终以礼抑情、以礼节情，其实质是标志着儒家美学尚“雅”审美意识占了上风，取得了胜利。宋玉《登徒子好色赋》以赞美口吻描述了男女恋爱的最佳境界是：盖徒以微辞相感动，精神相依凭，日欲其颜，心顾其义，扬诗守礼，终不过差。重视感情的交流，精神的依靠，而不主张耳鬓厮磨，肉体接触，这种柏拉图式的精神恋爱也完全符合儒家美学“雅”的人格要求。

总之，宋玉在政治思想上继承和发扬了儒家的仁学思想，主张以民为本，推行仁政，以德治国，以义役民；在音乐教化思想上，则深受儒家美学“尚雅”就是的影响，赞美“雅乐”，斥责“郑声”；在《易》学思想上，他深受孔门《易》学的影响，他的《小言赋》中有一段话就全本于《易传》；在人格建构方面，他以儒家的圣人自比，“尚雅隆雅”，坚持“食不媮而为饱兮，衣不苟而为温”的人格操守，遵循扬《诗》守礼终不过差的“雅”人格规范，主张在男女两性关系上应当以礼节情、以礼抑情。宋玉这套话语系统，完全是儒家“尚雅隆雅”审美意识的体现。

第六节 桓谭论“离雅乐而更为新弄”

桓谭推崇“俗”文艺，以俗为美，以俗为雅。他在《新论·离事》中云：“杨子云大才而不晓音，余颇离雅乐而更为新弄。子云曰：‘事浅易善，深者难识。卿不好雅颂而悦郑声，宜也。’”这段话见于《太平御览》卷五六五《乐部》。桓谭可能还有反驳扬雄的话，惜已亡佚。这里所谓的郑声，并非专指古《诗》，而是承袭前人的套语，其内涵应更为广泛，指的是汉以前的诗乐，也就是一般所谓的来自民间的“俗”文艺。从扬雄的批评中可以看出，桓谭与他的雅俗观不同，并有公开的争论。扬雄从其复古宗经的尚雅倾向出发，好雅颂而贬斥郑声，这是孔子“郑声淫”“放郑声”的传统思想在汉代的翻版，虽无新意，但影响很大。直到东汉初年，司空宋弘仍然以三公之尊，宰相之势，严厉批评桓谭，指斥其好郑声，并警告要因此而绳之以法。据《后汉书·宋弘传》载：“帝尝问弘通博之士，弘乃荐沛国桓谭才学洽闻，几能及扬雄、刘向父子。于是召谭拜议郎给事中。帝每宴辄令鼓琴，好其繁声。弘闻之不悦……遣吏召之。谭至，不与席而让之曰：‘吾所以荐子者，欲令辅国家以道德也，而今数进郑声以乱雅颂，非忠正者也。能自改邪？将令相举以法乎？’”可见桓谭因好郑声，以俗为雅而承受了很大压力。但他仍然喜好郑卫新声而不喜雅颂之音，并且终其一生而不改变其嗜好。正是由于以俗为雅，推重“俗”文艺，所以他针锋相对地批评好雅颂而鄙郑声的扬雄为“不晓音”。桓谭是通过总结汉代具体的文艺创作实践来讨论问题的。所谓“郑声”或“新弄”，主要是指当时源于民间而流传朝野的新的流行音乐。据班固《汉书·礼乐志》载：“今汉郊庙歌诗，未有祖宗之事，八音调匀，又不协于钟律，而内有掖庭材人，外有上林乐府，皆以郑声施于朝廷。……是时，郑声尤甚。黄门名倡丙疆、景武之属富显于世，贵戚五侯定陵、富平外戚之家淫侈过度，至与人主争女乐。”可见作为流行“新弄”的郑声影响面之广。武帝时的正统儒家学者如公孙弘、董仲舒曾经大力提倡过的雅颂中正之乐，都无法与之抗衡。汉平帝时博士平当曾建议朝廷“修起旧文，放郑近雅，述而不作，信而好古”；哀帝时更明诏禁止新声：“惟世俗奢泰文巧，而郑卫之声兴。夫奢泰则下不孙（逊）而国贫，文巧则趋末背本者众，郑卫之声兴则淫辟之化流，而欲黎庶敦朴家给，犹浊其源而求其流清，岂不难哉！孔子不云乎：‘放郑声，郑声淫。’其罢乐府官。”（见《汉书·礼乐志》）但不断兴起的流行文艺（包括乐府诗歌）却禁而不止，并因其通俗易懂、活泼自如、清新纯朴，而为世俗大众所喜闻乐见，日渐扩大其影响。即如《汉书·礼乐志》所载：“然百姓渐渍日久，又不制雅乐有以相变，豪富吏民湛沔自若，陵夷坏于王莽。”所谓雅不避俗，俗不伤雅。人谓之雅，我谓之俗；我谓之雅，人谓之俗。从雅俗审美观的发展史来看，前文已有所论及，早在桓谭之前，《乐记·魏文侯》已有魏文侯“听古乐则唯恐卧，听郑卫之音则不知倦”的记载，反雅尊俗，以俗为美。随后，桓宽《盐铁论·相刺篇》又有“好音生于郑、卫，而人皆乐之于耳，声同也”之说，主张以俗为美，雅俗交相并陈。到桓谭，则在继承前人以俗为美、以俗为雅审美观的基础上，结合世俗大众对审美文化日益迫切的需求，顺应文艺发展的新潮流，反对扬雄好复古、喜艰深的错误倾向，一针见血地指责他违背了文艺发展的规律。桓谭抛弃陈腐格套，求新重变，不尊雅颂古调，并以典乐大夫的身份而为“新声”正名，这是对附庸于经学的正统雅俗论的一种反叛。

从其以俗为美、以俗为雅的审美观出发，桓谭还喜爱“小说”。他针对儒家学者对于“短书”小说的传统偏见，加以反驳说：“庄周寓言乃云尧问孔子；《淮南子》云共工争帝，地维绝，亦皆为妄作。故世人多云：‘短书不可用。’然论天莫明于圣人；庄周等虽虚诞，故当采其善，何云尽弃邪？”（《新论·本造》）所谓“短书”，有两种解释。一指简短的书札，如江淹杂体诗《李都尉陵》曰：“袖中有短书，愿寄双飞燕。”一指杂记一类的文体，其中包括寓言传说、神话故事、笔记俗语之类的“小说”。桓谭所谓“短书”，就是指后者。儒家学者认为“短书”“小说”多“虚诞”不实，以为是圣人所弃，因而斥为“不可用”。桓谭则不这样看。他从其以俗为美的雅俗观反驳说，《庄子》

《淮南子》中的寓言“短书”，虽然事属“虚诞”，但却另有其价值。他于儒家经传之外，又为文学创作另外开辟一个窗口，所以对“小说”采取比较宽容的态度，择善而从，以丰富文艺创作的表达形式。而对“短书”小说之所谓“善”，他也有较为独到的认识。《文选》卷三一江淹《杂体诗·李都尉陵》李善注引桓谭《新论》曰:“若其小说家，合丛残（一作“残丛”）小语，近取譬喻，以作短书，治身理家，有可观之辞。”这里的“小说”，当然并不仅仅是指讲说故事一类的作品，与今天小说概念仍有较大差距。但与之前所谓的“小说”相比，已有所发展。因此鲁迅《中国小说史略》认为其“始若与后之小说近似”。对照现存汉人小说的残篇遗简来看，桓谭所论至少包含了以下几层意思。

一是形式体制方面的“合丛残小语”。丛，指事物之细而杂；残，谓片断而不见整体。可见他心目中的“小说”不仅是体制短小，而且内容丛杂，凡是经传之外的文体，多有所包含。

二是指“小说”在艺术传达上采用了具体事物作“譬喻”来表明事理、情绪的形象化手法。

三是指“小说”的社会功能，即通过形象“譬喻”，达到“治身理家”的教化作用，所以说是“小说”有“可观”之辞。

由此可见，桓谭对于汉代“小说”的艺术特征和社会功能已有了更深的认识。

第七节　王充“褒雅卑俗”的审美观

在“雅俗”范畴的发展史上，汉代的王充也做出了不可磨灭的贡献。从整部《论衡》来看，全书始终贯穿着作者“不与俗均”“不与俗协”的贬俗精神。可以说，尚雅隆雅、刺世讥俗、匡济靡薄之俗，是王充的主要审美追求。在当时，他的这种审美意趣是极具当代意义的，即使是今天，他的这种审美旨趣仍然有其现实意义。

在王充之前，战国时期，群雄并起，诸子纷争。在社会的急剧动荡变革中，礼崩乐坏，作为礼乐、政教标志的“俗”的内涵也呈现出复杂的历史面貌。在《孟子》中，“世俗”一词已经含有贬义，“寡人非能好先王之乐也，直好世俗之乐也”(《梁惠王下》)，这里的“世俗”，与“先王”相对，可以看出，其中已经含有庸俗的意思。而在《老子》《庄子》《荀子》中，“俗”也往往含有庸俗、鄙俗的意思，品格卑下，为士君子所不齿，带有贬义。这以后，古代典籍中俗人、俗吏、俗儒等带鄙视意味的词汇也经常出现，荀子更把“俗儒”作为与“雅儒”相对的范畴并举。《淮南子》中，“俗”也往往指与“道”相对的鄙陋、卑琐等，如“俗世庸民”“世俗之人多尊古而贱今”“君子绝世俗”等。王充在其《论衡》中，更是继承前代隆雅卑俗的美学精神，以其更加坚决的态度，毫不妥协地对俗、世俗、庸俗、俗人、俗士、俗夫、俗吏、俗材、俗儒、俗文、俗言、俗书、俗说、俗议等，进行了深刻的揭露和尖锐的斥责。在文艺美学方面，王充提倡以俗为雅，化俗为雅；而在人生美学方面，则尚雅卑俗，褒雅贬俗。在《论衡·自纪》篇中，王充指出，“世俗之性，好奇怪之语，说虚妄之文”(《对作》)，而“夫论说者，闵世忧俗”，“故夫贤人之在世也，进则尽忠宣化，以明朝廷；退则称论贬说，以觉失俗。俗也不知还，则立道轻为非；论者不追救，则迷乱不觉悟”。故而，“圣人作经艺，著传记，匡济薄俗，驱民使之归实诚也”(同上)。这就是说，社会生活中，与审美意义上的通俗、俚俗观不同，还存在有一种不健康的庸俗、鄙俗，属于丑的心态，即“好奇怪之文，说虚妄之事”的低级趣味，一类人借此来填补自己的无聊与空虚的心灵。可见，王充所谓的“俗”，就是庸俗。圣人之所以要著书立说，其目的就是主张“雅”，反对庸俗，以力矫时弊，移风易俗。同时，也正是从这种尚雅贬俗的审美意识出发，王充鄙弃世俗之人的虚情假意，特别撰写了《讥俗》一书。因“世书俗说，多所不安”，作者又就世俗之书考论虚实，谲常心，逆俗耳，“尽思极心，以讥世俗”。从整部《论衡》来看，全书始终贯串着作者“不与俗均”“不与俗协”的贬俗精神。可以说，尚雅隆雅、刺世讥俗、匡济靡薄之俗，是王充的主要审美追求。

俗者，习也，原本指风俗、习俗。《说文》云：“俗，习也。”《史记·乐书》云：“移风易俗，天下皆宁。”张守节“正义”解释说：“上行谓之风，下习谓之俗。”在中国古代哲人看来，社会风习、习俗，与礼乐、政教相关，是关系国计民生的重大问题。传说上古羲皇时期，民风习俗淳美敦厚，曾令不少古代哲人景仰、向往。当然，早期文献记载中的“俗”，更多与政教相关，具正面色彩，“败常乱俗”（《书・君陈》）、“入国而问俗”“以俗教安”（《礼记・曲礼上》）、“修其教，不易其俗”（《礼记・王制》）等中的“俗”就是指风俗习惯。

王充的“雅俗”论，从文艺学方面看，则表现出以俗为雅的倾向。他对“俗”文艺的审美效用大加赞扬，强调文艺创作必须通俗易懂，反对“雅化”。他认为，“文由语也”，“口论务解分可听，不务深迂而难睹”。他在《论衡・自纪篇》中强调指出，自己著书不求“纯美”，指责追求“纯美”、反对通俗的论调。他说：“美色不同面，皆佳于目；悲音不同声，皆快于耳。”表述了他主张“雅俗”审美观在审美品位上应该平等的观点。

从其以俗为美的雅俗观出发，王充推崇“俗”文艺，认为“诗作民间，如鉴之开”。他在《论衡・累害篇》中说：“故三监谗圣人，周公奔楚，后母毁孝子，伯奇放流。当时周世孰有不惑者乎？后《鸱鸮》作而《黍离》兴，讽咏之者，乃悲伤之。”这里就指出《诗经》中《鸱鸮》《黍离》一类诗作，是因对现实生活不满而作，诗人通过“讽咏”来描写生活的真实情景，表现自己的感情。在《论衡・商虫篇》中，王充又说：“《诗》云：‘营营青蝇，止于藩。恺悌君子，无信谗言。’谗言伤善，青蝇污白，同一祸败，诗以为兴。”所谓“兴”，即托物起兴，以含意隐微的事物来寄托情思。《诗・小雅・青蝇》，是借“青蝇污白”来讽刺现实生活中“谗言伤善”的黑暗现象。同时，在王充看来，文艺作品毕竟是人创作的。早在古代，就有圣人制礼作乐之说。儒家学者将其引进文艺领域，认为文艺来自圣人作文，是天才的发明。王充反对这种观点，认为文艺应起源于民间，“俗”文艺才是一切文艺作品之母，“雅”文艺无一不是从“俗”文艺转化而来。故而他摆脱传统雅俗观的束缚，喜欢“俗”文艺，提倡以俗为美，并提出了“《诗》作民间”之说：“古有命使采爵，欲观风俗知下情也。《诗》作民间。圣王可云：‘汝民也，何发作。’囚罪其身，殁灭其诗乎？今已不然，故《诗》传至（按：原作‘亚’，形讹）今。”（《论衡・对作篇》）在《论衡・书解篇》中他又说：“《诗》采民以为篇。”这就是说，《诗经》中的不少篇章，虽被后来的儒家学者尊为经典，但它们实际上出自民间，反映的是当时的民情风俗和政治兴衰。庶民百姓也有以文艺创作来反映现实、抒发其情感的愿望与要求。

王充对“真”的意蕴如何表现于“美”的“雅化”过程，提出“明言”与“露文”的主张。他说：“《论衡》者，论之平也。口则务在明言，笔则务在露文。高士之文雅，言无不可晓，指无不可睹。观读之者，晓然若盲之开目，聆然若聋之通耳。……夫文由语也，或浅露分别，或深迂优雅，孰为辩者？故口言以明志，言恐灭遗，故著之文字。文字与言同趋，何为犹当隐闭指意？……夫口论以分明为公，笔辩以扶露为通，吏文以昭察为良。深覆典雅，指意难睹，唯赋颂耳！经传之文，贤圣之语，古今言殊，四方谈异也。当言事时，非务难知，使指闭隐也。后人不晓，世相离远，此名曰语异，不名曰材鸿。浅文读之难晓，名曰不巧，不名曰知明。”（《自纪篇》）在这里，王充提出的“明言”“露文”，即明白、浅露的口语化的语言。他反对摹拟，主张独创；反对厚古，主张重今；反对艰深，主张明白浅显；反对雕琢，倡导言文一致。他强调指出：“鸿重优雅，难卒晓睹。”指斥那种看似“弘畅雅闲”“深迂优雅”，实质上则是僵化、保守、死板，脱离实际，故弄玄虚的深迂典雅文风。因为，写作的目的，对写作者来说，是“明志”；对读者来说，是懂得“指意”。“明言”“露文”的效果是明白显畅的，“晓然若盲之开目，聆然若聋之通耳”，取得这一效果，写作的目的也就达到了，说明创作是成功的。反之，就是“隐闭指意”，读者无法知晓说写者的指意，也就谈不上创作的功效了。

同时，王充还认为，口语和书面语本身是一致的。书面语，原是人们恐其“灭遗”才产生出来的，两者不应有隔阂离异。这是对言文一致的补充说明，旨在强调写下来的东西，要让人看得懂，如同听得明白一样，反之，“隐闭指意”，就是要反对的。所以，他又说：“圣人之言与文相副，言出于口，文立于策，俱发于心，其实一也。……文语相违，服人如何？”（《问孔篇》）“夫笔之与口，一实也。口出以为言，笔书以为文。”（《定贤篇》）这里所说的“其实一”“一实也”，就是强调言文一致，注重意蕴表述。

王充的雅俗观提倡浅显易懂的文风，反对深奥难以理解、“深覆典雅”的写作时尚。他举过一个例子，说：“秦始皇读韩非之书，叹曰：‘犹独不得与此人同时。’其文可晓，故其事可思。如深鸿优雅，须师乃学，投之于地，何叹之有！”（《自纪篇》）这个例子极具说服力。如果韩非的文章“深鸿优雅”，“须师乃学”，秦始皇不能领会其中所表达的意旨，又怎能发出感叹呢！所以，王充接着强调：“夫笔著者，欲其易晓而难为，不贵难知而易造；口论务解分而可听，不务深迂而难睹。”（《自纪篇》）这里就指出审美表述上的一个问题，明白浅露而易晓、深入浅出的文风，看似容易实际“难为”，而那些看起来“难知”、故弄玄虚的“深覆典雅”之作其实是“易造”的。

第八节 阮籍、嵇康“尚雅崇格，超凡脱俗”的审美追求

魏晋时期以阮籍、嵇康等人为代表，推重“尚雅崇格”的审美意识，主张超凡脱俗，提倡“越名教而任自然”，以名教、世事为俗，以名教之士为俗士，追求自然任情率真的“雅”境。尽管当时作为人格理想、生活方式的“雅”“俗”概念的对举还不普遍，但阮籍、嵇康遗落世事、蔑弃礼法、越名任心的超拔世俗的精神，在中国美学雅俗观的发展史上，对人格理想、人生态度、生活情趣乃至文艺创作的审美追求都有极为深远的影响。

一、阮籍“超世遗俗”的“清雅”诉求

阮籍好老庄，崇尚自然。他认为“天地生于自然，万物生于天地。自然者无外，故天地名焉；天地者有内，故万物生焉”（《达庄论》），“圣人明于天人之理，达于自然之分”“道者法自然而为化”（《通老论》）。这里就鲜明地表现了他对自由自在、超凡脱俗的人生审美境界的向往与追求。阮籍尚雅，主张“越名教”，故而对那些标榜名教礼法的俗人深恶痛绝，“见礼俗之士，以白眼对之”（《晋书·阮籍传》），甚至将礼法之士比作裤裆中的虱子。他还以“人面而兽心”的猕猴来讽刺追名逐利、寡廉鲜耻的礼法之士。

阮籍主张的审美人生是“超世而绝群，遗俗而独往”（《大人先生传》），即超越世俗名教礼法、高扬自我的人生境界。他推崇的是“白眼睨俗，孤啸离群，纵酒酣昏，遗落世事”，“开阖之节不制于礼，动静之度不羁于俗”（伏义《与阮籍书》），“长啸慷慨，悲涕潺湲，又或拊腹大笑，腾目高视，形性俯张，动与世乖，抗风立候，蔑若无人”的人生态度。

阮籍崇雅重雅，“越名教而任自然”，越名任心，坦荡放达。据史书记载：“籍嫂尝归宁，籍相见与别。或讥之，籍曰：‘礼岂为我设耶？’邻家少妇有美色，当垆沽酒，籍尝诣饮，醉便卧其侧。籍既不自嫌，其夫察之亦不疑也。兵家女有才色，未嫁而死。籍不识其父兄，径往哭之，尽哀而归。”（《晋

书·阮籍传》）因为“与世俗不能相容”，阮籍承受了极大的社会压力。而他“超世绝群”“遗世独往”的人生追求，与所达到的超凡脱俗的人生境界，正是对巨大生存压力、生存困境的超越。也正是因为这样，他才能获得心灵的超越与自由。

魏晋时期，受玄学影响，以嵇康和阮籍为代表的文人所倡导的美学思想内核是一种独立傲世、我行我素、恬淡自然、任心随意的自然审美意识。越名任心、顺其自然的突出表征是“洒脱”、任性。这是阮籍所崇尚的“清雅”说思想中审美诉求的主要内涵，即不被欲望所牵绊，不以尘世是非为念，摆脱世俗的束缚，超凡脱俗，澄明去蔽，回复自我原初的本心本性。在阮籍所崇尚的“清雅”说看来，理想的、高洁的生存域就是自由的、本真的、洒脱的人生。在阮籍所崇尚的“清雅”说思想的诸多审美诉求中，洒脱、本真、任性已然成为一种标志性特征。而随意任心、顺其自然之域的达成也自然成为嵇阮派审美诉求的最终旨趣。

基于对任心随意审美生存方式的推重，阮籍愤世嫉俗，不攀附权贵，不甘曲意逢迎，并且处处表现出对专权者的极端蔑视，推崇自然审美意识，主张不矫情伪饰，不浮华轻薄，要求高雅脱俗。据《世说新语》记载：“籍放诞有傲世情，不了仕宦。晋文帝亲爱籍，恒与戏谈，其所欲，不追以职事。”[①]所谓“放诞有傲世情”，也就是傲世独立，任性随意，顺其本然。又据《晋书·阮籍传》记载，在日常生活中，阮籍行为怪诞，“邻家少妇有美色，当垆沽酒。籍尝诣饮，醉便卧其侧。籍既不自嫌，其夫察之，亦不疑也”；“母终，正与人围棋，对者求止，籍留与决赌。既而饮酒二斗，举声一号，吐血数升。及将葬，食一蒸肫，饮二斗酒，然后临诀，直言穷矣，举声一号，因又吐血数升，毁瘠骨立，殆致灭性。裴楷往吊之，籍散发箕踞，醉而直视，楷吊唁毕便去”；同时，他“又能为青白眼，见礼俗之士，以白眼对之。及嵇喜来吊，籍作白眼，喜不怿而退。喜弟康闻之，乃赍酒挟琴造焉，籍大悦，乃见青眼。由是礼法之士疾之若仇”；“兵家女有才色，未嫁而死。籍不识其父兄，径往哭之，尽哀而还”；“时率意独驾，不由径路，车迹所穷，辄恸哭而反”[②]等。嵇康曾说：“阮嗣宗口不论人过，吾每师之而未能及；至性过人，与物无

① 刘义庆：《世说新语》，徐振校笺，中华书局1984年版，第392页。
② 房玄龄：《晋书·阮籍传》，中华书局1974年版，第1361页。

伤，唯饮酒过差耳。”[①]所谓“至性”，应该就是一种本真心性。别人视为怪诞，而嵇康则认为是本真自然的一种呈现。保持本真自然的生存方式，社会生活方面如此，审美创作更应该这样，出于真心自然，任性纵情，无为自在，始能感人。由此，阮籍推崇“与造物同体，天地并生，逍遥浮世，与道俱成，变化散聚，不常其形”[②]的审美态度，主张“超世而绝群，遗俗而独往”[③]，所谓“超世”“遗俗”“绝群”“独往”，其审美呈现就是逍遥越世，与造化为友，自然悠然，心灵与自然本体相冥合，“人”心合于“道”心，与“道”同体，“与道俱成”，“与造物同体”，“与道周始”，“返乎大道之所存”，“直驰骛乎太初之中，而休息乎无为之宫”[④]，返璞归真，达成无为而无不为之域，真力弥满、万象在旁、掉臂游行、“超脱自在”、顿悟人生真谛的审美境域，从而从中体验生命，感悟生命的真谛，以获得最大限度的自由。坚守自身内在生命本质的纯粹，保持对无限心灵自由的内在诉求，体现出嵇阮派对个体生命自由审美域的向往。对此，阮籍指出：“是以微妙无形，寂寞无听，然后乃可以睹窈窕而淑清。”[⑤]宇宙天地间的“大美”蕴藉于宇宙万有之中，无形无声，正所谓“大方无隅”“大音希声”“大象无形”“大道至简”。宇宙天地间的“大美”已然与自然万物交相融汇、一体相依的境域，呈现出一种无形、无象的现象，“微妙无形，寂寞无听”，也就是“大方”“大音”“大象”“大道”，也就是“道”。“道”性自然、清静无为，通过阴阳、上下、清浊，化生化合，激荡氤氲，从而生成万事万物，并进而化其所化、生其所生、化化不息、生生不已，以体现出宇宙万相生命周流的节奏与自然生命的运转流程。审美活动中，审美者只有回复原初心性，复归清幽宁静的本真存在态，适意恬淡，高洁和谐，保持精神的纯洁淡泊，才能于生命的去蔽与敞亮流中达成与“道”合一之域。在《清思赋》中，阮籍又指出：“夫清虚寥廓，则神物来集；飘遥恍惚，则洞幽贯冥；冰心玉质，则激洁思存；恬淡无欲，则泰志适情。”[⑥]这里所提到的“清虚寥廓”“飘遥恍惚”“冰心玉质”“恬淡无欲”，既是阮籍所追求的审美境

① 夏明钊：《嵇康集译注》，黑龙江人民出版社1987年版，第272页。
② 陈伯君：《阮籍集校注》，中华书局1987年版，第165页。
③ 陈伯君：《阮籍集校注》，中华书局1987年版，第185页。
④ 陈伯君：《阮籍集校注》，中华书局1987年版，第171页。
⑤ 陈伯君：《阮籍集校注》，中华书局1987年版，第29页。
⑥ 陈伯君：《阮籍集校注》，中华书局1987年版，第31页。

域，又是他所推举的一种审美心态。的确，就阮籍所崇尚的“清雅”说而言，审美活动中只有通过去蔽以敞亮原初心性，回归本真生存态势，以超旷空灵的心境与“物”周游，是其所是，然其所然，才能体悟到生命本身的清洁适意、怡然深沉的美。这种“美”，有如阮籍“赋”中所描绘的静夜之景：“轻帷连飏，华茵肃清。彭蚌微吟，蝼蛄徐鸣。”[①]这里就呈现出一种无比纯洁、宁静的美，给人以纯洁自由，纯洁宁静，万物和谐，质朴平静，安静庄重，淡泊无欲，心平气和之美。所谓“精神平天地交泰，远物来集，恬淡无欲，则泰志适情”，“道真信可娱，清洁存精神”，“冰心玉质，则激洁思存”。昆虫在细语吟鸣，草茵清风吹帷，静夜如思，在这样的一个夜晚，诗人“望南山”，一片“崔巍”，“顾北林”，郁郁葱葱，看到“大阴潜乎后房兮，明月耀于前庭”[②]，山林默伫于远方的夜色中，眼前是月影泻清辉，静默得一如人原初的本性，人的心也由此而变得静谧、宽广而清明，以生命的本然面目去观照，从容自若，不保留任何事物的观念，物我两忘，回归到虚静的生命原初之域，归复人的真实本性，由“清真”而“通神”，与原初清净本性同妙，心物一如、情景交融。在此审美境域，任情随心、顺应自然，身心与宇宙自然节律相契，本其所本，道其所道，进而“神物来集”，思绪横溢，时有顿悟，达成阮籍所描述的“乃申展而有缺寐兮，忽一悟而自惊。焉长灵以遂寂兮，将有歙乎所之。意流荡而改虑兮，心震动而有思。若有来而可接兮，若有去而不辞”[③]之生命域。在此境域意象“流荡”，随意驰骋，来无踪去无影，灵感突发，意念丛生。其审美心态静谧、纯洁、恬淡。有如阮籍自己在《东平赋》中所说：“窃悄悄之眷贞兮，泰恬淡而永生。”[④]超越尘世，无视物累，眷贞适情，怡然自得。“且清虚以守神兮，岂慷慨而言之”[⑤]，“恬淡志安贫”，清虚恬淡，超越尘世间的“荣辱事”，而“去来味道真”，“清洁存精神”[⑥]。显然，诗人在这些诗句中所表露的就是自然而然、守道保真、任心随意、摆脱超物质功利、逍遥自在、心灵纯洁、情趣高妙的自然审美意识。

① 陈伯君：《阮籍集校注》，中华书局1987年版，第31页。
② 陈伯君：《阮籍集校注》，中华书局1987年版，第31页。
③ 陈伯君：《阮籍集校注》，中华书局1987年版，第33页。
④ 陈伯君：《阮籍集校注》，中华书局1987年版，第16页。
⑤ 陈伯君：《阮籍集校注》，中华书局1987年版，第27页。
⑥ 陈伯君：《阮籍集校注》，中华书局1987年版，第389页。

阮籍所主张的越名任心、顺其自然，以“逍遥”为最高审美域。应该说，“自然”与“逍遥”就是以道家美学为主的中国美学所主张的随意任心、顺其自然域与审美境域。庄子著作开篇就表明对“逍遥”审美境域的推崇，可以说，“逍遥”就是随意任心、顺其自然的一种诗性生存方式。

就本质意义上看，阮籍所倡导与追求的是“恬淡”域，就是一种“清雅”之境域。阮籍极力推崇逍遥自由、旷达淡泊的审美域。其《大人先生传》云：“天地解兮六合开，星辰霄兮日月隤，我腾而上将何怀？衣弗袭而服美，佩弗饰而自章，上下徘徊兮谁识吾常。遂去而遐浮，肆云轝，兴气盖，徜徉回翔兮漭瀁之外。……弃世务之众为兮，何细事之足赖。虚形体而轻举兮，精微妙而神丰。”[①] 又云：“必超世而绝群，遗俗而独往；登乎太始之前，览乎忽漠之初；虑周流于无外，志浩荡而自舒；飘飖于四运，翻翱翔乎八隅。”[②] 这种自由逍遥之境是超尘绝俗的，是游心于天地之外的、与“道”合一之审美域。“精微妙而神丰”“志浩荡而自舒”，只有在这种“微妙”之中才能“神丰”。所谓“神丰”意味着心灵的自由翱翔，意味着一种自我的解脱和自由。只有“真人”才能达成这样的逍遥自由、自然而然之境域。“真人游，驾八龙，曜日月，载云旗，徘徊逌，乐所之。真人游，太阶夷，天门开。雨蒙蒙，风浑浑。登黄山，出栖迟，江河清，洛无埃。云气消，真人来。真人来，惟乐哉！”[③] 真人之“乐”是遨游于自由逍遥之境所获得的旷达适性之乐。这种美学思想与阮籍的“气”与“神”之说分不开。继承传统“气”为宇宙万物生命基元的观点，阮籍认为，“自然一体，则万物经其常，入谓之幽，出谓之章，一气盛衰，变化而不伤”[④]。“气”的阴阳清浊、上下氤氲决定着万物自然的“幽”与“章”，决定着其盛衰变化，化生化合。同时，在阮籍看来，作为生命活力之“气”与“神”密切相联。在《达庄论》中，他指出：“人生天地之中，体自然之形。身者，阴阳之积气也；性者，五行之正性也；情者，游魂之变欲也；神者，天地之所以驭者也。”[⑤] 这里就表明，所谓“阴阳”“五行”“游魂”都与“气”密切联系，受“气”的作用，包括“神”，“气并代动变如神，寒倡热随

① 陈伯君：《阮籍集校注》，中华书局1987年版，第177–181页。
② 陈伯君：《阮籍集校注》，中华书局1987年版，第185–186页。
③ 陈伯君：《阮籍集校注》，中华书局1987年版，第191页。
④ 陈伯君：《阮籍集校注》，中华书局1987年版，第139页。
⑤ 陈伯君：《阮籍集校注》，中华书局1987年版，第140页。

害伤人，熙与真人游太清”[①]。应该说，在阮籍美学，“神”应该是“气”的呈现，生动地表述着“气”氤氲激荡、神秘莫测的的特性。《大人先生传》云：“时不若岁，岁不若天，天不若道，道不若神。神者，自然之根也。”[②]“神”就是生成自然万物的“道”。作为万物生成的原初域，“道”的本质就是自由、自在的，无为而无不为，生养万物而不私有，成就万事而不恃功，自然化生而已，故老子说：“道法自然。”“道”生育万物，是万物的本源，但它是无目的、无意志的，完全是自然而然的，正是因为无为使其无所不为。“人”要在本真生存中达成与“道”合一、天人合一之域，当然应该顺应宇宙万有的化生化合、化化不已、生生不息的生成态势，保持虚静澄明、淡然恬然、清净纯真的心态，自由自然，返璞归真，顺应万物自然，达到无为而无不为，与道合一的境域。恬淡，对物欲、杂念而言是一种忘乎物我的态度，超越俗我，先散怀抱，任情恣性，默坐静思，随意所适，言不出口，气不盈息，沉密神彩，散淡心智，心胸舒展，默坐静思，虚静心境。这种真朴自然之域肇乎原初本性，只有历练心智，浸润太清，涤荡秽浊，存心正灵，神畅气宁，澹泊情志，亭亭心怀，清心寡欲，保持虚静淡泊的生存态势，才能达成。

魏晋南北朝时期社会的混乱与动荡深深地影响了当时文人士子的审美观，使其人生态度也发生了改变，大一统思想的土崩瓦解，一直以来处于统治地位的思想也随之失去了其约束力，文人士子的生活、情趣以及观念都在发生着翻天覆地的变化。在看过了社会的黑暗之后，衍生了一种出世的心态与追求来面对眼前的社会。以道家思想为依托的“淡”范畴逐渐成为当时一种理想观念，并将其在生活中发展到了极致，使其以 种超然的艺术美的形式出现在人们面前，“清雅”也就成为魏晋名士对人生的一种态度。只要顺情适性，则事事称心。阮籍反对礼法之士的虚伪，认为这些人“造音以乱声，作色以诡形；外易其貌，内隐其情；怀欲以求多，诈伪以要名；君立而虐兴，臣设而贼生，坐制礼法，束缚下民；欺愚诳拙，藏智自神。强者睽视而凌暴，弱者憔悴而事人。假廉而成贪，内险而外仁，罪至不悔过，幸遇则自矜”[③]。在阮籍看来，依照“礼”所形成的声、色、貌、言、行等，都是不真实的，都

① 陈伯君：《阮籍集校注》，中华书局1987年版，第190页。
② 陈伯君：《阮籍集校注》，中华书局1987年版，第185页。
③ 陈伯君：《阮籍集校注》，中华书局1987年版，第170页。

是为了满足私欲的诈伪举动。显然，阮籍的主张与嵇康一致，推重本真自然、“虚心无措”的率性生存。

阮籍所崇尚的“清雅”说极力主张人本心本性的敞亮与澄明，怡然自足、少私寡欲，反对对人本心本性的压抑。人的原初心性是本真自然的，“不虑而欲”。而“性动”，即本心本性的呈现也是自然而然、顺乎天然的。也可以说，所谓“性动”，是一种去蔽、一种澄明。这种去蔽与澄明是“遇物而当，足则无余”，是无知无虑地“从感而求，勌而不已”，任运性之自然。因此，从性而动，也就是“任自然”，就是“越名任性”“越名任心”。

二、嵇康对“淡雅”生存态度的推崇

同样是尚雅贬俗，嵇康对名教礼法的抨击更为激烈，他说：“及至人不存，大道陵迟，乃始作文墨，以传其意；区别群物，使有类族；造立仁义，以婴其心；制其名分，以检其外；劝学讲文，以神其教；故六经纷错，百家繁炽，开荣利之涂，故奔骛而不觉。是以贪生之禽，食园池之梁菽；求安之士，乃诡志以从俗。……六经以抑引为主，人性以从欲为欢。抑引则违其愿，从欲则得自然。然则自然之得，不由抑引之六经；全性之本，不须犯情之礼律。故仁义务于理伪，非养真之要术；廉让生于争夺，非自然之所出也。”（《难自然好学论》）在嵇康看来，仁义是由于“大道陵迟”所带来的后果，所以他主张应该“以六经为芜秽，以仁义为臭腐”（《难自然好学论》）。他甚至指责孔子，认为其“口倦谈议，身疲罄折；形若救孺子，视若营四海；神驰于利害之端，心骛于荣辱之涂”（《答难养生论》），一生追名逐利，苟苟营营，其行为举止、品德操行都显得鄙陋、卑劣。

嵇康尚雅鄙俗。他在诗中赞美“雅乐”，说：“临觞奏九韶，雅歌何邕邕。长与俗人别，谁能睹其踪。”（《游仙》）又说：“流俗难悟，逐物不还。至人远鉴，归之自然。万物为一，四海同宅。与彼共之，予何所惜？生若浮寄，暂见忽终。世故纷纭，弃之八戎。”（《兄秀才公穆入军赠诗十九首》其十九）演奏“韶乐”，接受“雅歌”的陶冶，使人的心灵获得净化，从而超越世俗的羁绊，摆脱物欲的困扰，回归自然，与“万物为一”，以进入无形无迹、无穷无尽、无失无得、无喜无忧的生命极境，使心灵获得自由与高蹈。嵇康对“俗”深恶痛绝，指责虚伪的名教礼法。嵇康既然主张“越名教而任自然”，追求超凡脱俗，那么，他所要超越的名教，亦即卑下、鄙陋之“俗”，所崇尚的“自然”也就是超越儒家名教礼法之鄙俗而达到的任情率性、超旷高迈的心灵自由之境。

嵇康尚雅卑俗态度不仅表现为对世俗名教的抨击，也表现在拒绝与礼法之士的交往上。在《与山巨源绝交书》中，嵇康历举自己对官场“七必不堪”“二甚不可”之由，其中的“二甚不可”者，“每非汤武而薄周孔，在人间不止，此事会显，世教所不容，此甚不可一也。刚肠疾恶，轻肆直言，遇事便发，此甚不可二也”。最后，他终因厌恶世俗名教，崇尚“自然”，而毅然决然地与友人绝交。又据《世说新语·文学》载，钟会写好《才性四本论》，欲就教于嵇康，置怀中，既诣宅，“畏其难，怀不敢出，于户外遥掷，便回急走”。《晋书·嵇康传》亦载，钟会曾经去拜访嵇康，“康不为之礼，而锻不辍。良久会去。康谓曰：‘何所闻而来？何所见而去？’会曰：‘闻所闻而来，见所见而去。’会以此憾之”。

嵇康曾在自己的诗作中表达对这种超凡脱俗的诗意境界的向往，说：“俗人不可亲，松乔是可邻。何为秽浊间，动摇增垢尘。慷慨之远游，整驾俟良辰。轻举翔区外，濯濯扶桑津。徘徊戏灵岳，弹琴咏太真。沧水澡五藏，变化忽若神。恒娥进妙药，毛羽翕光新。一纵发开阳，俯视当路人。哀哉世间人，何足久托身。”（《杂诗》）又说：“羽化华岳，超游清霄；云盖习习，六龙飘飘；左佩椒桂，右缀兰苕；凌阳赞路，王子奉韶；婉娈名山，真人是要；齐物养生，与道逍遥。”（《杂诗》）真正的雅人高士总是将“道”的诗性境界转化为日常生活的诗性，让原本琐碎、凡庸，被称为俗累、尘累的世俗人生态度提升为充满诗情画意的超凡脱俗的人生态度，出世又入世，既是理想又是现实，生活在这样一个实实在在的境界中，保持生活的诗性和心灵的高洁，使其不再幻化，不再虚化缥缈，而是充满诗性内涵，与“道”的诗性境界息息相通，任情适意，怡然自得，以真正实现心灵的自由与超越。

嵇康之“尚雅”审美趣向是保持“淡雅”的生活与“清雅”别致的人格操守。“淡雅”的生活来自自由洒脱、自然任心，所谓自然任心，即自然而然、任其自然的生活态度，其美学意义表征着对现实世界与“名教”的超越，对自我种种欲望的超越，实质上则意味着一种超尘绝俗、一往不复的自由精神。在此意义上，淡泊、恬淡、自然、“淡雅”的生活则成为嵇康美学审美诉求的内在逻辑，但这种“淡雅”的生活并非认识论意义上的“淡雅”的生活，即不是通过认识必然和改造客观世界而有的“淡雅”的生活，而是一种诉诸于一己心灵体验的“淡雅”的生活，可以称之为存在论的“淡雅”的生活，这种“淡雅”的生活之境是嵇康审美诉求的最终归宿。

嵇康“尚雅”审美趣向指向的是一种独立傲世、我行我素、恬淡自然、任心随意的“淡雅”的生活。这和他不畏权势、娴雅疏狂的性格有关。不同于阮籍的佯狂求生，区别于陶渊明的寄情山水，嵇康的反抗性格以及悲剧性的美在中国美学史上挥洒了靓丽的一笔。“淡雅”的生活的突出表征是“洒脱”、任性，这是嵇康“尚雅”审美趣向中理想人格的主要内涵，即不被欲望所牵绊，不以尘世是非为念，摆脱世俗的束缚，超凡脱俗，澄明去蔽，回复自我原初的本心本性。在嵇康看来，理想的、高洁的人格就是自由的、本真的、洒脱的人格。在嵇康的诸多性格中，洒脱、本真、任性已然成为其标志性特征。嵇康所生活的时代是中国“政治上最混乱”“社会上最苦痛”的一段时期，不过，这一时期却是思想史上“极自由、极解放，最富于智慧、最浓于热情的一个时代，因此也就是最富有艺术精神的一个时代”[①]。这里所谓的“艺术精神”，应该是当时即六朝时期的艺术，包括诗歌、散文、音乐、绘画、书法、雕刻、园林艺术在内所呈现出来的独特的民族风格、传统和精神，包括意境、气韵、神似等。这种传统和精神具有无限的生命力和创造力，是其时的艺术得以经久不衰、永放异彩的魅力所在。而之所以具有这种“艺术精神”，是因为这一时期出现了中国历史上精神上的大解放与人格上思想上的大自由，因此以嵇康为首的艺术家们才能把自己的“胸襟像一朵花似的展开，接受宇宙和人生的全景，了解它的意义，体会它的深沉的境地”[②]，以追求心灵的自由与精神的高蹈，并通过此以获得审美超越。

嵇康出身贫寒，与魏宗室有姻戚关系，且博学多才，故拜中散大夫。他为人放荡孤傲，与阮籍等六人一起饮酒赋诗，发泄对政治的不满，史称“竹林七贤”。他反对虚伪的礼法，蔑视权贵，不满当时掌握政权的司马氏集团，在司马氏严酷血腥的政治镇压面前，他没有丝毫妥协，保持着自己的本心本性，反而勇敢地以一往无前的精神状态，用自己的方式进行着反抗。这种傲视而独立的“淡雅”的生活人格是嵇康在人生旅途中形成的，更与其与生俱

① 宗白华:《美学散步》，上海人民出版社1981年版，第6页。
② 宗白华:《美学散步》，上海人民出版社1981年版，第6页。

来的性格是分不开的，他“刚肠嫉恶，轻肆直言，遇事便发”[①]。这是在《与山巨源绝交书》中嵇康对自己的描述，并没有过分地夸大。现实中的嵇康确实性格刚烈，同时具有隽永才情，面对黑暗势力有着坚毅与果敢，在有关自己审美诉求与人生追求面前决不妥协让步，负隅顽抗至死方休，从这一点来讲嵇康确实是一个非常“任性”的人。在司马氏与曹氏的政治斗争白热化阶段，他毅然决然地站在曹氏一边，对司马氏进行搏击，不惜以死捍卫自己的审美诉求与信念。这种任性既不像刘玲任情放纵，更不似阮籍委曲求全，又与陶渊明的寄情山水逃避现世相异，倒是与具有忠贞清洁特质的屈原相近，体现出一种中国美学史上不多见的、壮怀激烈的“淡雅”的生活人格。司马氏权倾朝野，试图以暴力夺取政权，并以名教标榜而欲借禅让加以文饰篡权。嵇康尚自然而为，不愿去做自己不想去做的事情，可是当时的境况总是让他陷于矛盾之中，他每次都果断地回绝司马昭的启用，不慕权贵，更不惧权贵，哪怕和当时的当政者叫板。面对司马氏无耻的行径，已决定避世山野的嵇康毅然走出竹林，投身于曹髦兴起的批评政权核心人物——司马昭岳父王肃的太学辩难活动之中，不妥协、不盲从。这是一场政治敏锐性极强、触及司马氏集团、学术性深广并且学派对抗性尖锐的大辩论，以皇帝曹髦为主斥责王肃，影响之大可以想见。嵇康名士风度，卓绝的才学，练就的辩论口才非平日循规蹈矩的博士诸儒可比。不仅如此，嵇康在太学生中也有着极大影响力，这更是让司马氏集团忌惮他的存在。

嵇康怒而申辩也可以说是一种“任性”、本真、自然。凭借这份“任性”本真、自然，他“非汤、武而薄周、孔”[②]、“轻贱唐、虞，而笑大禹”[③]。在《管蔡论》中他强调指出，“管蔡皆服教殉义，忠诚自然”。这里，他试图用周公诛杀管蔡的事为王凌、毋丘俭等人申辩，并以之表明心迹。这实在是以一种不顾生死的纵情任性，也是挥洒正义的本真与“任性”。据记载，司马昭的心腹钟会前来拜访嵇康，为的是将嵇康招致麾下。嵇康与向秀正在锻铁，“扬槌不辍，旁若无人，移时不交一言”[④]。他以沉默表现了对专权者的蔑视与嘲弄，

① 夏明钊：《嵇康集译注》，黑龙江人民出版社1987年版，第274页。
② 夏明钊：《嵇康集译注》，黑龙江人民出版社1987年版，第274页。
③ 夏明钊：《嵇康集译注》，黑龙江人民出版社1987年版，第27页。
④ （南朝·宋）刘义庆：《世说新语》，上海古籍出版社1982年版，第400页。

于不语之中蕴藏了自己傲然自得的不畏权势的本真与任性。由此可见，“任性”、洒脱、本真，的确是嵇康突出的性格特征，然而嵇康的这种任性不是一般人能够做到的，不仅需要过人的胆识，更需要果敢和本真精神，甚至需要以生命为代价。

嵇康是愤世嫉俗的，不攀附权贵，不甘曲意逢迎，并且处处表现出对专权者的极端蔑视。据《三国志·魏书·王卫二刘傅传》记载：“谯郡嵇康，文辞壮丽，好言老庄，而尚气任侠。”[①]由此可见，嵇康洒脱、本真、任性的另一面是崇尚正义，具有侠义之气。他并非只是一个喜好老庄，单纯追求玄虚的人，更不是只注重才华，品行高尚的人，他具备“尚气任侠”，伸张正义，憎恶小人，对朋友赤胆忠心，即使处于一个黑暗残暴的权势时代，依然呈现出狂放不羁的性格。嵇康后来之所以身陷囹圄，就是为了替好友仗义执言，而蒙受不白之冤。东平吕巽与吕安兄弟，均为嵇康好友，长兄吕巽奸淫其弟之妻遭告发，嵇康出面调解，不料吕巽以吕安“不孝”之罪将其发配，嵇康作《与吕长悌绝交书》怒斥其“包藏祸心”，以此被害，囚禁于牢狱之中，钟会落井下石屡进谗言：“嵇康，卧龙也，不可起；公无忧天下，顾以康为虑耳。”[②]司马昭曾屡次欲征召嵇康入朝为官，嵇康痛恨官场，抵死不从，与其划清界限。为躲避朝廷的征召，他不惜逃至河东，好友山涛又举荐其做吏部郎，他拒不合作，并作《与山巨源绝交书》列举为官“九患”，与山涛绝交。这些都彰显了嵇康对自己人生信念及理想的坚韧，并将其积极付诸实施的勇气和决心。为了坚持傲视世俗、独立高洁的“淡雅”的生活人格魅力，即使身陷囹圄，即使生命受威胁也在所不惜。通过这几件事也能够看出嵇康不仅是反名教的斗士，更是一直恪守着“自然”“逍遥”的审美诉求。

应该说，“自然”与“逍遥”就是以道家美学为主的中国美学所主张的“淡雅”的生活域与审美境域。庄子著作开篇就表明了对“逍遥”审美境域的推崇，可见“逍遥”是其“淡雅”的生活的一种方式。在《幽愤诗》中嵇康提到自己“托好老庄，贱物贵身”[③]，其实从嵇康的作品中我们不难发现，在嵇康的美学中很大一部分是受到道家及玄学的影响。嵇康“尚雅”审美趣向所主张的

① （晋）陈寿：《三国志》，中华书局1982年版，第605页。
② （唐）房玄龄：《晋书（五）》，中华书局1974年版，第1373页。
③ 夏明钊：《嵇康集译注》，黑龙江人民出版社1987年版，第295页。

“淡雅”的生活就是以“逍遥”为最高审美域，在庄子“逍遥”观的影响下加以发挥，形成了别具一格的“淡雅”的生活审美意识。他将庄子“以洁吾行”[①]的“淡雅”的生活人格提升了一个新的等级。在对自然复归的基础之上，以一个哲学家的视野看待世界，并以士人的情感去感悟人生，超越自我。同时，与庄子一样，他对旧传统、旧道德、旧审美价值观的否定和批判，在当时的社会来说是更是难能可贵的。

可以说，嵇康“尚雅”审美趣向独特而完美的“淡雅”的生活态度，是将道家美学中的自由与儒家美学中主动、积极的进取精神相融合以形成的。除此之外，嵇康“尚雅”审美趣向还秉承了玄学的“放达”精神，指向越名任心，彻底否定虚伪的名教。就像上面提到的，嵇康“尚雅”审美趣向只是对打着名教旗帜的司马氏政权予以否定，或者说对于陈腐的名教的外在形式予以否定，因为名教已经沦为统治者排除异己的工具，而不是要否定道德、放纵自身。嵇康“尚雅”审美趣向以“淡雅”的生活作为一种审美诉求，强调高尚情操的拥有，追求超然脱俗，实现人与社会的高度和谐与统一，是用生命浇灌的真道德、真性情，并将这种“本真”建立在热情和真诚之上。在嵇康“尚雅”审美趣向看来，世间最可贵、最真实的就是自然的本心，而自己坚持的这种“任性”更是建立在具有高尚情操并非完全地放纵自我上。同时，也正是从嵇康“尚雅”审美趣向所推崇的这种任性中看到其对自由的需求，对自由生活的向往，对真性情、真道德的渴求。嵇康怀有最为“本真”的自然心性，并固守着这种至真、至善、至美，以之作为行为准则，于乱世之中，洁身自好，但并没有“独善其身”，对于天下事、天下人、天下都有着深深的关切。

嵇康“尚雅”，追求“恬淡”的人生境域。据《晋书》记载，嵇康“恬静寡欲”，“长好老庄”。他性格恬静淡泊，安静闲适，不求名利，质朴寡欲，心境清静，心境平和，宁静恬淡，淡泊人生，始终用一颗平常心来面对生活，面对人生，面对挫折，面对灾难，让自己活得淡然超然，悠然自在，运转游心，自由自在。他风姿天成、狂放不羁、蔑视权贵、刚直不阿、超然物外。他“才高而有奇气”，“土木形骸，不自藻饰，人以为龙章凤姿，天然自成”[②]。

---

① （清）郭庆藩撰，王孝鱼点校:《庄子集释下》，中华书局1961年版，第988页。
② （唐）房玄龄:《晋书（五）》，中华书局1974年版，第1373页。

他长于文学、雅好玄学、精通音律，还擅长书法。他轻蔑礼法、纵酒玩乐、放浪形骸。他精神超脱，追求与道为一，任乎自然，返璞归真。他超越尘世，抛却杂念，摆脱物欲的困扰，解脱内心的世俗欲望的羁绊，挣脱名利物欲的束缚。他采取一种旷达的审美态度，寂然悄然，保持精神自由、人格操守的独立，以努力达成回复心性本真自然的审美域。在《释私论》中，他强调指出："夫气静神虚者，心不存于矜尚；体亮心达者，情不系于所欲。矜尚不存于心，故能越名教而任自然；情不系于所欲，故能审贵贱而通物情。物情顺通，故大道无违；越名任心，故是非无措。"[①] 这里，所谓"气静神虚""心不存于矜尚""情不系于所欲"，淡泊惬意，审贵贱，通物情，恬静寡淡，通天地，化物我的与道合一审美域，也是"任自然""越名教"的审美域。所谓"任自然"，就是保持心灵的高洁，回归人之自然本真的心性，然其所然，任心而为，自其所自，是非无措。嵇康认为，"名教"压抑人性，遮蔽人的本真，因此，他向往的"任自然"实际就是一种清心寡欲、任性随意，如其所如，是其所是，不逐世俗的诗意的生存状态。从这里也可以看出，嵇康"尚雅"审美趣向所主张的就是要人们超越尘世，排除杂念，在达成"是非无措""物情顺通""值心而言""触情而行"的审美过程中，进入"与道合一"的审美域。在这种审美域中遨游畅游，淡泊超然，不局限于一地，开阔远放，自由畅达，自在逍遥；不执着于某事，轻松自得，爽然畅然，以突破定限，自由超越，心灵解脱。显然，他的这种任心随意的审美诉求是对庄子美学所主张的"游心""游无穷""游乎四海之外""游乎尘垢之外""游乎天地之一气"等美学的继承。正由于此，他也极力推举"游"的审美意识，崇尚心灵上的自由，主张通过"游"以清除闭塞的成见，去除遮蔽，澄明本心，让精神渺远旷达，本真自然，与造物者同游。去蔽敞亮本心本性，心凝形释，而与万化冥合，"然后知吾向之未始游，游于是乎始"[②]，"游"是人生的自由和淡泊，表征着人生的本真与自在。在嵇康美学看来，"游"与"淡泊"则是一种观"道"方式，主要有"游目"与"游心"两个层次，是"悦耳悦目""悦心悦意""悦志悦神"，超然淡然，既有生理层面的快适感，更有心理和精神层面的愉悦，是以一己之身，任心随意，"振衣千仞岗，濯足万里流"，悠然超然，

---

① 夏明钊:《嵇康集译注》，黑龙江人民出版社1987年版，第70页。

② （清）郭庆藩撰:《王孝鱼点校:《庄子集释下》，中华书局1961年版，第988页。

游乎山水之间，纯然畅然，澡身于沧浪之中。即如嵇康在其诗中所说，“朝游高原，夕宿兰渚”，“俯仰慷慨，优游容与”，“驾言出游，日夕忘归。”于自然山水间饱览沃看，以陶具性灵，提升神气，荡涤胸襟，开拓视野，所以说“远游可珍”。无论是“优游”还是“朝游”“出游”“近游”“远游”，都不是一般的游山玩水，而是俯观仰察，寄情山水，将身心投放并安顿于山水自然，宁静淡泊，超然物外，借以寄兴遣怀。远近取与，与山水自然谐和、相亲，所谓“俯仰优游”，“俯仰咨嗟”，“仰落惊鸿，俯引渊鱼”，“仰讯高云，俯托清波”①，淡然悠然，于一俯一仰之际，徘徊移动，游目周览，网罗天地，吸纳万物。仰观俯察，流动自如。仰观俯察，远近取与，仰观俯察之际往复流动，满目生机。是“目送归鸿，手挥五弦。俯仰自得，游心太玄”②，是王羲之《兰亭集序》所云：“仰观宇宙之大，俯察品类之盛，所以游目骋怀，足以极视听之娱。”即审美者以“俯仰自得”的精神跃入大自然的生生节奏里去“游心太玄”，纵浪大化，与物推移。又如陶渊明《读〈山海经〉十三首》诗所云：“俯仰终宇宙，不乐复何如！”流观动察，追求的是静中之动，飞中之趣，人生在宇宙中的徜徉和愉悦。于天地自然绝对的自律性的存在中，感受心灵和天地的合一，体验契合于宇宙的精神，是摆脱外在限制的心灵的自由，是无目的合目的性，正如嵇康所说的“心不措乎是非，而行不违乎道者也”。无欲无动、淡泊无为，以获得身心的放旷和精神的自由，表里澄澈，一片空明。“游”的本身就包含有“逍遥”“淡泊”“恬淡”的意味。

就“淡泊”之“淡”而言，作为美学范畴最早应该是老子提出来的。“恬淡为上，故不美，若美之，是乐煞人”（《老子》三十一章）。老子之所以提出“淡”这个范畴其实是为了进一步地阐释“道”。“道”乃自然万物与一切生命体之间的一种先天元气，是万物之母。“天下万物生于有，有生于无。”③（《老子》四十章）世间万物也都是相对立而存在的，是属于有无相生的，此处的“淡”已经不是单纯指味道，而是一个美学范畴、一种审美的心态。老子指出：“五色令人目盲；五音令人耳聋；五味令人口爽；驰骋畋猎，令人心发狂。”④

① 夏明钊：《嵇康集译注》，黑龙江人民出版社1987年版，第12页。
② 夏明钊：《嵇康集译注》，黑龙江人民出版社1987年版，第22页。
③ 朱谦之撰：《老子校释》，中华书局1984年版。
④ 朱谦之撰：《老子校释》，中华书局1984年版。

(《老子》十二章）在老子看来纷繁的色彩会让人产生昏眩，狂乱的音乐会让人失聪，美味的佳肴会让人失去味觉，驰骋猎场会让人狂躁。所以在老子看来“五味”是人一种欲望的无节制状态，并不是美的，真正的美应该是一种“淡”。此处的“淡”并非无味，恰恰是融“五味”的“至味”，正如老子的“无为”并非真正的无所作为，而是“无所不为”，此处的“淡”与“无为”相一致。人应该保持一种”淡泊“的心态，来摆脱对物质上的无止境追求，进而获得精神层面的满足，这与老子所推崇的审美诉求审美域一样，是一种最自然的“无为”状态。庄子将老子的“淡”与“无为”相联系，并加以发挥，继而将“恬淡”摆在了在道家美学中的重要位置。“夫虚静恬淡寂寞无为者，天地之平，而道德之至，古帝王圣人休焉，休则虚，虚则实，实则备矣。”[①]在庄子看来，“恬淡”是万物美的来源，是一种美的表现形式，更是一种与审美诉求紧密相连的生存方式。

嵇康在《答向子期难养生论》中明确了自己对“恬淡”的追求，“若以大和为至乐，则荣华不足故也；以恬淡为至味，则酒色不足钦也”。在对待“淡”这一审美范畴的问题上，显然嵇康与老子是一致的，以“和”作为人生的最高审美域，富贵荣华就不值得一提了，以恬淡冲远作为最美的味道，那么美女与美酒也就显得微不足道，不足以动心。由此可见，在嵇康“尚雅”审美趣向中，“淡泊”“恬淡”已然成为一个审美境域。

首先，“淡泊”“恬淡”是一种对人格自由的追求。魏晋时期人们以各种各样的方式来抒发自己的情绪，思考人生的价值，品味时代的伤感与无奈。在道德伦常与千百年来奉为经典的儒家信条面前，嵇康选择面对现实，调整自己人生的目标，开始对人的生存价值做思考，踏上了“闲夜肃清，朗月照轩，微风动袿，组帐高褰”[②]的追求自由之路，将主体地位放在最高的位置上。“黄老路相逢，授我自然道”[③]“冲静得自然，荣华安足为”[④]执着于清虚式的平淡、“恬淡”，以心灵拥抱自然。从诗词中都能够感受到嵇康对自然崇尚的真实情感，以及一种以“淡泊”“恬淡”为趣的审美观。嵇康无意仕途，更不热

---

① （清）郭庆藩撰，王孝鱼点校:《庄子集释下》，中华书局1961年版。
② 夏明钊:《嵇康集译注》，黑龙江人民出版社1987年版，第12页。
③ 夏明钊:《嵇康集译注》，黑龙江人民出版社1987年版，第59页。
④ 夏明钊:《嵇康集译注》，黑龙江人民出版社1987年版，第59页。

衷世间名利得失，一心向往山川乡野，对自然中的泉林景致情有独钟。其诗文往往将这种超然的心境与自然之中的山水美景相联系、融合，不仅体现了他对自然本真的爱慕，同时也使诗文洋溢着淳朴、"淡泊""恬淡"的审美情趣。在美学领域中，嵇康则十分重视个体生命价值和自然本性，并主张个体应该从"从欲"和"达性"中获得精神的解放。"奉法循理，不挂世网，以无罪自尊，以不仕为逸，游心乎道义，偃息乎卑室，恬愉无遌，而神气条达。"[①]淡然处世，追求自然之理，这是一种心态上无拘的自由；在充满道义的广阔天地中畅游，这是一种神气自若的形态；"淡泊""恬淡"、恬静、愉悦、无欲无求，这是不被世间一切繁杂所束缚的放达。正是在现实中无法解脱的苦闷，使嵇康更迫切地想在精神上获得自由，为达到"淡泊""恬淡"审美域做铺垫。而淡然处世之趣则是一种审美的情趣，也是一种对审美自由的追求，以自己特有的方式对庸俗的现实做着反抗，试图放弃尘世间的一切以换取无拘无束的自由空间。

其次，"淡泊""恬淡"是对功名利禄的审美超越。嵇康在《与山巨源绝交书》中提到："老庄、庄周，吾之师也。"早年的嵇康不仅博览群书，而且对老、庄极为热衷，从思想倾向与生活态度来讲，受老庄思想的影响极大。"道"作为老庄思想本体，更是作为自然的法则，嵇康对此尤为重视。在老子看来，人生最宝贵的是真，是心灵的自由，是灵魂的高洁，所以老子追求的是一种"赤子之心"，所谓的功名利禄、荣辱得失不过是如云烟过眼。"含德之后，比于赤子。毒虫不螫，猛兽不据，攫鸟不缚，骨弱筋柔而握固。未知牝牡之合而朘作，精之至也。终日号而不嗄，和之至也。"[②]（《老子》五十五章）作为婴儿，心智未觉、明智未开，内心世界宁静而淡薄，没有受到世俗的污染，所以依旧持有自然的天性，随着自然的变化而变化。所以人应保有婴儿般的纯真，无忧无虑、自由无碍，不娇柔做作，保持一种天真烂漫的"心"，从宁静、祥和的生活中，获得清净洞彻的心境，让心灵获得一种自由与解放。在嵇康那里，世间的一切形象，无论是自然中的还是实体存在的都充满了玄妙和灵逸。山水自然之美远不是名利与仕途所能媲美的，世间没有什么比"自然之心"更真实，也更宝贵的东西存在，这份自然心性是世间万物的最高尺

① 夏明钊：《嵇康集译注》，黑龙江人民出版社1987年版，第59页。
② 朱谦之撰：《老子校释》，中华书局1984年版。

度。《庄子·逍遥游》中“承云气，御飞龙，而游乎四海之外”[①]与嵇康的“居九夷，游八蛮，浮沧海，践河源。甲兵不足忌，猛兽不为患”[②]，两者之间有着异曲同工之妙。虽然在《卜疑》中嵇康并没有重复庄子的观点，但在态度上，相较于老子的虚静淡薄、返璞归真的审美诉求，庄子提出的“游”的审美态度对嵇康影响更深远。在庄子看来，“游”是最能够接近“道”的，其内在含义有着对人生理与心理上自由无拘，以及对人性逍遥的肯定。嵇康以超脱心态看待世间善恶的差别，并试图摆脱传统伦理观念的条框，以此为基石去追求精神的逍遥与自由，从而达到生命与宇宙的根本。

总之，嵇康崇尚自然清新并以“恬淡为至味”。他热爱自然，崇尚天地自然间所呈现出的那种本真和谐。在其《养生论》中，他强调指出：“然后蒸以灵芝，润以醴泉，晞以朝阳，绥以五弦，无以自得，体妙心玄。”将恬淡平和作为养生的要旨，与天地融为一体。他始终以高雅纯洁的“淡雅”的生活人格、独世的志趣以及对于人生的超越态度来塑造诗歌的意象，同时也以此作为自己人格修养的目标，以高尚的自然情感来抨击社会的丑恶，形成了具有独特个性的“恬淡”“淡泊”的“尚雅”审美趣向观。

嵇康的审美诉求是“越名教而任自然”。在《释私论》中，他强调指出：“夫气静神虚者，心不存于矜尚；体亮心达者，情不系于所欲。矜尚不存乎心，故能越名教而任自然；情不系于所欲，故能审贵贱而通物情。物情顺通，故大道无违；越名任心，故是非无措也。是故言君子，则以无措为主，以通物为美。言小人，则以匿情为非，以违道为阙。何者？匿情矜吝，小人之至恶；虚心无措，君子之笃行也。”[③]嵇康在这里所谓的“自然”，应该说就是任心随意，即自其所自，然其所然，与“心”紧密相关，在一定意义上，嵇康的“越名教而任自然”也可以理解为顺其自然、“越名任心”。这应该是嵇康“尚雅”审美趣向的核心所在。嵇康多次强调物性自然、物情自然、人性本真、人心纯然，要进入与达成“气静神虚”的本真之域，则必须“心不存于矜尚”，“情不系于所欲”，返璞归真，无违“大道”，从而使“物情顺通”。只有“任心”而行，“是非无措”，才能“通物”，以达成本真审美域。他说：“君子之行贤

① （清）郭庆藩撰，王孝鱼点校：《庄子集释下》，中华书局1961年版。
② 夏明钊：《嵇康集译注》，黑龙江人民出版社1987年版，第36页。
③ 夏明钊：《嵇康集译注》，黑龙江人民出版社1987年版，第234页。

也，不察于有度而后行也；任心无穷，不识于善而后正也；显情无措，不论于是而后为也。是故傲然忘贤，而贤与度会；忽然任心，而心与善遇；傥然无措，而事与是俱也。”又说：“值心而言，则言无不是；触情而行，则事无不吉。”可以说，这里所谓的“任心无穷”“显情无措”“忽然任心”“傥然无措”“值心而言”“触情而行”，就是然其所然、是其所是、自其所自、心其所心、情其所情、以天合天，也就是顺其自然、“越名任心”。

作为嵇康“尚雅”审美意识中的一个重要观点，“任心”与“无措”都是对“任自然”的一种表述，其核心思想是反对先入为主，主张任心灵自由翱翔，随意自然，推崇无预设、无措施、没有成心、没有成见。就语义上看，所谓“无措”之“措”，是指措意、措施、举措、思虑，也就是“人为”的一种表达。嵇康主张“任自然”，反对“人为”，所以强调“无措”。应该说，“无措”就是“无为”，就是“任心”，就是“任自然”。所谓“忽然任心”“傥然无措”，也就是无为无造，不假思虑，自然而然，任心直行。由此可见，“任自然”即“无为”，即非人为。同时，在嵇康“尚雅”审美趣向，“任心”就是“显情”。“显情”之“情”，包括人之情和物之情。“情不系于所欲”，是自我之情，本真之情；“审贵贱而通物情”，是物之情。无论是人之“情”，还是物之“情”，都是对人或物本然状态的一种表征。任心可使自我之情从“欲”中独立出来，任此自我之情则使事物之情得以显现。因此，“自然”就是“本然”，“任心”必须通过“虚心”。只有清除“矜尚”之心，保持能任“自然”之心，构筑“气静神虚”的审美心态，才能够达成“体亮心达”的审美域。就此意义而言，“自然”就是虚静恬淡之审美态势。

“自然”与名教是相互对立的。嵇康在《难自然好学论》中强调指出：“六经以抑引为主，人性以从欲为欢，抑引则违其愿，从欲则得自然；然则自然之得，不由抑引之六经，全性之本，不须犯情之礼律。故仁义务于理伪，非养真之要术，廉让生于争夺，非自然之所出也。由是言之，……则人之真性，无为正当，自然耽此礼学矣。”① 人之真性，无为正当。“人”的本心本性原本是自然本真的，“以从欲为欢”，“从欲则得自然”，而六经则是对人性的“抑引”，是违背人的自然本性的，要本真生存，自其所自，然其所然，“全性之本”，则必

① 夏明钊：《嵇康集译注》，黑龙江人民出版社1987年版，第261页。

须“不由抑引之六经”，“不须犯情之礼律”，超越“六经”“礼律”，任心随意，任“自然之所出”。只有这样，人“无为正当”之“真性”才能够得以敞亮。

嵇康的“尚雅”审美趣向极力主张人本心本性的敞亮与澄明的，反对对人本心本性的压抑。在《答难养生论》中，他强调指出：“夫不虑而欲，性之动也；识而后感，智之用也。性动者，遇物而当，足则无余。智用者，从感而求，勌而不已。故世之所患，祸之所由，常在于智用，不在于性动。”①这里所谓“性之动”之“性”，即人的原初心性，是本真自然的，“不虑而欲”。而“性动”，即本心本性的呈现也是自然而然、顺乎天然的。也可以说，所谓“性动”，是一种去蔽，一种澄明。这种去蔽与澄明是“遇物而当，足则无余”，是无知无虑地，“从感而求，勌而不已”，任运性之自然。因此，从性而动，也就是“任自然”。

第九节　刘勰的“雅俗”审美意识

雅与俗，应是中国美学史上一对既古老又弥新的范畴。就文艺美学而言，其含义有广义与狭义、褒义与贬义之分。广义上看，雅与俗之间包含着等级的划分，“雅”属于统治者、士大夫精英文化层面，是正统的，雅正的；“俗”则属于被统治者、平民百姓、大众文化层面的，是世俗、俚俗与浅俗、粗朴的。狭义看，雅与俗，意指审美意趣与审美境界上的高雅别致、典雅庄重、超凡脱俗与通俗浅显、质朴粗犷、自然本色等。无论广义还是狭义都为褒义。贬义的“俗”则为下流、低级、庸俗、粗俗。从其美学思想的发展来看，雅与俗之间又存在着相互矛盾、相互转化、相互吻合、相互为用的辩证统一关系。

如前所说，在中国文艺美学发展史上，雅俗之争可以说是由来以久。将雅与俗作为审美范畴，并从理论上进行全面论述的首推刘勰。他在《文心雕龙》中着重推崇尚雅崇雅的审美观念，从雅俗比较和变化中看待文学审美现象，使它们超出同时代的其他论著。《文心雕龙》在这个问题上的论点至少有如下几个方面：

① 夏明钊：《嵇康集译注》，黑龙江人民出版社1987年版，第174页。

1. 标举“圣文之雅丽”，强调文艺创作必须内容与形式完美统一；

2. 指出文艺创作主体应注重品德修养，必须“儒雅”与“文雅”；

3. 提倡“檃括乎雅俗之际”，隆雅轻俗；

4. 具体论述一系列雅俗审美命题，如“典雅”“温雅”“和雅”，常常“振叶以寻根，观澜以索源”，把《诗经》中来自民间、化俗为雅的诗作的审美经验作为论述的基础；

5. 论述“雅俗代变”“知多偏好”等，采用了雅俗比较及雅俗转化的事例，包括宋玉所说“阳春”“白雪”和者甚少的例证；

6. 在雅俗文体辨别中，包括杂文、笑话、谜语之类都被看作“俗”文艺的体制。

众所周知，《文心雕龙》的“理论体系”为郭绍虞、方孝岳、罗根泽、朱东润等特别关注，如郭绍虞在其《中国文学批评史》中强调指出，《文心雕龙》“提出了有关批评的理论”“立一正确的标准”；方孝岳在《中国文学批评史》中称《文心雕龙》是文学批评界“唯一的大法典”，认为《文心雕龙》是“总括全体经史子集的一部通论”。由此，也可以说刘勰的《文心雕龙》是综观雅、俗比较与质、文代变的“通论”。

当然，必须指出，刘勰的雅俗观是在总结前人经验的基础上形成的。现具体考察如下。

首先，刘勰指出“圣文雅丽”。刘勰认为诗文创作必须意蕴纯正，符合“雅”的规范，而词语的表述则应有文采，要语言精炼、辞采华美。他在《征圣》篇中说：“然则圣文之雅丽，固衔华而佩实者也。”[①] 所谓“雅丽”之“雅”，就是“雅正”，是就诗文的内容、意蕴而言，即“实”；“丽”则是华丽，是就诗文的形式、言辞而言，即“华”。

在中国美学看来，“雅”即“正”，所谓“雅者也”，故《白虎通义》卷二《礼乐》说：“乐尚雅。雅者古正也，所以远郑声也。”“雅”既然是“正”，那么达到“雅”的作品当然也就是典范之作，故而具有极高的地位。由此，对“雅”的审美追求也就成了一种主导倾向，体现着以朝廷与士大夫文人审美情趣为正统的，以恪守现实文化秩序和规范为旨归的主流意识形态，和以士人

① 范文澜：《文心雕龙注》，人民文学出版社1958年版。

意识及其独立道德人格完善为基本的美学精神导向，并形成隆雅弃俗的审美取向。这样，在中国美学史上，就有了对“雅正”审美理想的追求。“雅”就是“正”，“雅言”就是“正言”，“雅声”则应该称之为“正声”。提升到美学理论高度，“雅”就意味着正规、正宗、正统、纯真、纯正、精纯、典雅、雅致、雅正、和雅、中正。故而，《周礼·春官》云：“大师教六诗，曰风、曰赋、曰比、曰兴、曰雅、曰颂，以六德为之本，以六律为之音。”郑玄“注”云：“雅，正也，见今正者以为后世法。”[①]“雅”是正统，当然也就是规范、“为后世法”。但是，后世文艺理论家对“雅”即“正”的理解却各有不同。如《毛诗序》就基于“雅”为“正”、为规范的基本意旨，将“雅”解释为一种文体，说：“故诗有六义焉，一曰风，二曰赋，三曰比，四曰兴，五曰雅，六曰颂。……上以风化下，下以风刺上，主文而谲谏，言之者无罪，闻之者是以戒，故曰风。……雅者，正也，言王政之所由废兴也。政有大小，故有小雅焉，有大雅焉。颂者，美盛德之形容，以其成功告于神明者也。是谓四始，诗之至也。”这里承袭了传统“六义”说与诗教精神，同时，又加入了新的解读，将原来的六体六用，解释为风、小雅、大雅、颂四种诗体。之后，唐代的孔颖达在《毛诗正义》中也认为“雅”是一种诗体，说：“风、雅、颂者，《诗》篇之异体，赋、比、兴者,《诗》文之异辞耳。”[②]赋、比、兴是《诗》之所用，风、雅、颂是《诗》之成形。贾公彦《周礼疏》也认为：“风、雅、颂，是诗之名也。”宋代朱熹的看法与他们基本一致，都把风、雅、颂看作《诗经》中的一种诗体。从“风、雅、颂”都为诗体的理论生发开来，到刘勰就认为风、雅相通，都涉及作品的意蕴情性，如所谓“雅与奇反”(《体性》)，“丽词雅义，符采相胜”“孟坚两都，明绚以雅赡”(《诠赋》)，“颂惟典雅，辞必清铄”(《颂赞》)，“雅丽黼黻，淫巧朱紫”(《体性》)，“商周丽而雅”(《通变》)。并在《文心雕龙》中多次将“风雅”并举。在“六义”说中，又提出“风清而不杂”“文丽而不淫”，认为“风雅之兴，志思蓄愤，而吟咏情性，以讽其上”，“而后之作者，远弃风雅，近师辞赋”。在《文心雕龙·风骨》篇中他又说：“诗有六义，风冠其首，斯乃化感之本源，志气之符契也。是以怊怅述情，必始于风；沉吟铺辞，莫先于骨。”这里，刘勰显然沿袭《毛诗序》

① 孔颖达:《礼记正义》，十三经注疏本，中华书局1980年版。
② 孔颖达:《毛诗正义》，十三经注疏本，中华书局1980年版。

“风也，教也、化也”所提出的“风”具有风化、教化的意思，主张“风”必须体现时代精神，表现社会风气，并发挥其审美教化功能和感化作用。同时，又根据其时的审美创作实践，将曹丕“文气”论和魏晋时期品评人物与书画的神采骨力论相融汇，进而将“风”与“骨”相连，作为一个审美范畴，以要求文艺创作必须充满生气，以追求刚健完美、清新骏爽、骨力强劲的审美风貌。既然在刘勰看来，“雅”与“风”是相通的，那么，他所谓的“风雅”，即所推崇的“雅正”，自然也应是一种意蕴高尚健康、充实清新、风貌刚健、遒劲、凝练的审美追求和审美理想。在刘勰看来，圣贤的书辞，就是内容雅正、文采美丽的典范，都达到了“雅丽”审美境界，是“衔华而佩实”的，后世诗文家必须遵奉效法其创作经验，故而，他提出原道、征圣、宗经。他说：“道沿圣以垂文，圣因文而明道。”（《原道》）要“弥纶彝宪”，要“彪炳辞义”、论文明道就必须向古代圣贤学习。《征圣》篇说：“夫作者曰圣，述者曰明。陶铸性情，功在上哲。”“是以远称唐世，则焕乎为盛；近褒周代，则郁哉可从，此政化贵文之征也。郑伯入陈，以文辞为功，宋置折俎，以多文举礼，此事迹贵文之征也。褒美子产，则云言以足志，文以足言；泛论君子，则云情欲信，辞欲巧；此修身贵文之征也。”诗文写作必须“征之周孔”，宗法经诰，“陶铸性情，功在上哲”“政化贵文”“修身贵文”。所谓“情欲信，辞欲巧”，圣哲的诗文总是兼顾内容与形式的。因此，刘勰指出：“志足而言文，情信而辞巧。”志，即“诗言志”中的“志”，指作品的意旨、意蕴；“情”，指感情；言、辞即语言文辞。这就是说诗文创作应意旨雅正，意蕴充实，语言表达要有文采，情感真挚，文辞美好，此“乃含章之玉牒，秉文之金科也”（《征圣》）。由于以“圣文雅丽”为审美规范，所以，刘勰强调指出，诗文创作，内容与形式必须辩证统一，相互作用、相互结合。圣哲的诗文之所以“文成规矩，思合符契”，就在于其“或简言以达旨，或博文以该情，或明理以立体，或隐义以藏用”（《征圣》）。“旨”“情”“理”与“言”“辞”“文”必须“达”“该”“立”“藏”，即内容与形式必须浑然一体，完美统一。故而，刘勰要求后世作家“秉经以制式，酌雅以富言”（《宗经》）；认为“征之周孔，则文有师矣”（《征圣》）。他在《宗经》篇中说：“故文能宗经，体有六义：一则情深而不诡，二则风清而不杂，三则事信而不诞，四则义直而不回，五则体约而不芜，六则文丽而不淫。”这就是说，诗文创作，要达到内容与形式统一完美，必须做到感情表现深厚而不偏邪、浮诡，伦理教化纯正而不混杂，叙事状物真实而不荒诞；意旨义蕴正确而不邪曲，体势精约而不烦冗，文辞华丽而不浮靡。所谓“情深”“风清”“事信”“义直”是强调内容要深刻、充实、丰富；而“体约”“文丽”则是讲语言表达要精到，文采要华美。概言之，“体有六义”，就是“志足以言文，情信而辞巧”，就是“衔华而佩实”，也就是“雅丽”。

刘勰在《文心雕龙》中多次提到“雅丽”。可以说，“雅丽”就是刘勰提出的在诗文创作内容与形式方面必须完美统一的审美标准。如所谓“丽词雅义，符采相胜”，认为巧丽的文辞，雅正的意旨，如同玉的美质和文采一样，应互相争胜，互相结合。他还指出“孟坚两都，明绚以雅赡”（《诠赋》）；指出“辞为肌肤，志实骨髓”，反对“雅丽黼黻，淫巧朱紫”（《体性》）的现象；认为“商周丽而雅”（《通变》）。《辨骚》中说屈原的诗作“文辞丽雅，为词赋之宗”。他从内容与形式两方面着眼，认为屈原的诗作“骨鲠所树，肌肤所附，虽取熔经意，亦自铸伟辞”；《乐府》篇称颂曹操的《苦寒行》、曹丕的《燕歌行》“志不出于淫荡，辞不离于哀思”；《史传》篇称赞陈寿的《三国志》“文质辨洽”；《谐隐》篇称许司马迁的《滑稽列传》“辞虽倾回，意归义正”；《檄移》篇认为刘歆的文章“辞刚而义辨”，陆机的文章“言约而事显”；《章表》篇推举曹植的文章“体赡而律周，辞清而志显”；《奏启》篇指责王绾、李斯的“奏章”写作“辞质而义近”“事略而意迳”；《杂文》篇则批评曹植的《客问》“辞高而理疏”。可以说，《文心雕龙》中对160多位作家和作品进行了品评，或褒或贬，或誉或毁，或肯定其优点，或指出其不足，都是本着“雅丽”这一审美标准，从内容与形式相互作用、相交相合、统一完美的视角切入的。

其次，刘勰认为只有“雅人”，才有“雅文”，“蔡邕精雅，文史彬彬”，“敬通雅好辞说，而坎盛世”，至于“五子作歌，辞义温雅”，“挚虞述怀，必循规以温雅”，刘琨“雅壮而多风”，皆因“性各异禀”。所谓“一朝综文，千载凝锦”（以上引文均见《才略》），“文雅”，必须来自“人雅”。在《文心雕龙》中，他开明宗义地指出：“心生而言立，言立而文明，自然之道也。”（《原道》）他认为，“文心之作也，本乎道”。黄侃在《札记》中解释说：“寻绎其旨，甚为平易。盖人有思心，即有言语；既有言语，即有文章。言语以表思心，文章以代言语，惟圣人为能尽文之妙，所谓道者，如此而已。”有

“心生”，才有“文明”，审美活动的发生与进行是“由人心生”，是“应物斯感”，离不开创作主体的人的介入。审美主体的“心”与“情性”在审美创作中具有主导的作用，离开了创作主体“心”“情性”的主导，就不可能有审美创作活动的发生，也不可能有艺术美与“雅”境的创构。因此，主体只有具备“雅”的人格，才可能创构出“雅”境，只有“雅人”才有“雅语”。受古代人学的影响，刘勰极为注重人与人生。以人为中心，通过对“人”的透视，妙悟人生的真谛，也揭示宇宙生命的真谛，是刘勰确立美学思想体系的要旨。我们知道，在中国传统美学思想看来，天地万物之中，人具有最尊贵的地位。即如《荀子·王制》所指出的：“人有气有生有知亦且有义，故最为天下贵也。”孔子也说：“天地之性人为贵。”（《孝经》）人和人类社会都是以气为本的天地自然长期衍化的结果，是整个宇宙的一部分。人与自然万物都是大化氤氲的元气所生成的，与自然万物有共同的物质本原，所谓“万物一气”“天人一体”。同时，人又能通过自己的智慧和活动顺应、控制和掌握天地万物，“制天命而用之”，“聘能以化物”（荀子语），因而，人与自己之外的万物相比，是天地之间最为尊贵、最有价值的。“人下长万物，上参天地”（董仲舒：《春秋繁露·天地阴阳》）。“二气交感，化生万物，万物生生，而变化无穷焉，惟人也得其秀而最灵”（周敦颐：《太极图说》）。人在天地自然中具有自身的独立性和能动性，故人能“参”天，通过主客体的交融互渗活动，以达到天人合一的宇宙境界。中国古代美学思想中这种认为人是万物中最灵最贵的思想对刘勰具有很深的影响。因此，我们从《文心雕龙》中可以看出，虽然刘勰也讲“自然”和“自然之美”，但同时他更为重视审美创作活动的发生与进行中作为创作主体的人的作用。《原道》篇说：“仰观吐曜，俯察含章，高卑定位，故两仪既生矣。惟人参之，性灵所钟，是谓三才，为五行之称，实天地之心。心生而言立，言立而文明，自然之道也。”刘勰认为，天上看到光辉的现象，地上看到绚丽的风光；天地确定了上下位置，构成了宇宙间的两种主体；后来出现钟聚着聪明才智的“人”，人和天地相配，并称为“三才”。在这里，他着重强调了人在天地万物中的地位。不但如此，他还强调指出，人是宇宙间一切事物中地位最突出的，是天地的核心，“为五行之秀”。人具有思想感情、灵心妙识，由此始生成语言与文艺作品。从这里可以看出刘勰对中国古代美学思想所认为的人是万物中最灵、最贵、最神奇，是最美的存在，也就是“有人才有美”的思想继承和改造。他不但汲取了这一思想的精髓，而且把它引进到其雅俗论之中。可以说，正是在这种人为万物之灵、“天地之心”的审美意识作用之下，刘勰才非常重视审美创作主体在审美创作活动中的地位，注重审美创作主体心理结构的建构，并提出“文以行立”，“行以文传”说，指出“情多而雅俗异势”(《定势》)，认为体势的雅正与庸俗决定于“情”，强调“章、表、奏、议”等文章写作，必须以“典雅”为审美标准。在他看来，“学有浅深，习有雅郑”，“是以笔区云谲，文苑波诡者矣”，“事义浅深，未闻乖其学，体式雅郑，鲜有反其习”。审美创作活动的目的是“感物吟志”“体物写志”“述行序志”；审美创作活动的生成则是心物交感的结果，是“情以物兴，物以情观”；而审美创作活动的进行则是主客体交融的过程，是心“随物以宛转”，物“与心而徘徊”。在这种主客体关系上，主体支配着客体，心主宰着物，是“从物出发”，又“以心为主”，人在审美创作活动与“雅”之境界的创构中占有核心和主导的地位。因此，刘勰极为重视创作主体的思想品德、气质性格、审美情趣、审美性情等心理结构的构成要素。他认为创作主体的人品德行影响文艺作品的思想内容和审美境界，所谓“文以行立，行以文传”(《宗经》)，“刚健既实，辉光乃新”(《风骨》)，“习有雅郑”，“体式雅郑，鲜有反其习”(《体性》)。创作主体的精神风貌决定着文艺作品审美风格的形成。不同的创作主体，其审美个性能力和心理结构是不同的，人的趣味与审美取向，有的高雅，有的庸俗，而作品的“体式”的高雅与庸俗，跟创作主体的趣味与个性的高雅与庸俗是大体一致的，即如《体性》篇所指出：“夫情动而言形，理发而文见，盖沿隐以至显，因内而符外者也。”文艺作品的意蕴与艺术表达、“质”与“文”是相互统一的，创作主体的思想情感、审美个性决定着文艺作品的审美价值。其中，特别是个性结构中的人品，即创作主体的胸襟、品德、情操是审美创作成败的关键，有好的人品和德行，才有不朽之作，“雅人”才有“雅作”，“人雅”才有“文雅”。刘勰说：“夫文以行立，行以文传，四教所先，符采相济，励德树声，莫不师圣，而建言修辞，鲜克宗经。”(《宗经》)就以孔子为典范，强调创作主体的品德操行决定着文艺作品审美价值的高低。只有“雅人”，才有“雅语”，和顺积于中，英华发于外，胸襟高，立志高，见地高，则命意自高，审美理想及其审美情趣也高，创作出来的作品其审美格调自然光明而俊伟。

正是从有“人雅”才有“文雅”出发，刘勰推究“文”之本原，引出圣人和圣文，提出“征圣”“宗经”的思想，并以之为确立其“雅化”审美意识的基础，推崇儒家的隆雅崇雅审美观。

再次，在刘勰看来，诗文“雅正”的风貌体式来自征圣宗经。由此出发，他论述到诗文“雅化”中所涉及的审美意蕴与艺术表现如何密切融合的问题，说：“故文能宗经，体有六义：一则情深而不诡，二则风清而不杂，三则事信而不诞，四则义直而不回，五则体约而不芜，六则文丽而不淫。”（《宗经》）他认为，“义欲婉而正，辞欲隐而显”。诗文“雅化”必须做到艺术表现手法运用应尽可能适合审美意蕴的传达，要使审美意蕴的表达既深藏不露、“余味曲包”，同时又不诡诈；意气风度要清朗而不杂乱；所描绘的事物要真实而不荒诞；审美意旨正确端直而不枉曲；文章简约而不繁芜；文辞华丽而不过分。“情深”“风清”“事信”“义直”是说审美意蕴要深刻、充实、丰富；“体约”“文丽”是说艺术表现要精美雅丽。

刘勰在总体倾向上是尚雅轻俗的，反对“雅郑共篇”，因而他认为习文应辨雅俗，应取法“雅制”。他在《文心雕龙》中多次提到“雅俗”，如“情交而雅俗异势”（《定势》）、“泛举雅俗之旨”（《序志》）、“檃括乎雅俗之际”，他还喜欢“雅郑”并举，如“习有雅郑”（《体性》）、“体式雅郑”等。所谓“檃括乎雅俗之际”之“檃括”，本义为矫正曲木的器具，这里指纠正偏向。可见，在刘勰看来，在“雅”与“俗”之间需要加以辨正，应分清“雅”“俗”，在雅化与世俗化的问题上应认真辨析，处理适中、恰当，不要含混不清、存有偏见，雅与俗应“习”“式”“情交”，以熔铸自己的情感使雅正或庸俗的审美风貌“异势”，“泛举”其旨。

刘勰之前，早在先秦，儒家的重要人物孟子就曾强调指出，“今之乐犹古乐”（《孟子·梁惠王下》），认为“世俗之乐犹先王之乐”，提倡雅俗并举，反对只提倡“古乐”“雅乐”，贬斥如“郑卫之音”一类的“新声”“俗乐”的观念。这以后，一些文艺思想家要么站在儒家审美教化论的立场，坚持褒雅贬俗，坚持禁止“淫声”“夷俗邪音”。如《荀子·王制》云：“声，则凡非雅声者举废；色，则凡非旧文者举息。”《乐记》更是认为“郑卫之音，乱世之音也”，“桑间濮上之音，亡国之音也”（《乐本篇》）；推崇“古乐”“雅乐”，赞美其“和正以广”“讯疾以雅”；贬斥“新乐”“俗乐”，指责其“奸声以滥，溺而不止”，“好滥淫志”（《魏文侯篇》）。要么站在其对立面，提倡“文不避俗”。如桓谭就“离雅乐而更为新弄”（《新论·离事》），好郑卫新声而不喜雅颂之音。王充则认为“诗作民间”（《论衡·对作篇》）。从审美意义而言，所谓“俗”，有通俗、俚俗、粗俗和庸俗、鄙俗之分。它属于大众百姓，出身于世俗风尘，来源于阡陌里巷，产生于民间，植根于社会底层，易懂、易看、易理解、易体会，在大众中广泛流传，为平民百姓所喜闻乐见，属于通俗、俚俗之作，维系着平民大众的日常生活，并由此而跃动着永不衰竭的活力，新鲜活泼，富有自然朝气。社会底层的艰辛、坎坷，既是“俗”文艺生命冲动与活力产生的源泉，也是激发其最初创作冲动的“触点”和契机。而平民大众生活的丰富与多变，则更是“俗”文艺所包容的多彩多姿、源源本本的世态人情生成的渊薮。故而，“俗”文艺总是活水长流、从未间歇，表现的乃是民众的心灵与精神面貌，流露的则是民众的心声、心曲。所以这种“俗”文艺，应是通俗的文艺、民间的文艺，也即大众的文艺，是健康的、积极的、富有强大生命力的，永远焕发着自然、真率、朴素的本色和稚气的鲜活的美。它总是与“雅”文艺相互影响、相互渗透、相互转化，而表现出俗中见雅、大俗大雅、雅俗结合、雅俗共赏的审美特征。但与此同时，我们也应该看到，“俗”文艺的这种通俗性、俚俗性，并不等同于通俗文艺，更不是庸俗文艺、低俗文艺、媚俗文艺。在大量的“俗”文艺中，往往良莠并陈，美丑皆有，鱼龙混杂，泥沙俱下，有真品、精品，也有次品、劣品，故而，在对待“俗”文艺上，必须坚持去粗取精、去伪存真的原则，应具体问题具体分析，历史地、辩证统一地来看待“雅”与“俗”的关系。而刘勰则正是基于此来看待“雅”与“俗”的关系的。他在继承前人有关雅俗审美观念的基础上，主张“檃括乎雅俗之际”，推崇典雅、和雅、风雅。刘勰在《文心雕龙》中极力提倡“典雅”“温雅”“文雅”“儒雅”“雅丽”。如《体性》篇云：“一曰典雅”“典雅者，镕式经诰，方轨儒门者也。”《诏策》篇云：“潘勖《九锡》，典雅逸群。”《颂讃》篇云：“原夫颂惟典雅，辞必清铄。”《定势》篇云：“自入典雅之懿。”《才略》篇云：“必循规以温雅。”《才略》篇云：“五子作歌，辞义温雅。”《章表》篇云：“序志显类，有文雅焉。”《序志》篇云：“按辔文雅之场。”《时序》篇云：“文帝彬雅，秉文之德。”《议对》篇云：“儒雅中策，独入高第。”《时序》篇云：“并迹沈儒雅，而务深方术。”。他在《序志》篇中曾表明自己的审美主张及审美追求，说：“夫铨序一文为易，弥纶群言为难，虽复轻采毛发，深极骨髓，或有曲意密源，似近而远；辞所不载，亦不胜数矣。及其品列成文，有同乎旧谈者，非雷同也，势自不可异也；有异乎前论者，非苟异也，理自不可同也。同之与异，不屑古今，擘肌分理，唯务折衷。”这里所谓“折衷”，即剖析与探究“文”中的心理活动规律，所涉及的主体的审美心理结构的建构、审美能力、审美修养、审美个性、审美体验活动，以及作品“典雅”“温雅”“和雅”之境的构筑，与接受者之间的关系，所应采取的态度等。刘勰还继承传统的“雅正”诗学精神，推崇“风雅”。如在《辨骚》篇中，认为《楚辞》等骚体诗有“典诰之体”“比兴之义”“规讽之旨”“忠怨之辞”，“观兹四事，同于风雅者也”，指出《楚辞》是雅文，是雅正之作。他认为“诗书雅言”(《夸饰》)、“义必明雅”(《诠赋》)，汉赋“必曲终而奏雅者也”(《杂文》)。实际上，这就是以儒家的“雅正”审美规范来分析与考察诗文创作与接受中的审美活动，强调“雅润”之美。纵观《文心雕龙》全书，“雅正”不仅仅是他的审美观，也是论文叙笔和剖情析采的方法论。诸如诗文作品的情与采、风与骨、隐与秀、体与性等，这些审美范畴都是互相渗透、补充、融合的。再深入一步到更细微处，可知在对立面的两方，诸如雅与俗、文与质、正与奇、华与实等，也都可以取长补短、折衷调和的。可以说，折衷和雅、雅正温润、不偏不倚是《文心雕龙》的美学精神，是刘勰所极力推崇的最高审美境界。刘勰主张宗经，但纬书不是圣人所作也不是经典之文，而且无论是思想内容还是表达形式都和经典差异很大。而刘勰对此问题的看法则是比较宽容的。他认为无论诗文“必雅义以扇其风”(《章表》)，“必循规以温雅”(《才略》)，强调“雅而泽”(《诔碑》)、“明绚以雅赡”(《诠赋》)、“雅润为本”(《明诗》)。在他看来，从“文”的角度讲，纬书还是有用的，因为它“事丰奇伟，辞富膏腴”，“而有助文章”。这里，“事丰”即艺术表达所必须依托的奇特的事类意象；“辞富”即艺术表达现象，辞藻富丽、文采华美。确实，纬书上大量描绘的神话鬼怪是经典所没有的，所以说“无益经典”，但刘勰毕竟看到“文”的特性，采取折中的方法，提倡采摭纬书的英华，实际上是把纬书的事类意象、辞藻文采和经书的“雅正”特点互相渗透、补充，来个取长补短、调置中和。并且他把“正纬”提到“文之枢纽”的地位予以肯定。同样的美学精神也用于《辨骚》。纪昀在其评语中指出：“辞赋之源出于《骚》，浮艳之根亦滥觞于《骚》，辨字极为分明。”这里，所谓的“辨”是指刘勰把《离骚》和《诗经》做比较，指出骚与经典既有相同之点也有不同点，即“诡异之辞”，“谲怪之谈”，“狷狭之志”，“荒淫之意”。“摘此四事，异乎经典者也。”（《辨骚》）实际上也都和艺术表现密切相关。接着，他又推究其原因，指出：“故论其典诰则如彼，语其夸诞则如此。固知楚辞者，体宪于三代，而风杂于战国，乃雅颂之博徒，而词赋之英杰也。观其骨鲠所树，肌肤所附，虽取镕经意，亦自铸伟辞。故骚经九章，朗丽以哀志；九歌九辨，绮靡以伤情；远游天问，瑰诡而慧巧；招魂招隐，辉艳而深华；卜居标放言之致，渔父寄独往之才。故能气往轹古，辞来切今，惊采绝艳，难与并能矣。”所谓“取镕经意，亦自铸伟辞”，即刘勰从其“宗经”“征圣”的“雅正”审美主张出发，“正末归本”认为骚体诗的创作也是熔铸儒家经典，汲取儒家经世治道的政治教化美学精神，坚持“雅正”审美规范，而成就其“伟辞”。这样一来刘勰就为骚体的创作者制造了一份继承经典的家谱，并承认其“自铸伟辞”的雅化特色。显然，他的立足点仍然是“雅正”传统，是折中调和，是把经典的雅正古朴的雅化风格与骚体的奇伟瑰丽的雅化风格加以融合，旨在追求中正和雅的审美境界。所以，他说：“若能凭轼以倚雅颂，悬辔以驭楚篇，酌奇而不失真，玩华而不坠其实；则顾盼可以驱辞力，咳唾可以穷文致。”这里，“真”即正，也即“雅”。正与奇相对，华与实相对。“酌奇而不失真，玩华而不坠其实”，可见，刘勰主张在艺术表现方面应兼取、掺和经典与骚体的长处，在雅化风貌的建构中铸成中正和雅的典雅美。

刘勰的典雅与中和审美主张贯串于《文心雕龙》之中，时时处处可见。例如，他说：“酌奇而不失其真，玩华而不坠其实。”（《辨骚》）“意古而不晦于深，文今而不坠于浅。”（《封禅》）还说：“文而不移。”（《奏启》）“夸而有节，饰而不诬。”（《夸饰》）以及《宗经》中的“约而不芜”“丽而不淫”“辞约而旨丰”“事近而喻远”等，其中前后两项或是相对立，或是相参差，需要通过适当的艺术表现手法加以协调中和，以达到和美的典雅境界。有些也可以说是孔子所谓“过犹不及”雅化审美意识的继承。如“要而非略，明而非浅。”（《章表》）“直而不野。”（《明诗》）“夫能设谟以位理，拟地以置心，心定而后结音，理正而后摛藻，使文不灭质，博不溺心，正采耀乎朱蓝，间色屏于朱紫，乃可谓雕琢其章，彬彬君子矣。”（《情采》）等。值得注意的是，与刘勰同时代的文艺理论家也有类似的审美观念。如刘孝绰所说：“深乎文者兼而善之，能使典而不野，远而不放，丽而不淫，约而不俭，独擅众美，斯文在斯。”（《昭明太子集序》）又如萧统所说：“夫文典则累野，丽亦伤浮。能丽而不野，典而不野，文质彬彬，有君子之致。”（《答湘东王求文集及诗苑英华书》）再如萧绎所说：“能使艳而不华，质而不野，博而不繁，省而不率，文而有质，约而能润，事随意转，理逐言深，所谓菁华，无以间也。”（《内典碑铭集林序》）可见推崇儒家正统隆雅尊雅的“雅正”与“中和”审美意识是当时的一种普遍性的意趣。刘勰吸取儒家“雅正”传统美学精神，并在此基础上构筑了一个“雅化”审美意识体系，但更重要的还是论述的体例结构完成，内在逻辑严密，当然其最突出的贡献还在于“敷理以举统”。他在文体雅化论方面，对每一类文体的特点都做了比前人更为深入而详尽的分析，并总结出相应的对艺术表现的具体要求。如“原夫颂惟典雅，辞必清铄，敷写似赋，而不入华侈之区；敬慎如铭，而异乎规戒之域。揄扬以发藻，汪洋以树义，唯纤曲巧致，与情而变。”（《颂赞》）这里，通过与颂相近的文体如赋、铭的比较研究，细致地辨别出颂的文体特征及相应的雅化要求。刘勰对作家个性审美风貌有着比较深刻的认识，所以面对繁复多变的艺术风貌，举统摄要，举出八体，即八种类型的审美风貌：“典雅、远奥、精约、显附、繁缛、壮丽、清奇、轻靡”。而这八体可分成审美风貌迥异的四个组，如刘勰所说，“雅与奇反，奥与显殊，繁与约舛，壮与轻乖”，即雅是正，奇是不正；奥是深隐，显是明显；繁是丰繁，约是简约；壮是壮实，轻是轻浮，所以相反。但刘勰并没把审美风貌程式化。他指出：“八体屡迁，功以学成……八体虽殊，会通合数，得其环中，则辐辏相成。”这就是说，把八种基本类型的审美风貌融会贯通，就可以创造自己个性化的艺术风格。实际上，除了上述相反相对的四组审美风貌不能相兼包容外，其他各组都可以相互兼容。如奇正、隐显、繁简、刚柔相反，奇不能兼正，隐不能兼显，繁不能兼简，刚不能兼柔，但奇可以兼隐或显，兼繁或简，兼刚或柔，其他各体可以类推，这样就可以推导出丰富多采的审美风貌。

刘勰的八体分类的一个极有价值的地方，就是把文艺作品的审美意蕴和艺术表现结合起来。他说：“典雅者，镕式经诰，方轨儒门者也。远奥者，复采典文，经理玄宗者也。精约者，核字省句，剖析毫厘者也。显附者，辞直义畅，切理厌心者也。繁缛者，博喻酿采，炜烨枝派者也。壮丽者，高论宏裁，卓烁异采者也。新奇者，摈古竞今，危侧趣诡者也。轻靡者，浮文弱植，缥缈附俗者也。”(《体性》)在这里，典雅风貌，要求意旨是“方轨儒门”，文辞是“熔式经诰”；远奥，要求意旨是“经理玄宗”，文辞是“复采典文”；精神风貌，要求意旨是“剖析毫厘”，文辞是“核字省句”；显附风貌，要求意旨是“切理厌心”，文辞是“辞直义畅”；繁缛风貌，要求意蕴是“炜烨枝派”，文辞是“博喻酿采”；壮丽风貌，要求意蕴是“高论宏裁”，文辞是“卓烁异采”；新奇风貌，要求意蕴是“危侧趣诡”，文辞是“摈古竞今”；轻靡风貌，要求意蕴是“缥缈附俗”，文辞是“浮文弱植”。这就把艺术表现与体现审美意蕴的意趣、取向结合起来了。

第十节　苏轼论“高洁淡雅、超绝俗我”的人格境界

严于雅俗之别是宋人审美意趣和审美追求的一大特点。在宋代，作为一种新的审美价值评判标准——雅俗之别，这一审美规范的包容性很大，涵盖人格追求、生活态度、审美理想等诸多审美因素。宋人在人生美学方面提倡尚雅卑俗、严于雅俗之别；在文艺美学方面则主张化俗为雅、以俗为雅。之所以如此，是因为其文化背景是多方面的，除了克服晚唐五代士风之陋习，推崇儒家理想人格的塑造，以道义自期，以天下为己任，在文化日渐趋俗之时，力求维护文人雅士的尊严等原因外，政治派别中错综复杂的矛盾斗争，尤其是庆历党争与元祐新旧党争之酷烈是重要原因。与庆历党争相比，元祐党争无论就其延续时间之长、波及面之广及斗争的严酷程度而言，都有过之无不及。作为元祐党争的重要人物和文坛领袖，苏轼的雅俗观融汇了儒、道、禅三家的美学精神。他尚雅鄙俗，是隆雅去俗的积极倡导者和身体力行者。苏轼以其旷世的才情及古今罕有其匹的诗词文书画的创作成就，为宋人的审美意趣与审美指向做了最为生动形象的诠释，为文坛树立了难以企及的典范，对以后历代文人雅士的人格理想、人生价值、生活态度、审美情趣与理想都产生了极为深远的影响。

苏轼在文艺美学、文学创作方面提倡以俗归雅，主张化俗为雅，在人生

美学方面，则主张隆雅卑俗，嫉俗、排俗，这里的“俗”，既指一般意义上的庸俗、鄙俗，更为主要的是指当时世风的卑俗、鄙陋，以及士人趋炎附势、阿谀奉迎、溜须拍马、见风使舵、逐名追利，为了金钱和私欲，不惜出卖人格，以流言蜚语中伤、陷害他人的丑恶社会习气。

由于苏轼所处的时代及其身世遭遇、个性特征，他与卑俗丑恶的世风是格格不入的。苏轼一生屡遭谗被贬，奋励用世的政治理想、卑污的现实、接踵而至的沉重打击，不能不使苏轼的心态处于深刻的矛盾和频繁的躁动之中。于是，尚雅崇雅、追求人格的完善便成了他寻求自我平衡、超越外物羁绊的强大精神力量。超然物外的崇高境界给苏轼饱经沧桑、伤痕累累的心灵以无尽的精神慰安，使他在生存的困境中终究为自己营造出一方心灵的净土，在精神的超越和自由中获得了心灵的平静与安适。

世事的污浊、现实的困扰使苏轼向往庄子外生死、超利害、同物我、一天人的逍遥自由的人生境界，庄子超物欲、忘利害，不计是非得失，虚静淡泊，身心无拘无碍、自得自由的人生态度，陶渊明的“旷而且真”及其冲淡自然的诗风使他心往神驰。超越俗我、超凡脱俗、求取生命本真便成了苏轼所追求的理想人格境界。

在苏轼看来，人生短暂，岁月悠悠、宇宙无穷。他在《和子由渑池怀旧》中云：“人生到处知何似，应似飞鸿踏雪泥；泥上偶然留指爪，鸿飞那复计东西！”人的一生如雪泥鸿爪。在现实生活中，人只能获得有限的自由，天时易逝，人生易老，“梨花淡白柳深青，柳絮飞时花满城。惆怅东栏一株雪，人生看得几分明”（《东栏梨花》）。梨花怒放，柳絮飘飞，草色青青，春色满城，人们在盎然的春色中尽兴游玩，但是“人生看得几分明”？天地永恒、无限，人生短促、有限；有限的人生带给人们无尽的惆怅与迷惘。既然人生胜景难再，聚少离多，那么，又何必太看重功名利禄、升迁荣辱？不如超然物外、随缘自适、乐观旷达，超越外在物欲及自我的束缚，以实现心灵的真正自由。对此，苏轼悟解极深。无论顺境逆境，他都泰然处之，以追求心灵的宁静与自由。顺境中，他官至中书舍人、翰林学士兼侍读，然而他绝不因此而得意忘形。逆境中，即使身陷囹圄或贬居流放，也从未丧失对生活的信心。

他继承庄子的“虚静”说，主张心灵的平和宁静。他说：“虚而一，直而正，万物之生芸芸，此独漠然而自定，吾其命之曰静。”（《静常斋记》）又曰："不思之乐，不可名也。虚而明，一而通，安而不懈，不处而静，不饮酒而醉，不闭目而睡。"（《思堂记》）即使在品评诗歌中，苏轼也吸取了"虚静"的美学精神说："欲令诗语妙，无厌空且静。静故了群动，空故纳万境。"（《送参寥诗》）这种力求摆脱物欲，以实现对世俗欲念及有限自我的超越，才是苏轼所追求的具有终极关怀意义上的、心灵自由自在的人生境界和审美境界。

崇尚高雅超凡的人生审美之境，故而苏轼对自沉汨罗和不拘礼法具有超脱凡俗人格境界的屈原和阮籍极为崇敬。他说"屈原古壮士，就死意甚烈。世俗安得知，眷眷不忍决。"（《屈原塔》）又说："阮生古狂达，遁世默无言。犹余胸中气，长啸独轩轩。高情遗万物，不与世俗论。"（《阮籍啸台》）以"梅妻鹤子"享有盛名的诗人林逋的高洁人品也令苏轼极为倾慕。他说："先生可是绝俗人，神清骨冷无由俗。"（《书林逋诗后》）苏轼的表兄文与可是苏轼极推崇的气韵超拔之人。苏轼说："余友文与可非今世之人也，古之人也；其文非今之文也，古之文也。其为超然辞，意思萧散，不复与外物相关，其远游大人之流乎！"（《东坡题跋》卷一）对文与可的诗画，苏轼也因其"不俗"而极力赞赏。不过苏轼最为倾慕的还是东晋诗人陶渊明。他说："吾于诗人，无所甚好，独好渊明之诗。渊明作诗不多，然其诗质而实绮，癯而实腴。自曹、刘、鲍、谢、李、杜诸人，皆莫及也。"（《与子由五首》之五）苏轼喜爱陶渊明的诗，更为赞赏陶渊明的人生态度、人格修养和人生境界。他对陶渊明任真自得的人格精神赞叹不已，说："陶渊明欲仕则仕，不以求之为嫌；欲隐则隐，不以去之为高。饥则叩门而乞食，饱则鸡黍以延客。古今贤之，贵其真也。"（《书李简夫诗集后》）又说："然吾于渊明，岂犯好其诗也哉！如其为人，实有感焉。渊明临终《疏》告俨等：'吾少而穷苦，每以家弊，东西游走。性刚才拙，与物多忤。自量为已，必贻俗患。黾勉辞世，使汝等幼而饥寒。'渊明此语，盖实录也。吾今真有此病，而不早自知。半生出仕以犯世患，此所以深服渊明，欲以晚节师范其万一也。"（《与子由六首》之五）这里所谓的"吾今真有此病"，其意是指陶渊明称自己"性刚才拙，与物多忤。自量为已，必贻俗患"，这也就是苏轼反省自己，认为自己的性格与陶渊明相似，耿介拔俗，刚直不阿，也使其仕途多舛，历经坎坷，受尽磨艰。故而他认为自己也"半生出仕以犯世患"。这里的"俗患""世患"，并非泛泛而论，就苏轼而言，是指由于他不肯随人俯仰，不昧着良心去阿谀逢迎，又不会明哲保身，所以既得罪了新党，又得罪旧党，从而处于矛盾斗争的漩涡和新旧两党的夹击之中。政治失意、仕途坎坷，饱经忧患，此即所谓“贻俗患”“犯世患”，所谓才高命蹇，“一肚皮不合时宜”也。

苏轼在《和陶饮酒》中曾说自己“偶得酒中趣，空杯亦常持”。陶渊明曾作《无弦琴》云:“但得琴中趣，何劳弦上声。”显然苏轼这里所说的“空杯”，是就陶诗的“无弦琴”而发。对陶诗所云“无弦琴”，苏轼还有“抚弄以寄意，如此为得其真”的赞美。在苏轼看来，与“乘天地之正而御六气之辩以游无穷者，彼且恶乎待哉”的无己、无功、无名的至人、神人、圣人相比，陶渊明常用以自况的“孤”，与“无弦琴”一样，仍然有所待，仍未能完全超脱与忘情，故“非达者”。

对超凡脱俗、旷而且真的人格境界的向往与追求，在苏轼身上也体现为对诗意人生、艺术人生的追求。苏轼一生并未能完全摆脱儒家思想的羁绊，未能真正飘然出尘，他的身上始终有着去而未绝的人间烟火味。苏轼并非厌世者，对于生活、对于人生，他始终怀有深深的热爱和眷恋。苏轼曾明确说过:“吾非逃世之事，而逃世之机。”(《东坡志林》卷四）艺术创作作为“逃世之机”的最佳途径，既使诗人在虚伪鄙俗的官场获得超然物外的精神愉悦和自由，也提升了诗人的人格境界。

第十一节　晚明以“俗”为“雅”之审美趣尚

晚明时期，文艺美学活动的以“俗”化“雅”，甚至以“俗”为“雅”，是对个性解放潮流的响应和推动。其时，手工业和商品经济日趋繁荣，小商品生产者明显分化，资本主义开始萌芽，以“俗”为“雅”，一定程度上是当时新兴阶层思想的微弱反映。泰州学派王艮所提倡的“日用百姓之道”，封建“异端”李贽所宣扬的“人必有私”“因材”“并育”，无不是对新兴阶层的支持和对个性自由发展的尊重。这种争取个性解放的进步思想，体现在艺术创作的实践中，则鲜明地表现为雅俗审美诉求的转化与互补。从中，可以看到那个时代的美学精神，感应到时代的律动。

其时，艺术发展呈现出一种不同于传统文艺的新特质。随着经济的发展，以市民为主要接受者的“俗”文艺得以迅速发展，小说戏曲的昌盛，也带动了以俗为雅、化俗归雅审美意识的活跃。这与其时的世俗化风尚相关，很大程度上来自世俗化风尚的影响。其时个性解放思潮张扬“人”的个性，重视生命个体的存在，强调人的个体意识的自明性、自觉性，这对于长期以来在思想上一直受“程朱理学”负面影响的士人，显然具有巨大的冲击作用。一些具有启蒙意识的思想家挺身而出，站在时代的前列，大声疾呼，呼吁“人”自然本性的张扬，提倡挣脱封建礼教的羁绊。他们体现出的个性解放精神，正好表明了晚明时期锐意求变的社会心理，因而具有极为突出的时代色彩。这一思潮的兴起颠覆了“程朱理学”在思想界的统治地位，很快便取得思想上的引导地位，并影响其时的社会风尚，出现追求消费和享乐的倾向，强调“人欲”存在的合理性，既张扬了“人性”，也表现出注重现世生活的审美倾向和世俗化特色。同时，这种世俗化也表明了对传统伦理思想以及对其信仰力量的消解，推崇个体生命存在的意义与个性化审美意识的抒发。可以说，其时“个性”张扬、个体解放与世俗化取向，已经形成一种美学潮流，“一言以蔽之，世俗化就是将人由神圣之奴仆变为自由创作者个体的同时，完全承认人的世俗愿望与世俗追求的合法性”[①]。对应晚明时期这种思想的动荡，正是“个性”解放趋势的最好体现。社会生活发生的惊人的变化为晚明个性解放提供了基础。尤其对“人欲”的肯定，表现在“情欲”方面，是对传统“情欲”观的突破，为“个性”解放提供了思想之源。其时当下，从世风到士风，可以说整个社会都弥漫着一股世俗化风潮，而文人心态及其创作自然会折射小说的兴起，一向地位不高的俗文学在中国美学史上的地位大为提高。袁宏道对小说的这一审美风尚给予了高度肯定：“予每检《十三经》或《二十一史》，一展卷，即忽忽欲睡去，未有若《水浒》之明白晓畅，话语家常，使我捧玩不能释手者也。”[②]

一、“雅”的“俗”化和“俗”的“雅”化

其时，商品经济高度发达，市民阶层空前发展，市井文化兴盛。所谓市

---

① 蒋国保：《儒学的世俗化与大众化》，载《中国美术馆》，2006年第3期。

② 袁宏道：《东西汉通俗演义序》，黄霖、韩同文选注：《中国历代小说论著选》上册，江西人民出版社2000年版。

井文化，是产生于街区小巷、带有商业倾向、通俗浅近、充满变幻而杂乱无章的一种大众文化。这种文化的特征是喧嚣繁华，表现为日常生活化、自然平民化和无序化，其内核是新兴的市民阶层在物质生活得到满足后，所产生的对享受精神世界生活的诉求。这种诉求为“雅俗”审美旨趣的流变生成提供了社会文化心态土壤。“阳明心学”认为，“与愚夫愚妇同的，便是谓同德；与愚夫愚妇异的，便是谓异端”①(《传习录下》)。李贽认为：“穿衣吃饭，即是人伦物理。”②(《答邓石阳》)而王艮则直接提出，“百姓日用即道”“凡圣一也”，认为，“圣人之道无异于百姓日用，凡有异者皆谓之异端”，“百姓日用条理处即是圣人之条理处”③（卷一《答问补遗》），“天地万物为一体”，个人与天地万物“同体”，人可以“主宰天地，斡旋造化”④(卷一《答问补遗》)，主张“此学是愚夫愚妇能知能行者”⑤（卷三《年谱》），伸张了平民意识。李贽对“凡圣之分”“贵贱之别”进行了清算，主张“人皆可以为尧舜”“满街都是圣人”。这些思想都给传统的雅俗观带来冲击，也使“俗”文艺跻身于文坛“正宗”，早登大雅之堂。同时也促进文人的自觉，使他们旗帜鲜明地投身于化俗为雅的“俗”文艺创作中，并从理论上探索“俗”文艺为提高艺术水准、增强艺术功效之途径。如甄伟、熊大木等人就认为“俗”文艺的创作应根据市民大众易读、易看、易体会、通俗、易懂的审美需求，只要符合情理，可以采用虚构的艺术表现手法。而甄伟则在《西汉通俗演义》中指出，小说创作“言虽俗而不失其正，义虽浅而不乖于理”，“若谓字字句句与史尽合，则此书又不必作矣”。从正面肯定“俗”文艺中的小说“虽俗而不失其正（雅）”，从中可见其尚“俗”、隆“俗”的美学精神。《金瓶梅》借《水浒传》中西门庆与武松之嫂潘金莲苟合的一段故事为由头，借题发挥，写明代运河码头上下的世情生活，深入细致地刻画社会众生相，大胆而露骨地描写男女性爱，从而引起社会各阶层人士的关注，评议纷纭，褒贬各异，誉毁并加。从现存万

---

① 王守仁：《王阳明全集》卷三，上海古籍出版社1992年版。

② 李贽：《焚书续焚书》，中华书局2011年版。

③ 袁承业：《王心斋先生遗集》，清宣统二年东台袁氏据原刻本重编校排本。又见《王心斋全集》，江苏教育出版社2001年版。

④ 袁承业：《王心斋先生遗集》，清宣统二年东台袁氏据原刻本重编校排本。又见《王心斋全集》，江苏教育出版社2001年版。

⑤ 袁承业：《王心斋先生遗集》，清宣统二年东台袁氏据原刻本重编校排本。又见《王心斋全集》，江苏教育出版社2001年版。

历间词话本看，早期就有欣欣子序，着重指出《金瓶梅》是“寄意于世俗”，以俗为美，化俗归雅，是作者“爱罄平日所蕴者”撰著而成。后来，又有弄珠客序、廿公跋分别对此书以俗为美、化俗为雅及俗不伤雅的审美追求加以肯定。袁宏道在与友人书札中称其为“云霞满纸，胜于枚生《七发》多矣”；在《觞政》中称此书可配《水浒》，作为酒友所谈名作的“外典”。“良知”在实质上就是“天理”，在表现形式上则是自然、自在。李贽指出，“除却穿衣吃饭，无伦物矣，世间种种皆衣与食类耳。故举衣与饭而世间种种自然在其中，非衣饭之外更有所谓种种绝与百姓不同者也”[①]，推崇以俗为美、化俗为雅的审美观念。李贽在《童心说》中，提倡以不被陈腐之说污秽的童心写真文，以达到“内含以章美，笃实生辉光”。在《忠义水浒传序》中，指出“《水浒传》者，发愤之所作也”。在《时文后序》中，认为“文章与时高下，高下者，权衡之谓也”。对古代儒家所说“之时者也”的观点，对雅、俗审美观都做了新解释。在《杂说》中，又就小说与戏曲的联系提出“化工”与“画工”之别。在《读律肤说》中，提出“性情自然”之说。在他看来，无论是隆雅尊雅，还是以俗为美，化俗为雅，都可能创作出佳作，关键在于是否达到审美创作的“自然”，达到“化工”之境。后来叶昼慕其名，又托其名拟做了多种评点本，对《水浒传》等俗文学巨著的艺术特点作了细致、深入的阐发。如说《水浒传》写人物性格“传神”：“各有派头，各有光景，各有家数，各有身分，一毫不差，半些不混，读者自有分辨，不必见其姓名，一睹事实，就知某人某人也。”这些评点似的文艺评论不仅精细，而且有新意，人物形象塑造也提升到典型化的高度。显而易见，这是对以《水浒传》为代表的“俗”文艺创作的极高褒奖。这样一来，文艺评点之风盛行。袁宏道在《东西汉通俗演义序》中，一面提倡“文不能通而俗可通”的审美观念，一面感慨说，“吾安得起龙湖老子（即李贽）于九原，借彼舌根，通人慧性；借彼手腕，开人心胸”等。为以“俗”为雅、化“俗”为雅的审美诉求提供了思想方面的引导，借助小说、戏曲的巨大成就与广泛传播，对“俗”文化的审美旨趣在晚明时期取得压倒性优势，对以俗为美、化俗为雅审美观念的主张，对雅俗审美意识的发展影响深远。

---

① 李贽：《焚书续焚书》，中华书局2011年版。

一方面，文人雅客要求思想解放，打破理学一统天下的格局，突出真情实感，从空中楼阁回到俗世的人情物理；另一方面，市民阶层的艺术性与技艺水平也日益提高，并从文人士大夫那里借鉴了某些艺术形式，从而相互融合，取长补短，形成雅俗交融的新格局。他们一方面将“俗”“雅化”，另一方面则又将“雅”“俗化”。中国传统文学中，诗文是属于雅文学的范畴，而晚明时期的许多文人士大夫们在诗文这样的雅文学中抒性灵、发童心、品艺术、谈花草，充分表现自己的个性；记园林，记山水，热烈向往自由；描写美食与美人，展现情欲和丰富多彩的世俗生活。他们热衷于展现城市风情、市井人物，以生动绚烂的笔墨描绘多彩的市民社会风俗画，他们不再满足于对政治与道德生活的刻板描述与歌颂，这在无形中将雅俗化。这意味着，对世俗之美的热烈赞美不仅是通俗文学的方向，而且也成为革新雅文学的一种可能，它们共同构成了明中期以后一股普遍而强大的审美取向，即雅的俗化。

二、“雅”“俗”审美趣味上的融通合一

同时，晚明时期的雅俗审美诉求及其对以“俗”为“雅”的推崇，也表征出“雅”与“俗”在审美趣味上是相依相转、相互融通、相互依存、相互化生的。无论是化俗为雅，还是以俗为雅，其精神实质都是相通的，即以时变为确立审美诉求之本，文随时变，审美取向必定与时序变化相应，雅俗观念必定与民情风俗一起演化。

由是，与传统文化历来都呈现出一种从俗到雅的流向相悖，其时的文人多一反传统，旗帜鲜明地承认、倡导化雅为俗的审美旨趣。首先，大批文人充满热情地投入“俗”文体的创作与理论总结，突出表现在小说、戏曲的创作与研究，同时也体现在一些文人对“雅”的，即主流的、正统的、诗文一类审美创作的“俗化”追求中。明代文艺美学在中国古代文艺美学思想史上的重要意义在于，进行了中国古代文艺审美诉求上的历史性转化，即从“雅”的、正统的、主流的审美价值诉求到“俗”的、大众的、非主流的审美趣味转变，历来被尊奉为正统的、严肃的诗文创作，移位于通俗化、大众、娱乐化、休闲化的戏曲小说。宋元之际，就出现了戏曲、小说这样适应市民阶层审美需要的文艺样式，到了明代，这二者均得到长足的发展。戏曲、小说可以说是典型的大众艺术，体现出有别于传统文人趣味的市民情趣，而这正反

映出文学在雅俗之间的重大变化。自明代以后，小说、戏曲堂而皇之地总领了晚明文坛风骚。相比较而言，《三国演义》《水浒传》《西游记》《牡丹亭》《金瓶梅》《三言二拍》等更为大众喜爱，而诗文如台阁体、茶陵诗派、前后七子、唐宋派等则为少数文人的爱好，即便是“公安派”这样富于革新气息的诗文流派，也只为圈内文人喜好，而所谓的“俗”文学则可以说是一反传统地位，占据了文坛中心，“雅”文学则退居一隅。

小说、戏曲尤其大盛于晚明，一方面是因为它雅俗共赏，适应了民众对文化的需求；虽然其中道德说教的成分不少，但市场和利润无疑是他们传播小说的主要动力。如《古今谭概》初刻时遭遇冷落，改名为《古今笑》后购者踊跃；凌濛初在《初刻拍案惊奇》出版后，《二刻拍案惊奇》应市场的需要马上草草推出，可见当时的小说不仅是文人案上消遣之作，而且已经有了明显的商品性质。而在明代，确有一大批文人是自觉投入“拟话本”的商业化写作中的，其中首推冯梦龙。还有一大批文人自觉地以戏曲创作或戏曲批评，抵制宣扬礼法道德的创作取向，体现了时代要求。他们肯定以小说、戏曲为代表的通俗文学的发展，其中尤以徐渭、李贽最为突出，堪称领袖。徐渭推崇“俗而鄙”的文体，明确以“俗”为美，扬“俗”抑“雅”。即如赵士林所指出的：“在徐渭的美学思想和创作实践中，处处表现出一种强烈的批判精神。”[①]而李贽则自觉、深刻地论证和推动了这股“从雅到俗”的文艺思潮。他对正统的评判尖锐深刻，如指斥见赏于太祖皇帝的《琵琶记》，崇仰一直遭人非议、诋毁的《拜月亭》《西厢记》。在他看来，“俗”的文体才应该是文坛的“正宗”，才是“至文”。基于此，他指出：“诗何必古选，文何必先秦。降而为六朝，变而为近体，又变而为传奇，变而为院本，为杂剧，为《西厢曲》，为《水浒传》……皆古今至文，不可得而时势先后论也。”[②]（《杂述》）率先进行“俗”文艺美学批评，倡导了“从雅到俗”的审美流变。

在创作实践上，文人士大夫的审美情趣和市民阶层的审美趣味，向着各自对立方面的杰出之处重新选择、过渡。受时代风尚的影响，市民阶层的雅俗观表现为由俗向雅的发展，民间歌谣日益雅化；而与此相对应的是，文人士大夫的文艺创作则追求真情实感，直抒胸臆，从雅向俗靠拢。两种取向“双

① 赵士林：《从雅到俗：明代美学札记》，载《中国社会科学院研究生院学报》，1991年第3期。
② 李贽：《焚书·续焚书》，中华书局2011年版。

向选择、互相弥补，造成以往两种截然不同的审美风尚和趣味的相互融和、取长补短，推动中国古人的审美趣味向多元化发展，它使明人的审美欣赏水平和明代美学走进一个更高的阶段，从而造成明代审美风尚和欣赏趣味的复杂性及总结性形态的形成[①]。如明代民歌丰富多彩，空前繁荣，影响广泛，地位上升，都是明代文坛的一种非常抢眼的文学现象。对此，沈德符有过专门的论述，说："自宣、正至化、治后，中原又兴《锁南枝》《傍妆台》《山坡羊》之属……自兹以后，又有《耍孩儿》《驻云飞》《醉太平》诸曲……嘉、隆间乃兴《闹五更》《寄生草》《罗江怨》《哭皇天》《干荷叶》《粉红莲》《桐城歌》《银绞丝》之属……比年以来，又有《打枣竿》《挂枝儿》二曲，其腔调约略相似，则不问南北，不问男女，不问老幼良贱，人人习之，亦人人喜听之，以至刊布成帙，举世传诵，沁人心腑，其谱不知从何而来，真可骇叹！"（《野获编》）

与此同时，这种化俗为雅的审美诉求还得到统治者的认同。由朝廷出面，对民歌进行了大量的搜集、整理、刊行。加上士大夫文人的响应，雅俗互化蔚然成风。如冯梦龙就辑录有小曲的专集《童痴一弄》《童痴二弄》等，品类多，规模大。这种化俗为雅的美学意义亦与之前很有大的不同。明代之前，民歌的传唱只是在民间，在大众、百姓之间流行，并由此而不断吸收新鲜血液，增加活力，但终究没能够成为“正宗”。只有到了明代，准确地说，是到了晚明，民歌才得以为主流文化所重视，被看作生气勃勃、生机盎然、活力四溅、气韵生动的艺术样式。其时，无论是“雅”的艺术还是民间的“俗”艺术，无论是建筑还是工艺，乃至人们日常生活中各种涉及审美欣赏的各个角落，都可以看到这种雅俗互补、化俗为雅的时代审美取向。这种双向选择、互相弥补，造成以往两种截然不同的审美风尚和趣味的相互融和、取长补短，推动了中国古人的审美趣味向多元化发展。例如，人们对小说的喜爱并不局限在某一个主题，即使是像《金瓶梅》这样以淫秽著称的小说从上到下各个阶层都有广泛受众。从明代画坛也可以看到人们价值观念上的变化，明代市场经济使得艺术商品化现象突出，甚至画家争相卖画为生。晚明时代商品经济发展所造成的对于金钱财富观念的转变已经逐步深入人心。许多文人放下架子，纷纷以为富人撰写各种传、赞、铭、记等而赚取润笔，这其中有不少是传世佳作。

① 罗筠筠:《明人审美风尚概观》，载《明史研究》，1994年第4辑。

其时的时尚与审美诉求在“雅俗”之间的交融与流转，时下的生活形态和生命价值也变化不已，日益追求生活的精致与享乐奢侈。在国事日益艰难、政治日趋腐败之际，士人在追求生活品位上投入越来越多的时间、金钱与精力。从居室园林的漂亮，到器皿玩物的精致；从对草木花鸟的珍视，到对自然山水的赏会；从对诗文书画的收藏鉴赏，到听乐赏曲及对名优美姬的品评，无一不成为他们生活中情趣所在。晚明人把这种做法看作是“遵生”的表现，高濂的《遵生八笺》即典型地反映了这种观点。

晚明人还在家具设计上投入极大热情。晚明涉及家具品评的文人著作空前之多，包括清初李渔所著《闲情偶寄》，也是这种风习的延续。文人们从自己的审美趣味出发，对家具的品种、造型、装饰、尺寸、结构、陈设位置等方面，都提出了自己的看法与要求，有的人如李渔等甚至直接参与家具设计。文人气质和书卷气息正是明式家具的灵魂所在，而文人广泛参与的家具设计正是体现了艺术和生活的融合。晚明之人不仅仅是为生活而生活，他们对生活质量的要求明显提高，因此在选择家具这种日常生活用品上，将精神上的审美享受和肉体上的舒适结合起来，不仅考虑身体上的舒适感，而且追求体舒神怡的审美享受，追求只有艺术化的生活才能提供的“韵外之致”。

晚明士大夫将生活艺术化的另外一个重要表现是清赏的盛行。通过对各种收藏品的玩味与赏鉴，明代士大夫将普通的日常生活艺术化，从中获得审美享受与趣味，这种艺术化的生活也潜移默化地影响着人雅俗方面的品位与审美诉求，并且晚明人对其所乐所玩之事都要进行非常深入细致的研究，如屠隆的《考槃余事》中对琴、香、印章、瓶花、盆玩等物的描绘，说明晚明士人对生活中各种玩赏之物的研究可谓是细致入微。文震亨的《长物志》也是晚明关于装饰美学的重要作品，其中许多关于室内装饰及日常生活用品的认知，是晚明雅俗审美诉求中比较重要，且具有一定理论价值的东西。

三、晚明“雅俗”审美意识的多元化

晚明时期，随着经济的发展，以市民为主要接受者的“俗”文艺也得以迅速发展，小说戏曲总领了文坛风骚。据顾炎武《日知录》载：“钱氏曰：古有儒释道三教，自明以来，又多一教曰小说。小说演义之书，士大夫农工商贾无不习闻之，以至儿童妇女，不识字者亦皆闻而如见之，是其教较之儒释道而更广也。”小说的影响远远超过了儒释道。小说戏曲的昌盛也带动了以俗为雅、化俗归雅审美意识的活跃。四大奇书《三国演义》《水浒传》《西游记》《金瓶梅》在明中叶已经在社会中流传。以白话为主的其他通俗小说，包括话本、拟话本以及运用文言撰写的传奇和笔记体小说，在品种与数量上也都超过前代。以俗为美，化俗归雅，整理编刊小说成为一种新的审美文化现象。小说集有《艳异编》《万锦情林》《虞初志》《古今小说》《警世通言》《醒世恒言》《拍案惊奇》初刻、二刻等。随着小说的流传，相关的美学思潮也不断涌现，有关“俗”文艺审美创作的一些美学理论也纷纷迭起，时有论争，显示了勃勃生机。如《三国志通俗演义》，蒋大器在其以庸愚子署名所作之序中，就主张“史”与“文”的结合，指出“文不甚深，言不甚俗，事纪其实，亦庶几乎史”。又强调指出小说“欲观者有进益”，对“盛衰治乱，人物之臧否豁然于胸”，须从观者“易行”着眼，“若诗所谓里巷歌谣之义”。从历史题材小说的创作与接受两方面论述了俗文学的审美效应。张尚德在其以修髯子署名为《三国志通俗演义》所撰引言中，则强调小说能“羽翼信史”与“裨益风教兼具”，指出应把史书通俗化，从通俗功用讲到“稗官小说”并非“不足为世道重轻”。这种化俗为雅的雅俗观非常重视小说的认识社会、改造社会的功能，但过分强调“羽翼信史”，引起另一些评论家的反对。

后记　中国美学“雅俗”精神之当代意义

中国美学“雅俗”精神的现代转化必须着眼于其对当下中国的社会发展以及国民文化素质的培养所具有的意义。从整个中国美学的精神实质来看，其“雅俗”精神以圣贤作为“雅”人格的典范和人生追求的审美域，激励“人”加强自身的道德修养，完善自己的人格操守，提高自己的“雅”审美域，从而实现人的价值和尊严，这在今天仍有其积极意义。中国美学总是肯定“人”在天地间的崇高地位，注重“人”的精神情操的建构，追求“天人合一”的“雅”审美域，总是指向人、指向人生，故而，可以说，在中国古代，无论是儒学、道学，还是玄学、理学、佛学，都是人学。因此，要实现传统美学的现代转化，就必须以“人”为核心，把“人”的自由全面的发展作为最高的价值目标，大力弘扬传统美学中有关“雅”人格和“雅”审美域建构的精神，以有益于解决现代工业技术文明所带来的种种负面影响。

一

中国美学的“雅俗”精神，其“雅”的人格建构论，以及对“雅”之审美域的追求一直为西方人所津津乐道。如莱布尼兹就极其称颂《易经》的“天行健”；而孟德斯鸠则赞赏中国政治科举制度对血统世袭制的超越，为“柴门”“寒门”奋斗者开辟了“通达之路”；歌德推崇中国话本小说中的世俗人格；叔本华看好宋明理学家对“雅”人格的铸造方式；海德格尔认同道家“淡雅”的生存态度①。汤因比和池田大作则在《展望二十一世纪》

① ［德］雅斯贝尔斯：《苏格拉底、佛陀、孔子、耶稣》，安徽文艺出版社1991年版，第128–130页。

中说：“世界统一是避免人类集体自杀之路。在这点上，现在各民族中具有最充分准备的，是两千年来培育了独特思维方式的中华民族。”人本心理学家马斯洛也经常引述老庄的言论，他将“自我实现”者的精神状态称为“道家式”的。而英国著名作家格林曾这样热烈赞颂过中国人的人格价值与人格“雅”：“中国人……自然而文雅……文雅博学而又天真无邪。”[①] 应该说，当今世界，无论西方还是东方，只要是有识之士，都关注中国文化。中国古代哲人以其特有的聪明智慧对“雅”的人格建构与审美域进行了广泛而深入的探讨，给我们留下了一座极为丰富的思想宝库，我们应该给予充分的发掘和批判的继承。

就其实质而言，中国美学“雅俗”精神的核心意旨就是对人生的热爱。在中国古代，无论是儒家还是道家，都表现出对人生的乐观旷达的情怀。如道家所主张的闲云野鹤、无拘无束的生活情趣与宁静恬淡、清心寡欲的心理境界，就是一种中国美学“雅俗”精神所推崇的超然宁静的审美态度。而崇尚积极进取，有所作为，“敢为天下先”，“知其不可而为之”的儒家哲人在强调弘毅进取、积极入世、以天下兴亡为己任的同时，也提倡一种开朗、乐观的人生态度。

儒家哲人认为，“雅”是人之所以为人的本质属性。这样，人的行为与人生态度都必须遵循“雅”的原则。而“雅”的人格建构与审美域的基本内容是对人生、对生命的热爱。即如《中庸》所说的：“仁者，人也，亲亲为大；义者，宜也，尊贤为大；亲亲之杀，尊贤之等，礼所生也。”这里所谓的“仁”，应该就是“雅”，“仁者”就是“雅者”，就是“雅人”。“亲亲”，就是“雅”之精神的呈现，就是父慈子孝，兄友弟恭，亲爱自己的亲人。同时，还应由“亲亲”而“仁民”，即将人生相亲相爱的孝悌之情，推及他人、社会，甚至宇宙。由“亲亲”，即由亲子顺亲的血缘情感出发，最终实现人与人的相亲相爱，人与社会和自然的相亲相爱、和谐统一。这才是儒家哲人所追求的“仁”，这也才是最高的人生“雅”审美域。《中庸》云：“诚者非成己而已也，所以成物也。成己，仁也；成物，知也。性之德也，合外内之道也，故时措之宜也。”朱熹注云：“诚虽所以成己，然既有

① 转引自韦政通《中国的智慧》，吉林文史出版社1988年版，第5页。

以自成，则自然及物，而道亦行于彼矣。仁者体之存，知者用之发，是皆吾性之固有，而无内外之殊。”由仁民到爱物，将诚心仁念施及宇宙天地、自然万物，热爱生命，热爱自然，热爱生活，这才是传统美学“雅俗”精神的实质。

正由于热爱自然，热爱生命，热爱生活，泛爱众生，所以孔子在日常生活中非常乐观旷达，胸襟开阔，心情愉快。孔子文雅博学，热爱生活，对生活始终抱着一种乐观、活泼、超然、平淡的态度。由于热爱生活，所以他知足无忧。《论语·述而》云：“子之燕居，申申如也，夭夭如也。”同时，也正由于热爱生活，孔子才能以天下之忧为忧，影响后人，遂成为拥有中华民族所推崇的“先天下之忧而忧，后天下之乐而乐”的高尚情操、人生态度、人生价值观与“大雅”之人。热爱生活，重视感性生命，所以即使“饭疏食，饮水，曲肱而枕之”，孔子依然“乐亦在其中矣”。也就是说，只要能畅游生命，达于生命之本，就能心情舒展、愉悦；只要有粗茶淡饭能充饥，能够喝点水，把手臂曲起来当枕头舒服地睡觉，显然，这样的人生也就是“雅化”的、审美的人生。

中国美学“雅俗”精神所构想与设计的“雅”审美域是“天人合一”。无论儒家，还是道家、佛教，都强调人与自然、人与社会、人与人、美与真善的和谐统一。就儒家“雅”审美域而言，其建构的要旨是“求仁得仁”“重生”“贵生”“乐生”。这也就是《易经·乾卦·文言》所描述的：“夫大人者，与天地合其德，与日月合其明，与四时合其序，与鬼神合其吉凶。先天而天弗违，后天而奉天时。”“与天地合其德”，“人”必须与天相认同，与自然浑然统一，在此建构过程中“人”始终处于核心地位。因此，“人”应充满着向上的精神，并由此精神培养，产生出对生活、对生命的珍惜与重视，保持一种积极向上的“人”之追求。故而可以说“与天地合其德”的境界，也就是“天人合一”的人生最高“雅”境界。在儒家哲人看来，尧、舜、禹等都是达到这种“雅”境界的“人”。达到这种境界则可称为“圣人”，为“人”所仰止景止。故而，这种人生“雅”境界又被称为“圣人气象”和“圣人范式”。

在儒家哲人看来，重视人生，就必须热爱自然，热爱社会与他人，所以“与天地合其德”的人生“雅”境界的核心内容就是“仁”。如孔子就认为，“仁”的境界之所以是一种物我两忘、天人合一的最高人生“雅”境界，就在于“仁”的实现是本于天理的至理、至德和至善。所以，“仁者”也就是“圣人”。《论语·雍也》说：“子贡曰：‘如有博施于民，而能济众，何如？可谓仁乎？’子曰：‘何事于仁，必也圣乎？尧舜其犹病诸！夫仁者，己欲立而立人，己欲达而达人，能近取譬，可谓仁之方也已。’”可见，“仁”的基本精神就是“己欲立而立人，己欲达而达人”。具体说来，“仁”，既是自强不息，也是助人有成，是人己兼顾，是对他人的尊重，是由己及人，是以自己为起点，从我做起。“仁”既包含情感上的爱与物质上的扶助，同时更注重道德上的提高；既注重对他人物质生活的维持，更注重他人道德品质的提高。仁者对他人的爱助，其目的在于使其成为有仁德有成就的人。这种“博施于民，而能济众”的仁者，也就是极高人生“雅”境界的实现。同时，儒家哲人还强调指出，“仁”的具体表现则是“爱人”与“爱物”。即如孟子所指出的：“亲亲而仁民，仁民而爱物。”（《孟子·尽心上》）“仁民”，就是将爱自己父母、兄弟、姐妹等亲人的相亲相爱之情推广到人与人之间，并作为人与人之间关系的准则。“爱物”则是将这种仁爱之心推及到宇宙自然，使人与自然和谐共处，相亲相爱，浑然与物同体。

孟子认为，人的形体与无限的生存时空相比是非常有限的，但是，只要人能让自己“直养”“配义与道”，以培养出“浩然之气”，使人的精神意志达到“至大至刚”的境界，那么，就能使人超越形体与生存时空的有限，而与宇宙同呼吸。能达到这种人生“雅”境界的人，就是“圣人”，也就是“大丈夫”。《孟子·滕文公》云：“居天下之广居，立天下之正位，行天下之大道，得志与民由之，不得志独行其道。富贵不能淫，贫贱不能移，威武不能屈，此之谓大丈夫。”“得志与民由之”，也就是“己欲立而立人，己欲达而达人”，“达则兼济天下，穷则独善其身”。而“富贵不能淫，贫贱不能移，威武不能屈”，也就是达到“至大至刚”境界的具体表现。孟子认为要达到这种“雅”审美域，就必须要“反身而诚”，恢复人先天的善端本性，摒弃各种物欲的诱惑，以形成充溢着刚性之“力”的“浩然之气”，使人自身和贯注于宇宙间万事万物的浩然正气相互融合，并熔铸成一种真力弥漫、生机勃勃的内在精神，从而使人超越有限的时空的束缚，达到人生最高的“雅”境界。这就是《孟子·尽心上》所说的“夫君子，所过者化，所存者神，上下与天地同流，岂曰小补之哉”？人要达到“与天地同流”，其关键就在于作为个体的人对作为整体的人的本质的体认。人的本质就是宇宙的本质。个体是小宇宙，天地则是大宇宙，因此，“万物皆备于我矣，反身而诚，乐莫大焉，强恕而行，求仁莫近焉”[①]（《尽心上》）。孟子这种对人生“雅”境界的揭示是有其当代意义的。它能增强我们对人生的热爱，增强我们的社会责任感，让我们通过内心体验，认识自我，珍惜生命，热爱生活，热爱社会与自然，保持一种健康、乐观的人生态度，追求并实现最高的人生“雅”。

所谓“反身而诚”，作为审美意蕴上的启示，实际上就是一种心灵体验方式和对人生本质的认识。中国美学认为，作为人掌握世界的一种特殊方式，人生“雅”境界的建构活动实际上是人对自身本质特性的一种自证自悟，自我解脱，或谓自我观照和自我体验；是要恢复本心，以合天人，要“虚无恬淡，乃合天德”，以回归自然，拥抱天地，融身大化。所谓“反复而诚，乐莫大焉”，这里的“诚”，就是指诚明本心；“反身而诚”，则是指人通过对道德意识的自我体认，以及对实践经验的内心体验，以完成从心理学到哲学、美学境界的超越；体验自我，发现本心并把握本心，来达到天人合一的极致人生“雅”境界，从而悟解宇宙万物生命的奥秘。“人”只要通过自我体认，“求仁”“由己”以归复“诚明”的本心——内在生命，就能够让内在生命之光照亮天地万物，领悟到天地万物生命的微旨妙谛。

从自然属性来看，人与自然万物的生命本体都是“气”。“万物之始，皆气化”（《河南程氏遗书》卷五）；气化之在人与在天，一也。天地万物与人都是由元气所演化与生成。“元气化为万物，万物各受元气而生，有美恶，有偏全，或人或物，或大或小，万万不齐”（王廷相:《雅述》）。由“气化”说来看，人的意识的本性也来自自然，“雅”的人格建构离不开“雅气”，并且，中国美学所推崇的“雅俗”精神，乃是“壹其性，养其气，合其德，以通乎万物之所造”[②]（《达生》），是“人”全身心灌注于其中的感悟与穿透、超越活动，倾注着“人”的生命，既是“人”的精神在总体上的圆满具足、和雅圆融的感发和兴会，也是人的精神的自由和解放。“雅”

① 杨伯峻:《孟子译注》，中华书局1962年版。
② 郭庆藩:《庄子集释》，中华书局1961年版。

审美域的达成能使道德主体在一种生命的挥发中把握自己的本心，认识自我，并以此体验到自然生命之道与宇宙精神，达到与宇宙自然相通相感，相参相配，领悟到“气陶化而播流，物受气而含生”（杨泉:《蚕赋》）的生命创造的乐境。

应该说，“雅”审美域的达成强调对内心仁德的自觉，肯定主体精神的伟大和崇高，要求“人”为了实现“雅”之审美域应终生不懈地努力，要以天下为己任，不怕任何挫折和磨难。孔子的弟子曾经说得好：“士不可以不弘毅，任重而道远。仁以为己任，不亦重乎？死而后已，不亦远乎？”[①]（《泰伯》）可以说，达到“仁”的“雅”境域，也就是“圣人”“大丈夫”。他们爱仁以德，立人达人，忠孝信义，宽信敏慧，智勇刚朴，心胸坦荡，有浩然之气，对社会、人生都有强烈的责任感。对这种“雅”之审美域的追求中所表现出的奋斗精神与献身态度，对于当今那些极端个人主义者，那种只讲索取、不讲奉献的不良风气，无疑是有其匡正作用的。

二

的确，中国美学的核心是人生问题，而人生问题的核心则是“雅”的人格建构。中国美学的“雅”的人格基型，最早可上溯至上古的帝尧时代。《尚书·尧典》就提出“道德圣王”，以帝尧为准的，推崇敬事明达、温文尔雅的“雅”性。从取法乎上的人生境域而言，儒者仰“圣”，道者崇“仙”，墨者尚“侠”，悟禅者敬“佛”。这些“雅”的人格是中国美学追求的最高人生目标和人生境域。因此，中国美学非常注重“雅”的人格培育，从上至下构建了一个差等有序的“雅”的人格系列。中国美学对“雅”的人格追求独特性在于，认为“雅”是一种人生最高境域，这种人生境域又具体体现为一种“雅”的人格的建构与追求。所谓“雅”的人格就是一种文化基于对人生的理解而做出对最高境域的人生方式的描述，这种描述很大程度是“雅”的，着重于“应该”。

这是中国美学的显著特色，也是其异趣于西方理念性哲学的重要之处。由此，在中国美学看来，人生就不是人生的一个侧面，不是一生的一种独特的活动，它是生命的一种高度，是人生的一种真善美境域。从“雅”的

① 杨伯峻译注:《论语译注》，中华书局1980年版。

人格与人生境域合一的意义上说，中国美学是注重人之存在的，是注重人之主体的存在样态的。中国美学所要求的“雅”的人格是自律的，而非他律的。在这种人生的追求中一切都是通过人的修为并且为了人以及人生的意义与归属而力图达到自我对人的本质的真正的占有。

众所周知，对“雅”的人格的谈论，常常不是其“做了什么”，恰恰相反，“雅”的人格的光辉常常是在其“不做什么”时闪现。所谓“不诚无物”。在中国美学，“诚”是本然之心，是自然之真我与朴素纯净本源之心的呈现。“诚”是本心本性的存有，最能直接体现人的自然之性、生命之真，因此，人必须适情适性、任心随意，保持与人本身同一这样一种“诚”的态势，像自身一样的“自在”，否则，就会失去本心自在，所以《中庸》说，“不诚无物”。“雅”的人格的境域或审美人格的境域展现在：其面对自然时，有所作为，也有所不为；其面对社会时，有所作为，也有所不为；其面对人自身时，有所作为，也有所不为……这种有所为与有所不为的生存态势所坚守的是审美人格；所坚守的是人间正道，是生命节操……其生存态势所张扬的是力图在观念中达到“人与自然之间，人与人之间矛盾的真正解决，是存在和本质，对象化和自我确证，自由和必然，个体和美之间斗争的真正解决”[①]。

可以说，中国美学一直在追求如何实现一种和合完美的“雅”人格境域，如何通过“尽心”“尽性”“克己”“由己”“反朴归真”“求仁得仁”“诚者自成”“自然无为”而“知天”“合天”。这种人生的“雅”的人格境域，在中国美学看来，实质上就是一种自我生命得到全面发展的人生境域。同时，中国美学重视人的生命存在价值，强调人在天地万物中最为神奇，最为完美，“万物生生，而变化无穷焉，惟人也得其秀而最灵”。这一“贵人”“重人”的思想，渗透到中国美学中，则形成其所谓“求仁得仁”“诚者自成”“不诚无物”“反身而诚”“诚自明”的人生生存态势，即在中国美学，“雅”的人格的生成必须依靠人的人格建构活动去发现、去创造的观点。而中国美学强调人与自然、人与社会、人与自身的和谐统一的人生追求，则又与中国美学的自然观、社会观与人生之“雅”的观点贯通合一。

---

① 马克思、恩格斯:《马克思恩格斯文集》第42卷，人民出版社1980年版，第210页。

人生价值向“雅”的人格与人格价值的升华，以及所表现出的人生的最高境域与“雅”的人格与人格境域的合一，是中国美学的突出特色，它和中华民族“天人合一”的文化心态分不开。应该说，从某一方面来看，中国美学极为肯定人的存在意义，强调人的价值和作用，认为在自然、社会、人类，即天、地、人三才中，人是天、地的中心、万物尺度。同时，天地人又有着共同的生命本原，这样通过尽心思诚，人能够向内认识自我、实现自我、超越自我而进入与天地万物合一的“雅”的人格与人格境域；反观内照则能穷尽宇宙人生的真谛，并使人从中获得人生的自由与超越。要达到此，作为人生主体的人的感知、想象、情感等心理能力则必须得到增强和提高，要“以至敏之才，做至纯功夫”（朱熹语），健全其心理结构和价值观。只有树立正确的“雅”的人格与人格价值观，增强其对人生感受能力，通过亲身生活实践，以感受现实世界，增加生活经验和人生积累，使自己的人生感知活动适应客观世界中对称、均衡、节奏、有机统一等美的动力结构模式，从而始可能于人格建构活动中透过物相，感悟到自然万物的生命意旨，进入心物合一的天地境域。此即所谓尽己心便可以尽人尽物，参天地，赞化育。美学有关这一方面的论述很多，已经构成独具特色的“雅”的人格与人格价值论，并在整个美学思想体系中占有极为重要的地位。

在中国美学看来，人生价值取向是人生境域的体现。而人生价值与“雅”的人格与人格价值的实现，又往往同人自身的人格心理结构的不断完善、丰富，以及人生体验与人格建构活动的不断积累深化密切相关。

在人生价值论上，儒道两家都对人的生命存在表示了极大的关注和重视，高度肯定在人与自然的关系中，人占有的崇高的地位——最贵、最秀、最灵。在人的个体价值和社会价值关系上，儒道两家则表现出一定的差异性。儒家尽管也强调“为仁由己”，认为“立人”“达人”必须要以“己欲立”“己欲达”为前提条件。如孟子就强调“道惟在自得”“家之本在身”。但是，总的说来，在人与社会的关系上，儒家还是偏重于强调人的社会价值和群体价值，认为个人必须隶属、服从国家、社会，社会价值重于个体价值。如孔子追求“克己复礼”“爱人”“与人忠”；孟子则推崇“杀身成仁”“舍生取义”的崇高献身精神。对此，道家则更为重视个体价值，憧憬和向往物与我、人与自然的完满和谐的自然境域。如老子提出

“婴儿”“朴”“无极”，认为人应超越世俗物欲，返朴归真。庄子则追求“大通”“大顺”“齐物我”“一天人”的自然“雅”的人格境域。正是由于老庄自然天真、纯朴厚实的人生价值追求，中国美学又表现为一种生活美学。正如我们所特别强调指出的，中国美学是以人生论为其确立思想体系的要旨，总是把活泼泼的人之为人的本性、活生生的现实的人的生命摆到至高无上的地位，并以此为人生价值取向，这样，遂形成并发展成中国美学的生活化特征。并且，在我们看来，中国美学的思想体系正是在关注和思考人的存在价值和生命意义的过程中生成并建构起来的，所以，可以说，中国美学实际上又是一种生活美学。当然，这里所说的生活，应该具有哲学的意味，是从人生体验、生命体验的角度来讲人格建构活动的。在美学看来，人生“雅”的境域的实现、人生价值与“雅”的人格与人格价值的获得，又同人生体验与人格建构活动的逐步深入、长期积累息息相关。

从西周“以德配天”开始，中国人就从天命论中解放出来，认为天人本自一体，并且，就天与人之间的关系看，又是以人为中心的。天人本是同源相通的，所谓“天地与我并生，万物与我为一”。对于天与人的统一和谐关系，《周易·序卦》曾做过比较具体的描述：“有天地，然后有万物；有万物，然后有男女；有男女，然后有夫妇；有夫妇，然后有父子；有父子，然后有君臣；有君臣，然后有上下；有上下，然后礼义有所措。”天地是万物之母，天地生成万物，有了万物，则有了万物间的差异与化生化合，从而出现了男女，男女结合从而有夫妇，夫妇交感从而有子女，于是出现父子关系。有夫妇、父子，从而构成家庭，有家庭则有人际伦理关系，这种关系的延伸，则构成君臣关系的国家。有君臣之分则有上下尊卑之别，于是也就有等级礼义制度的约束。这种由天地万物到社会礼义和谐一体的宇宙世界，其各个部分都遵循着一个共同的规律，即道，或谓“天道”与“人道”，也就是自然与社会的发展规律，这样才和谐一致，并且生生不已。这之中，“人道”依存于“天道”，“天道”又作用并服务于“人道”。整个自然与社会的发展进程，实际上也就是一个“天道”人格化与“人道”自然化的进程。故而，“天道”与“人道”是和谐统一的，人与自然也是相通相应的，人自身的存在是能够体现“天道”的。同时，在天、地、人三才中，人处于天地的核心，所以人的内在价值就是“天道”的价值。正是基于此，中国美学认为天地万物之中“惟人万物之灵”；在天与人的关系中，天人相通，相与为一，同时人又当然地占有主导的地位，“民为神主”，并且“天视自我民视，天听自我民听”，“天聪明自我民聪明，天明畏自我民明威”，以至“民之所欲，天必从之”。既然人贵于天，人事重于自然，那么，探讨的重点当然应该指向现实生活中的人事与人生本身，所以，中国美学指出“吉凶由人”，认为“人能弘道，非道能弘人”，人首先应该知道的是自己，应当“本修厥德，永言配命，自求多福”，把注意力集中到修人事、求“人和”，以及如何“做人”上来。即如孔子所指出的“未能事人，焉能事鬼”“未知生，焉知死”，只有爱人、事人、返求诸己以知人才是学问的根本。

人是宇宙自然的中心，中国美学探讨人与人生的目的是要以“人”来“为天地立心”，通过“究天人之际”以“通古今之变”。同时人又是人生的主体，只有了解人，弄清楚人的本质，追求诸己，推己及人，以达到知人、事人，进而“爱人”，才能更加深刻地认识人生的真谛，获得对人生终极问题的解悟。故而，如何做人，探究人与自然、人与社会、人与自身的普遍意义，揭示人的本质和价值，妙解人生的奥秘，是中国美学所追求的最高目标。无论是儒墨老庄，还是佛教禅宗，都把对人与人生的探讨放在首位，其他一切问题，都是为了解决人的问题而展开的。所谓“天道远，人道近”，“不知人，焉知天”。这里的“人道”“人”就是指人的价值、人生之“雅”的境域、“雅”的人格等人与人生方面的问题；“天道”则是指世界的存在及其存在的形式等自然现象方面的问题。比较而言，“天道”离人远，微茫难求，而“人道”，则离人近，明灭可睹，所以更为重要，更应受到重视。更何况，人生主体之所以要探究“天道”，其目的则仍然了解“天道”、掌握“天道”，以更加深刻地认识“人道”，有利于“知人”“爱人”“事人”“做人”。即如《墨子·法仪》篇所指出的：“莫若法天，天之行广而无私，其施厚而不德，其明久而不衰，故圣人法天。”中国美学所努力追求的目的，就是要指导人生主体如何效法天道行事，以规范自身的品德行为，创构一个人生的“雅”的人格与人格境域，促进人的自由而全面的发展。《吕氏春秋·情欲》篇说：“古之治身与天下者，必法天地。”《下贤》篇也说：“以天为法，以德为行。”《周易·文言》说得好：“大人者，与天地合其德，与日月合其明，与四时合其序，与鬼神合其吉凶。先天而天弗违，后天而奉天时。”这里的“大人”，也即“圣人”，是达到了人格的完美并进入最高“雅”的人格与人格境域的人。陈梦雷在《周易浅述》卷一中说：“九五之为大人，大以道也。天地者，道之原。大人无私，以道为体，则合于天地易简之德矣。天地之有象，而照临者为日月，循序而运行者为四时，屈伸往来生成万物者为鬼神。名虽殊，道则一也。大人既与天地合德，故其明目达聪，合乎日月之照临；刑赏惨舒，合乎四时之化神；遇扬彰瘅，合乎鬼神之福善祸淫。先天弗违，如先王未有之礼可以义起，盖虽天之所未有，而吾意默以道契，虽天不能违也。后天奉时，如天秩无序无理所有，吾奉而行之耳。盖人与天地鬼神本无二理，特蔽于有我之私而不能相通，大人与道为一，即与天为一，原无彼此先后可言。”人与天地自然间原本就是相亲相和、相应相通的，人生主体认识天地自然的使命，就是为了效法天地之变化、遵循天秩天序天理，“以道为体”，而使人生复归为虚静的“道”，与道为一、与天为一，俯仰天地，容与中流，“与时偕行”“与时消息”，以进入“辉光日新其德”的最高“雅”的人格与人格境域。

同时，必须指出，中国美学所推崇的与向往达成的“雅”的人格明显地具有双重品格。其积极的一面为英国作家格林所道出：“我被中国人吸引住了。特别是他们那宝贵的人与人之间的关系。我钦佩他们远大的历史观，他们固有的彬彬有礼的行为，他们对友谊的特大度量以及他们对朋友的忠诚（他们永远不忘为别人做的事）。我佩服他们民族的无畏精神和他们几乎不惜任何代价维护原则的坚强决心。我欣赏他们那自然而文雅的礼貌，对老年人的尊敬和对年轻人的关切。他们文雅博学而又天真无邪，经常使我们感到惊奇和愉悦。如果我处在一个紧要关头或遇到一个真正的危险时，我情愿要一个中国朋友和我站在一起，而不要其他任何人。”①

中国美学中的“雅”的人格建构理论源远流长，内容丰富，表述独特，这给我们今天把握和理解其精神实质带来了相当的困难。但如果我们采取宏观透视的方式，注目其基本价值取向，努力从诸理论间的延续和断裂，表层与深层的对峙、击撞与交融中寻求其思路上的有序性和一致性，仍可

① 韦政通：《中国的智慧》，文史出版社1988年版，第5页。

找出最主要的精神所在。这就是中国美学主体人格建构的人生视角。

中国美学对“雅”的人格的理解和把握有着自己独特的思想。他们在“天人合一”总体框架中又注重人之主体活动价值。司马迁立志要“究天人之际”，其目的就在于，探索人之活动的意义和价值。其重要性在于，如果把一切都归于“天”，人的行为或活动就失去了意义，人的主体地位就将失落。这一切的一切早就被安排和规定好了，人活动或不活动结果都一样，人对自己的任何行为和活动就可以不负任何责任，因为一切都是“天命”。而这种非主体性的观点对作为历史学家的司马迁来说是不可取的。他作为历史学家必须评价历史，必须评价历史活动中的人的是非功过。而评价的可能性在于存在着评价的标准，这个标准就是作为主体的人应该做什么，不应该做什么。然而，人应该或不应该的标准的前提是人能够选择，能够（必须）为自己的选择负责任——不管是成功的荣誉还是失败的罪责，不管是道义上的责任还是人格上的责任，不管是动机上的责任还是结果上的责任。这种前提，实际上就是主体人格建构的前提。如果把一切都归于“天”，历史学家就无事可做了：存在的就是合理的。这不仅意味着历史学的消解，还意味着从事历史活动的人之选择的消解，更意味着人之主体地位乃至人本身之消解。

从这里可以看出，中国美学是关涉人之主体地位，即人之主体性的，这是它独特的人生视角。它只能是主体论的，而不是客体论的；只能是价值论的，而不是认识论的。这是为人之行动而非为观赏而设的。人一旦真正打算行动，首先就要考虑到行动的意义、行动的美丑，如果行动与不行动其结果完全一样，又为什么要行动呢？如果行动的结果肯定是丑的——黄钟毁弃，瓦釜雷鸣，盗跖高寿，颜渊短命，圣人受厄，暴君得意，那心灵美的人们又凭什么投入一场行动呢？又怎么敢把自己“雅”的人格建立在这之上呢？

在中国美学中，人的主体地位不能失落，不然会造成价值观念的虚无，甚至会造成人本身的虚无。众所周知，中国美学是以“天人合一”为终极预设的。在这里，天与人之所以可能“合一”还是在于“人”的人格，“雅”的设定固然要依据于“天”，而“天”的设定也要依据于“人”，而且，这种设定还不是一次性完成的，即如《国语·越语》所谓的“天因人，圣人因天”是也。在西方，上帝是全知全能的，也是自足无待的。与上帝同格同位的“理式”“理念”之类也与“人”无关，它独自迈着固有的步伐，朝着固有方向行进。它们与人的关系是单向的，它只对“人”施加影响，而“人”则无法对其施加影响。而在中国，“天”随时关注着“人”，评价着“人”，既可能对人的丑恶的行为做出否定性反应——“天上示谴”，也可能对人的美好的行为做出肯定性反应——“至诚感天”。所以说，在中国美学中，天与人的关系是双向互动的，是互相反馈的。

由此，也可以说，中国美学的人生视角是主体性的，其人格追求是超越的，渴望在“雅”的人格的追求中实现生命的价值。而作为这一切根基的则是人格观、宇宙观的融通合一。

三

中国美学所推崇的“雅”既是一种人生审美域，更是一种人格建构，这具体体现为一种“雅”的人格建构与追求，即所谓“知之者不如为之者，为之者不如乐之者”。审美活动中的最高境域也是“雅化”的境域，即求仁得仁、诚者自成、自然无为。所谓“孔颜乐处”，是“乐”处而不是“苦”处，不是咬紧牙关的处，而是“乐”处。这里的“乐”，是“曾点之乐”。杀猪宰牛可谓低矣贱矣，但当庖丁解牛“以神遇而不以目视”时，就成了一种人生的审美活动。因而，在中国美学看来，“雅”的人格就是审美人格。这种审美人格当然具有强烈的示范和导引功能。这种“雅”的人格的建构为中国人的人生价值与人生意义及其归属提供了一种目标，提供了一种坚定的信念和不渝的追求。正是在此意义上，我们才说，传统是活的，而不是死的。中国的美学不是一些布满灰尘的文字典籍，“不是一尊不动的石像，而是生命洋溢的”①，有如滔滔江水，离其源头越远，就会汇合得越大越宽。

在中国美学看来，天人本来是合一的，而“雅”的人格，是自觉地达到天人合一之境域。物我本属一体，内外原无判隔。只有为私欲所染、所杂、所遮蔽才妄分彼此。所以，禅学讲究在“清净无念”之中以本心合天心，来去自由达到天人合一。说中国美学的“雅”的人格是以“天人合一”为支撑的，就是说它们已经积淀为一种中华民族的集体无意识。当一个中

① 黑格尔:《哲学史讲演录》第1卷，三联书店1957年版，第8页。

国人在谈论美时，他同时就在展示自身“雅”的人格，在谈论其饱含价值信念的人天一体、“万物与我为一”。而且他在述说时，是在同时用千万个人的声音说话。他吸引、融合并且与此同时提升了他正在寻找着加以表现的表象，“使这些表象超出了偶然的、暂时的意义而进入永恒的范围。他把个人的命运转变为人类的命运”①。由此，对中国美学的“雅”的人格的探讨，其根本就在于认识、理解人本身。

“天人合一”的宇宙意识是从“雅”的人格的价值内涵上说明了中国美学的三位一体的特点，下面则试图在东西方美学观念的基本差异上进一步说明此特点。李约瑟在《中国的科学与文明》一书中这样写道：“当希腊思想……移向于机械的因果概念时，中国是在发展他们的有机思想方面，而将宇宙当作一个充满着和谐意志的有局部有整体的结构。”中国美学在这一点上的确迥异于西方美学。在中国美学中天意与人格之间是相通相感的，而绝对不是西方式的单向因果关系，更不是征服与被征服的关系。在中国美学看来，西方的“人化自然”的说法是难于理解的。“天人本无二”，人怎么去“化”自然呢？怎么可能以人为尺度去“化”自然呢？自然，作为象词时，不是中国美学对“雅”的人格方式的最高褒奖吗？“天为一大天，人为一小天”，自然之美，天然之美就是“雅”的人格之美，两者不是相互对立的，甚至也不是异质同构的，干脆说，它们就是二位一体，“同质同构”的。

有趣的是，这种“同质同构”不是静态的，也不是单向的，而是动态的、双向的、互为存在前提的，相辅相成的，因而，在中国美学看来，天与人两者都不是自足的，都是有待的。“天”有待于“雅”的人格来“替天行道”，“雅”的人格有待于“天”来作为价值的源泉和根基。“天”有待于人格和意志来作为天（宇宙）的自我意识和自我意识的表达和展现，“人”有待于天（宇宙）生成或意识到这种意识和意志。在此基础上，中国美学更无法想象没有了价值语态的“天”，没有了“雅”的人格方式的所谓人学。这样，宇宙、人格、人生相互开放，相互内切（不是指空间上，是指精神上的内在性），相互展示，相互敞开，相互期待，相互感应，相互关怀。

在中国美学中，宇宙与人生从来不存在理性的认知辨析关系，而是一

① 荣格：《荣格文集》第15卷，改革出版社1997年版，第443–444页。

种非理性的内心认同关系，即如司马迁所指出的“夫天者，人之始也……人穷则反其本。故劳苦倦极，未尝不呼天也”[①](《屈原贾生列传》)。在西方美学中，我们也可以常常看到人与上帝间的各种关系。但在那里，人是带有原罪的，上帝着意要惩罚人类。人在痛苦时也呼唤上帝，但这是希望上帝宽恕，希望上帝把施加的痛苦减轻或减缓一点。所以在西方美学中有很典型的命运悲剧，而中国美学中则没有。

中国美学认为宇宙大化无时无刻不在关怀和昭示着人生。“天何言哉？”宇宙靠万物、靠天文地理来昭示人们，人们也正是从自然万物中看到了“雅”的审美人格。流水常常成为这种人格“雅”的具体表达。如据《荀子·宥坐》篇记载孔子观水事云:“孔子观于东流之水。子贡问于孔子曰:‘君子之所以见大水必观焉者，是何？’孔子曰:‘夫水大，遍与诸生而无为也，似德；其流也埤下，裾拘必循其理，似义；其洸洸乎不淈尽，似道；若有决行之，其应佚若声响，其赴百仞之谷不惧，似勇；主量必平，似法；盈不求概，似正；淖约微达，似察；以出以入，以就鲜絜，似善化；其万折也必东，似志。是故君子见大水必观焉。’”其大意是说，孔子观赏东流之水。子贡向孔子发问说：君子看见大水一定要观赏，是为什么？孔子说：流水浩大，普遍地施与各种生物而仿佛无为，好像德；它流动起来向着低下的地方，弯弯曲曲一定遵循流动的规律，好像义；它浩浩荡荡无穷尽，好像道；如果掘开堵塞使它通行，它回声应和原来的声响，奔赴百丈深谷也不怕，好像勇；注入量器时一定很平，好像法；它注满量器后不需要刮平，好像正；它温软地可以到达所有细微的地方，好像（明）察；各种东西在水里出来进去，便鲜美洁净，好像善于教化；它经历万千曲折也一定向东流去，好像志。所以君子看见大水一定要观赏它。另外，据《韩诗外传》记载，孔子曾经回答“问者”的提问，即为什么“仁者乐山？”，说是因为“夫山者，万民之所瞻仰也，草木生焉，万物植焉，飞鸟集焉，走兽休焉，四方益取与焉。出云道风，嵷乎天地之间。天地以成，国家以宁。此仁者所以乐於山也。诗曰：太山巖巖，鲁邦所瞻。乐山之谓也”。强调仁爱之人像山一样平静，一样稳定，不为外在的事物所动摇，

① 司马迁:《史记》，中华书局1982年版。

他以爱待人待物，像群山一样向万物张开双臂，站得高，看得远，宽容仁厚，不役于物，也不伤于物，不忧不惧，所以能够永恒。

中国美学的精神指向与诉求是和雅圆融。的确，中西方的文化发展都表明，人的努力和发展的目标，是人类群体臻于真、善和美。应该说，这对和雅圆融的追求也是人生的意义与归属，换言之，人生的意义与归属其实就是圆融雅致。只有让自己更加去信仰雅致和熙的力量，尽自己微薄的努力去达到真诚善良，去发现和创造美，才能建构起自己“雅”的人格境域。宗白华说过，“丰富多彩的、有声有色、有形有相的世界就是真实存在的世界，这是我们生活和创造的园地。所以马克思很欣赏近代唯物论的第一个创始者培根的著作里所说的物质以其感觉的诗意的光辉向着整个的人微笑”[①]。因为在马克思看来，培根的这一说法显然比霍布士好，在霍布士的唯物论里，感觉失去了它的光辉而变为几何学家的抽象感觉，唯物论变成了厌世论。物质以其感觉的诗意的光辉向着整个人类微笑，这不正是宇宙间万事万物与人二位一体，“同质同构”，相互依存，在生存意义上是同一的吗？去感受与体验这种诗意的光辉与生活世域的真实与美丽，不正是人类命运的所在吗？所以人类这么辛苦地活着，并不是为了解放谁，也不是为了让自己的物质文明达到最高的境域，或者说这些都不是终极目的，都只是附带的产物。人生的意义与目的应该是如何实现自我，并从中体验自我以获得诗意的栖居。可以说，这才是中国文化的精髓与核心意义所在。在中国美学，马克思所描述的“物质以其感觉的诗意的光辉向着整个的人类微笑”[②]的景象就是“万物与我为一”之审美域，其中，有“雅”之人格，有诗意的生存态。王维著名的《鸟鸣涧》云：“人闲桂花落，夜静春山空，月出惊山鸟，时鸣春涧中。”这是写自然美景，也是写“雅”的人格，是“法天贵真”的审美境域。张潮曾在《幽梦影》中给我们这样描绘他所谓的“雅”的人生审美域：“松，令人逸；柳，令人感；梅，令人高；竹，令人韵；莲，令人淡；桐，令人清。”这里就将中国美学的松、竹、梅岁寒三友，作为经典的人生意象。当然，其关键在于，它们与“雅”的人格水乳交融地结合在一起。这就是我们中国美学的“比德”说。松之美，就在于其岁寒，然

① 宗白华:《宗白华美学与艺术文选》，河南文艺出版社2009年版，第164页。
② 马克思:《神圣家族》，见《马克思恩格斯选集》第1卷，人民出版社1995年版，第78页。

后知其后凋，直接比附着坚韧不拔的“雅”的人格。梅之美，就在于其百花尽谢时，任“凌寒独自开”，直接比附着高洁、卓然不群的“雅”的人格。竹之美，就在于其常绿、有节和挺拔。白居易在《养竹记》中写道：“竹以贤，何哉？竹本固，固以树德，君子见其本，则思善健不拔者；竹性直，直以立身，君子见其性，则思中立不倚者；竹心空，空以体道，君子见其心，则思应用虚受者；竹节贞，贞以见志，君子见其节，则思砥砺名行夷险一致者。”对中国美学来说，一片风景就是一片心境，一片美境就是一种人格方式。这种人生的“雅”的人格自然就有了范导作用。

儒家的“君子”“圣人”都具有强烈审美指向作用，都指向“雅”的审美域，其达成的流程是：“可欲之谓善，有诸己之谓信，充实之谓美，充实而有光辉之谓大，大而化之之谓圣，圣而不可知之之谓神。”[①]（《尽心上》）道家的“真人”“神人”，禅家的“静默之人”“觉悟之人”与儒家的“圣人”“君子”都是一种人生的理性人格。这些包含着品格、品质、格调、人格境域、道德水平以及尊严等的“雅”的人格在终极描述的意义上是非常相近的。所谓“雅”的人格的终极描述，是指人们所能达到的，或者说是应当达到的最高境域和状况。同样不难看出的是，上述三种“雅”的人格在各自的过程描述上相距甚大，有的甚至从表象上看是相反的，如人们常说的儒入世、道出世。那么，究竟“人格”为何物呢？人格首先是一个有明显价值倾向的说法，如我们可以使用“人格力量”一类。这样，这里所谓的人格就不是心理学意义上的个性（Persona），而是有着独特价值追求的人生状态。

康德把这种有着价值追求的人格状态看成“把我们本性的崇高性清楚地显示在我们眼前，人格是每一个人的那种品质，这种品质使他有价值”[②]。费尔巴哈则把人格看作一种良心，“良心是在我自身中的他我（altergo）”。“我是在我之外的‘超感性的’良心的起源。我的良心不是别的，而只是我的自我，即被放在受损害的你的地位上的自我；不是别的，而是他人幸福的代理者，即立足在自己追求幸福的基础上和根据自己追求

① 杨伯峻：《孟子译注》中华书局1962年版。
② 李江涛、朱秉衡：《人格论》，辽宁人民出版社1989年版，第15–16页。

幸福的命令的他人幸福的代理者”[①]。不难看出，康德所强调的人格，是人格的尊严感和神圣性，近似于中国古代所谓的“三军可夺帅，匹夫不可夺志”“君子不食嗟来之食”中的“匹夫”“君子”。而费尔巴哈所强调的则是一种“推己及人”的品质，在中国美学中的典型表达是“己所不欲，勿施于人”[②](《卫灵公》)。简单地说，人格不同于人性。人性所诉说的是“是什么”，所谓“食色性也”；而人格所诉说的是“该如何”。人格是指人性的特殊的本质表现，人格是对义/利、理/欲、体/用、志/功、人/我等做出选择。所以，人格呈现为人的道德感、尊严感、荣辱感、责任感、正义感、是非感、美丑感等。这种“雅”的人格力量可导致一种大勇，它为浩然之气所充实。它不是“血气之勇”，靠气力过人，那只是匹夫之勇；它不是“心气之勇”，那只是莽撞之勇；它是一种“循道之勇”，如曾子之勇，它是至大至刚之勇。这种基于浩然之气的人格力量可能转化为一种义务感和使命感:“士不可以不宏毅，任重而道远。仁以为己任，不亦重乎?死而后已，不亦远乎?”(《泰伯》)应该说，人格很大程度体现在选择中：坚守或拒斥，人格这时就呈现为一种至上价值。这些价值包括世域之“道”，所以“朝闻道夕死可矣”(《里仁》)；包括人世之“仁”，所以“志士仁人，无求生以害二，有杀身以战仁”(《卫录公》)；包括人间之“义”，所以“生亦我所欲也，义亦我所欲也，二者不可得兼，舍生而取义者也”[③](《告子上》)。当人们用生命去撞击，去抗争，去维护其“雅”的人格时，死就成了“雅”的人格的最光辉、最壮美的顶点。人们用人格超越了人性，用自觉的死、主动的死超越了暧昧的死、消极的死。

这种基于浩然正气的人格力量在一些不畏权、贵秉公执法的人身上得到生动体现。据《后汉书》记载，光武帝的姐姐湖阳公主的家奴，在光天化日之下杀人后，逃到主人家藏匿不出，时任洛阳令董宣派人去抓，但由于公主袒护而无法抓获。董宣闻讯大怒，等到此家奴陪湖阳公主驾出时，上前拦住车马，大声斥责公主袒护家奴行凶，并立刻将杀人的家奴拖下马来杀死。权势与正义的较量就此展开。湖阳公主怒气冲冲赶去皇宫，哭诉

① 费尔巴哈:《费尔巴哈哲学著作选集》上卷，商务印书馆1984年版，第581页。
② 程树德:《论语集释》，中华书局1990年版。
③ 杨伯峻:《孟子译注》，中华书局1962年版。

董宣如何羞辱皇亲国戚。光武帝大怒，召来董宣欲“箠杀之”，董宣抗议说：“陛下圣德中兴，而纵奴杀良人，将何以理天下事？臣不须箠，请自杀。”言毕以头击楹，血流满面。光武帝见其如此坚决，只得令他向公主叩头，让公主息怒。董宣不惧，皇帝就令宦官把董宣强行按住嗑头，董宣“两手据地，终不肯俯”，即两手死死撑住，硬着脖子，怎么也不肯磕头认罪。这时湖阳公主又挑拨光武帝杀了董宣，光武帝心知杀了董宣也不可能让董宣屈服，只得让步，封董宣为“强项令”，赏钱三十万。正义的力量终于战胜了强权。这些人是“中国的脊梁”，这种支撑他们的人格力量正是中国能够屹立于世域的“民族魂”。在中国古代，“雅”的人格风范中最具范导功能和人生价值的就是这种人格的尊严感。张岱《自为墓志铭》云：“世颇多捷径，而独株守于陵……上陪玉皇大帝而不谄，下陪悲（卑）田院乞儿而不骄。”这里表现出的“雅”的人格中就有极其珍贵的宠辱不惊精神。

这种宠辱不惊精神常常在强权和人格力量的冲突中闪现。据《战国策》载，有个名叫唐雎的人受安陵君之命出使秦国。不可一世的秦王正想吞并安陵君的国土。唐雎和秦王之间就展开了一场冲突和较量：“秦王怫然怒，谓唐雎曰：‘公亦尝闻天子之怒乎？’唐雎曰：‘臣未尝闻也。’秦王曰：‘天子之怒，伏尸百万，流血千里。’唐雎曰：‘大王尝闻布衣之怒乎？’秦王曰：‘布衣之怒，亦免冠徒跣，以头抢地尔！’唐雎曰：‘此庸夫之怒也，非士之怒也。……若士必怒，伏尸二人，流血五步，天下缟素，今日是也。’挺剑而起。秦王色挠，长跪而谢曰：‘先生坐！何至于此！’”[①]（《魏策·唐雎为安陵王劫秦王》）这就是“雅”的人格中的人格尊严，这就是美学中的崇高，也就是老黑格尔所说的“观念压倒形式”。这种人格尊严在面对权贵时，表现为一种傲气或骨气。它使陶潜“不为五斗米折腰”，使李白高唱：“安能摧眉折腰事权贵，使我不得开心颜”。孟子一生周旋于诸侯权贵之间，但他始终保持着人格尊严。有一次，孟子打算去见齐王。但当他听说齐王要召见他，反而不去了。他认为：“君欲见之，当自就之；召之，则不往见之。”[②]（《万章下》）这种自珍、自重、自尊的人格力量，有时甚至表现为人们常说的“不识抬举”。东汉的严光（子陵）是一位维护自己士

① [西汉]刘向等辑录：《战国策》，中华书局1982年版。
② 杨伯峻：《孟子译注》，中华书局1962年版。

人品格自由与“雅”的高士，备受士大夫推崇。据《后汉书》记载，严光年轻时与刘秀同窗，少有高名。刘秀当了皇帝，就派人寻访这位贤士。三次派使臣去请，严光迫于无奈，只好到洛阳宫中去见光武帝。光武帝放下皇帝架子，与他同叙旧日友谊，倾诉别后思念，表达对贤才的思慕与渴求。严光对此却装呆装傻，尽说些不着边际的话。光武帝要赐他官位，他推辞不受，高官厚禄，对于他就如俯身捡草芥一般。但最终，他还是“不识抬举”。他对光武帝说：“唐尧著德，巢父洗耳，士固有志，何至相迫乎？”更为不知好歹的，是他和皇帝“论道旧故，相对累日，因共偃卧，光以足加帝腹上”，竟然将脚放到皇帝的“龙肚”上去了。第二天，太史上奏“客星犯御座甚急”，光武笑曰：“朕故人严子陵共卧耳。”虽受如此礼遇恩宠，严光仍然跑回富春山去做他的渔翁樵父去了。李白最推崇严光，在《古风》中颂扬道：“昭昭严子陵，垂钓沧波间。”“雅”的人格的尊严感还表现为一种气贯长虹的豪气。婉约词人李清照在其《乌江》诗中写道：“生当作人杰，死亦为鬼雄，至今思项羽，不肯过江东。”项羽之为人杰，之为鬼雄，就因为他“无颜见江东父老”，因自己的失败而感到羞愧，再也没脸见家乡父老，而放弃逃命的机会，自刎而死。比项羽更加气吞山河的是集体自杀的田横五百壮士。他们为精神价值，即仁、义、信等的追求而自动放弃生的希望，把自杀作为维护自尊的最强有力的手段。这种人格尊严感使他们“可使寸寸折，不能绕指柔”。在中国古代，这种人格价值和人生信念有时甚至可以使人“知其不可而为之”。应该说，正是这种人格精神、人格正气、勇气、骨气、志气、傲气、豪气、雅气，熔铸成了中国传统的美学精神，构成了中华民族坚不可摧的脊梁。